KB015482

두피 모발 관리학

임순녀 · 송미라 · 강갑연 · 모정희
정찬이 · 정임전 · 김나연 공 저

光文閣
www.kwangmoonkag.co.kr

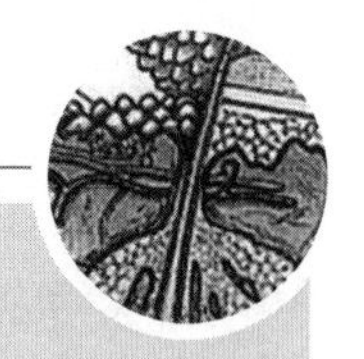

머리말

현대는 직업의 다양성과 한 분야의 전문성을 필요로 하는 시대로서 미용은 과학적 기초위에 미용기술의 다양한 응용분야를 폭 넓게 습득하게 하여 두피모발관리 능력을 갖춘 전문 두피모발관리사가 양성되어야 한다. 이는 생활수준의 향상과 여가시간의 활용으로 미에 대한 관심이 높아진 현대사회에서는 두피가 건강해야 모발이 건강하듯이 모발이 건강하고 풍성해야 스타일링을 잘 할 수 있다. 그러므로 두피모발관리는 미적인 스타일링을 위해서 필수이며 주변에 있는 탈모 환자들을 배려하는 마음으로 마음의 상처가 되지 않도록 직업의식을 가져야한다.

여러 가지 미용시술로 인하여 모발이 손상되고 손상된 모발은 회복과 관리를 통해 두피의 건강관리가 필수적이라는 사실이 인지되면서 대학에서는 물론 산업체에서도 모발과 두피관리의 필요성이 매우 중요하게 부각되고 있는 실정이다. 탈모의 원인은 사람마다 양상이 다르듯이 탈모유발요인도 모두 다르다. 탈모증의 원인을 찾아 관리하기 위해서 기본적으로 배워야할 내용들은 총 13개의 장으로 구분되어 있다. 제1장에서는 두피(피부)의 구조, 제2장에서는 모발의 특성, 제3장에서는 모발 손상과 성질, 제4장에서는 모발 영양학, 제5장에서는 모발과 호르몬의 관계, 제6장에서는 탈모의 유형, 제7장에서는 두피관리, 제8장에서는 샴푸와 린스, 제9장에서는 헤어트리트먼트, 제10장에서는 두피 관리기기, 제11장에서는 탈모에 관한 상담, 제12장에서는 아로마를 이용한 두피관리 방법, 제13장에서는 사상체질에 대한 내용이 있다.

한학기의 과정에 맞게 구성하여 탈모예방과 탈모 치료방법들을 소개하였으며 두피 마사지를 주로 시술하는 미용실, 피부 관리실, 두피 클리닉 센타를 중심으로 마사지 시술 방법을 사진과 함께 첨부 하였다.

처음 미용학과에 입학했을 때 미용이라는 것을 학교에서 배울 수 있다는 것에 대해 미용각계에 계시는 여러 선배님들께 감사의 마음을 가지고 부푼 꿈을 향해 열심히 정진하여 미용 관련 분야인 두피관리학이라는 교재를 집필하게 되었다. 두피관리에 관심이 많은 미용인 여러분께 소중한 책이 될 수 있도록 미흡한 부분은 수시로 수정, 보완해 나갈 것을 다짐하며 미래의 미용현장에서 이론과 기술경쟁력을 갖춘 과학적인 전문미용인이 되는데 도움이 되었으면 하는 바램이다.

또한, 이 책이 완성될 수 있도록 도와주신 두피분야의 교수님들과 책이 출판되기까지 애써주신 광문각 출판사 박정태 사장님과 관계자 여러분의 노고에 깊은 감사를 드린다.

2011년 8월

저자일동

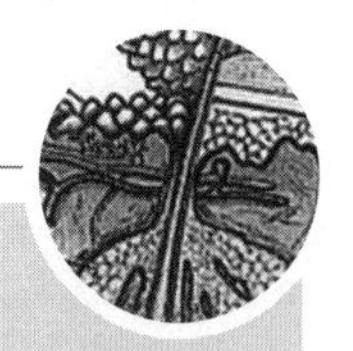

contents

CHAPTER 01

두피(피부)의 구조

1. 두피의 정의

두피는 두부를 보호하고 있는 피부조직으로 두부 표면을 둘러싸고 있어 외부의 물리적 자극이나 화학적 변화를 완충시켜 두부 내부를 유지하고 보호하는 부분이다. 두부를 보호하고 있는 두피는 모근부와 한선(소한선)이 발달되어 있으며, 뇌를 외부의 충격이나 압박으로부터 보호하고, 인체의 중금속을 체외로 배출하는 모발의 생성에 관여한다. 건강한 모발을 생성하기 위한 바탕이 되는 두피는 인체 조직 중 다른 어떤 부분보다도 모낭과 혈관이 풍부하고 신경 분포도 조밀하며 섬세한 구조를 가지고 있다.

1) 두피의 구성

두피는 표면에서부터 표피, 진피, 피하지방층으로 나뉜다. 표피는 가장 바깥 조직으로 내부 조직을 손상받지 않도록 보호해주는 기능을 하고, 진피는 표피의 아래쪽에 있어 두 개의 층으로 되어 있는데 하나는 진피의 표층인 유두층이고 다른 하나는 심층인 망상층이다. 유두층은 표피 바로 아래에 있으며 표피층을 향해서 배열되어 있는 작은 돌기 모양이며, 망상층에는 모낭, 피지선, 한선, 입모근, 지방세포, 혈액세포, 림프세포 등과 같은 구조들이 있다. 피하조직은 진피 밑에 있는 지방 조직층으로 그 두께가 개개인의 연령, 성별, 건강 상태에 따라서 다르며 피하조직에는 많은 혈관이 분포하여 모발 성장을 위해 모유두에 혈액을 공급하는 근본 장소로서, 두피에 부드러움을 주고 에너지로 사용할 수 있는 지방이 포함되어 있어 외부의 충격에 대한 쿠션 역할과 두개골을 보호하는 작용을 한다.

- 피부소구(Furrow) : 피부 표면이 오목한 곳
- 피부소릉(Hill) : 피부 표면이 올라온 곳
- 피부의 결(Texture) : 피부소구와 소릉에 의해 형성된 그물 모양의 표면
- 모공 : 피부소구와 소구가 교차하는 곳의 모발이 나오는 구멍
- 한공 : 피부 소릉의 땀을 분비하는 구멍

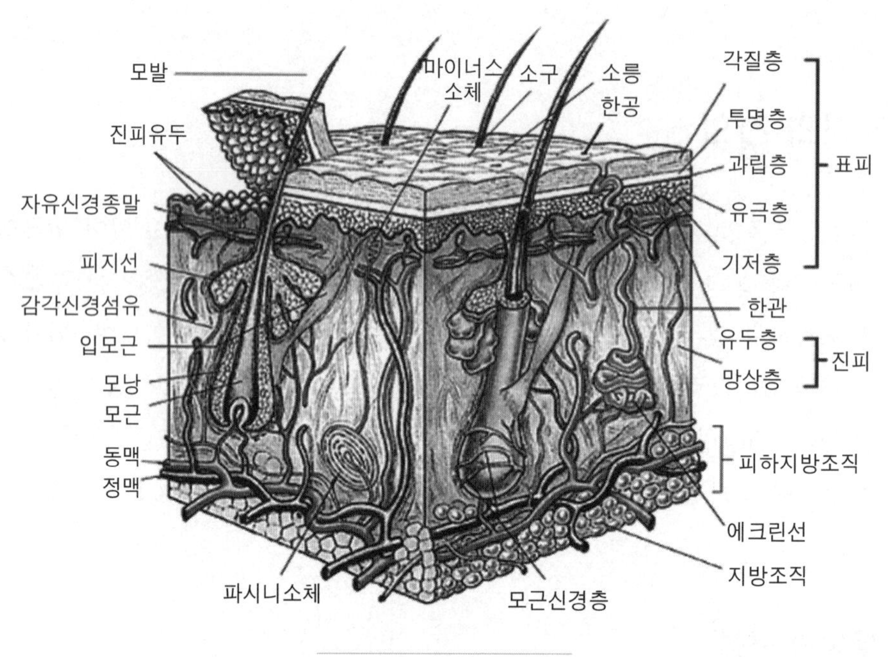

두피(피부)의 구조

(1) 표피

표피는 인체의 가장 바깥에 위치하여 외부의 환경과 직접 접촉하는 부분으로 눈으로 볼 수 있으며 자극으로부터 내부를 보호한다. 표피는 각질층, 투명층, 과립층, 유극층, 기저층으로 구성되었으며, 기저층의 각질형성세포에서 분열되어 각질층으로 올라가는 동안에 분화(differentiation)와 함께 유핵층과 무핵층이 형성되고, 무핵층은 각질층, 투명층, 과립층이며, 유핵층은 유극층과 기저층이다. 이들 세포 중에는 부속기관으로서 각질형성세포(keratinocyte), 색소형성세포(melanocyte), 인지세포(merkell cell) 등과 랑게르한스 세포(langerhans cell)가 있다.

① **각질층**(horny layer, cornified layer)

각질층은 피부의 가장 바깥쪽에 위치해 있으며 10~20층의 편평(무핵)세포로 중첩되어 있고, 생명력이 없는 죽은 세포이다. 케라틴(58%), 천연보습인자(NMF:natural moisturing factor 31%), 각질세포간지질(lipid 11%), 수분 등으로 구성하고 있다. 각질형성세포의 마지막 분화 단계인 각질층에 이르면, 각질 외피에 둘러싸인 단백질 형태의 각화된 세포로 존재하다가 얇은 인설로 되어 탈락된다. 기저층에서 새로 분열된 세포들이 각질층까지 올라가는데 14일이 소요되고, 또다시 각질층에서 떨어져 나가는데 14일이 소요되면, 총 28일로서 신진대사 주기인 4주가 경과되어 피부로부터 자연적으로 떨어져 나가는 것이다. 이러한 현상을 표피 박리 현상이라 한다. 이것을 피부의 박리 현상이라고도 부르는데, 이 현상으로 말미암아 피부 속의 불필요한 물질들이 외부로 방출되는 것이다. 적당한 수분함량은 15~20%가 적정하며 수분함량이 10%이하이면 피부가 건조하여 거칠어진다. 기능은 외부 손상으로부터 피부를 보호하고, 내부 물질이 피부 밖으로 투과하지 못하게 방어하며 수분의 투과성이 낮아 탈수를 지연시키고 외부의 유해한 자극에 대한 장벽 역할을 하여 물질의 침투를 방지하는 역할을 한다. 또한, 각질층은 피지막을 형성시켜 피부 내부조직을 보호하며 두피관리를 행할 때 직접 손이 닿는 부분이기도 하다.

② **투명층**(Stratum Lucidum)

생명력이 없는 세포층으로 엘라이딘이라는 반유동적 단백질이 유상으로 녹아 반 고형의 상태를 이루고 2~3층의 생명력이 없는 각화세포로 구성되어 있으며 특히 손바닥과 발바닥 등의 비교적 두터운 부위에 다수 존재하고 있다. 투명층과 과립층 사이에는 체내의 수분증발 방지역할을 하면서 동시에 외부의 이물질 침투를 방지하는 수분증발 저지막이 있다. 수분증발 저지막(레인방어막) 위로는 약산성이면서 10~20%의 수분을 함유하며, 저지막 아래로는 약알칼리성이면서 70~80%의 수분량을 함유한다.

③ **과립층**(granular layer)

2~5층의 무핵이며 편평한 또는 방추형의 다이아몬드 형태 세포로 구성되어 있다. 각질화 과정이 실제로 시작되는 층으로 각질효소가 많이 생성되어 피부의 퇴화가 시작되고, 지속적인 퇴화의 증상으로 수분이 결여되어 세포가 건조해진다. 방어막이 있어 외부로부터의 물리적 압력이나 화학적인 이물질을 방어하는 중요한 역할을 한다.

손 · 발바닥에서 가장 두껍게 분포하며 세포질 내에 각질화 초자유리과립(keratohyaline granules)이 생성되면서 실제로 각질화과정이 시작된다.

④ **유극층**(spinous layer, prickle layer)

유극층은 가시돌기 형태의 유극 세포가 존재해 가시층, 극세포층이라고 하며 세포 분열을 일으켜 피부 바깥쪽으로 이동하면서 분화하게 된다. 표피의 대부분을 차지하는 5~10층의 두터운 세포층으로 핵이 있는 세포로서 불규칙한 다각형이며 피부 손상이 심할 경우 세포분열이 일어난다. 유극세포 사이에 림프액이 순환하고 있어 림프마사지가 이루어질 수 있는 영역이 되며 세포간교가 잘 발달되어 있다. 피부의 혈액순환과 영양공급에 관여하는 물질대사가 이루어진다. 방추형의 돌기세포인 랑게르한스 세포(Langerhans cell)가 존재하여, 피부 면역에 관련이 있어 이물질인 항원을 면역 담당 세포인 T-림프구로 전달해주는 역할을 한다.

⑤ **기저층**(basal layer)

기저층은 표피의 가장 아래층에 위치하며 기저세포에서는 새 세포인 표피세포를 만들어 크기가 원세포만큼 될 때까지 기저층에 맞대어 있는 진피의 혈관과 림프관을 통하여 영양분을 공급받게 된다. 유극층과 함께 살아있는 세포층이며, 진피와 경계를 이루는 물결 모양의 단층으로, 진피 유두와 표피 기저와의 경계표면 돌기에 분포된 모세혈관으로부터 영양을 공급받고 모세 림프관을 통해 노폐물을 배출한다. 케라틴을 만드는 각질형성세포(keratinocyte)와 피부색을 좌우하는 색소형성세포(melanocyte)가 존재하며, 계속 새 세포를 만들어 유극층으로 이동시키고, 피부 표면의 상태를 결정짓는 중요한 층으로서 상처를 입으면 세포 재생이 어려워 후에 흉터가 남게 된다.

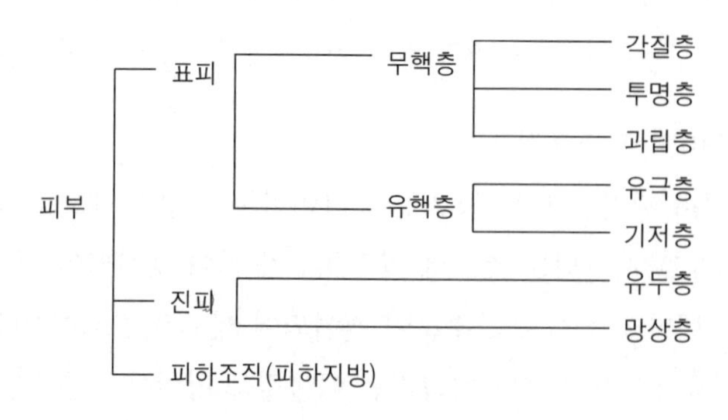

(2) 진피

표피 밑에 있는 진피는 표피보다 20~40배 가량 두꺼운 층으로, 두께는 약 2~3mm로서 실질적인 피부로 유두층과 망상층으로 구분되며 피부의 90%를 차지하는 탄력층이다. 진피는 피부 조직 외에 부속기관인 혈관, 신경관, 림프관, 한선, 피지선, 모발과 입모근을 포함하고 있으며, 주요 성분은 진피 성분의 90%를 차지하는 단백질인 비탄력적인 교원섬유(collagen fiber), 피부의 탄력을 결정짓는 중요한 요소인 탄력섬유(elastin fiber), 결합섬유 사이를 채우고 있는 물질인 무코다당류로 구성되어 신체의 탄력과 윤기를 유지하는 역할을 한다. 진피와 표피가 만나는 기저막은 표피의 들어가고 나온 모양에 따라 진피도 들어가고 나와 있다. 진피는 두피에 영양을 공급하여 두피를 지지하고 외부 손상으로부터 두피 내부를 보호한다. 또한, 수분을 저장하는 능력과 체온조절 기능이 있으며 감각에 대한 수용체 역할을 하고 두피의 표피와 상호작용으로 인해 두피를 재생하는 기능이 있다.

콜라겐	교원질에 속하는 단백질로서 피부의 결합 조직을 구성하는 주요 성분이다. 콜라겐은 자외선으로부터 피부를 보호해주며 피부의 주름을 예방해주는 수분 보유원이다.
엘라스틴	탄력성이 강한 단백질로 피부 탄력을 결정짓는 중요한 요소이며 엘라스틴이 노화되면 피부의 탄력감이 떨어지고 영양이 결핍되어 피부가 위축된다.
무코다당류	진피내의 세포들 사이를 메우고 있는 당단백질로서 자기 무게의 몇백배에 해당하는 수분 보유력이 있어 보습과 유연 효과를 부여함으로써 노화용 화장품의 주원료로 쓰인다.

① 유두층(papillary layer)

- 표피의 아래층으로 표피와 진피를 이어주며 표피에 영양공급과 온도조절을 담당한다.
- 수분을 다량으로 함유하여 피부 팽창 및 탄력을 좌우하고 감각기관인 촉각과 통각을 느낀다.
- 유두 내에는 신경종말인 신경유두와 혈관유두가 분포되어 있다.

② 망상층(reticular layer)

- 섬유 단백질인 콜라겐과 엘라스틴으로 이루어져 있다.
- 피부가 과잉으로 늘어나거나 파열되지 않게 보호하며 압각, 한각, 온각을 느낀다.
- 표피보다 두꺼우며 굵고 치밀한 아교섬유 다발들이 결합조직으로 서로 엉켜 배열되어 있어 탄력적인 성질이 있다.

(3) 피하조직(hypodermis)

피하조직은 진피 밑에 있는 지방을 저장하는 조직으로 개개인에 따라 다르며 외부 충격에 대한 쿠션 역할과 동시에 동맥, 림프관 조직의 순환작용이 이루어져 생체의 에너지로서 활용되는 영양분을 저장하며 체형의 굴곡을 결정짓는 심미적 역할과 열의 발산을 막아 몸을 따뜻하게 보호하는 역할을 한다. 진피와 근육, 뼈 사이에 위치한 피하조직은 열을 차단하고 충격을 흡수하여 몸을 내부를 보호하는 기능과 영양 저장소로써의 역할을 한다. 여성의 경우 피하지방층이 남성보다 더 두꺼우며 귀, 고환, 눈, 입을 둘러싸고 있는 근육에는 피하지방이 없다.

(4) 피부(두피)의 기능

① 보호작용(protection) : 피부 외측의 유해 요소로부터 신체를 보호한다. 물리적 자극에 대한 보호작용으로 내부 장기를 보호하는 완충작용을 하며, 화학적 자극에 대한 보호작용으로 산과 알칼리의 중화 능력으로 이물질의 침입을 방지하며 멜라닌 생성으로 자외선을 차단하여 피부를 보호한다.

② 영양분 교환기관으로서의 역할 : 피부는 신체의 신진대사 활성화를 위하여 프로비타민 D가 자외선을 받으면 생체 내에서 비타민 D로 바뀌어 체내에 흡수되며 칼슘의 흡수를 촉진시켜 뼈와 치아의 형성에 도움을 준다.

③ 체온조절 작용(temperature regulation) : 정상 체온을 유지하기 위하여 기온이 높거나 운동 후 체온이 상승하면 온각이 반응을 보여 한선이 땀을 많이 분비시키고 땀이 인체의 표면에서부터 기화되면서 냉각 효과를 가져다준다. 반대로 외부 온도가 내려가거나 체온이 떨어지면 한각이 반응을 보여 열손실의 방출을 줄여주어서 체온조절을 하는 것이다.

④ 분비, 배설작용(excretion) : 땀이나 피지 분비는 두피에 피지막을 형성하고 인체 내 독소 방출을 함으로써 면역 기능을 하여 세균의 서식을 억제한다.

⑤ 감각작용(sensory action) : 피부 1㎠에는 통점(100~200개), 촉점(25개), 냉점(6~23개), 온점(0~3개)을 가진다. 촉점은 손끝, 입끝, 혀끝에 주로 분포되어 있고 온점과 냉점은 혀끝에 많이 분포되어 있다. 샴푸를 하거나 마사지를 할 때 두피에 자극을 주게 되면 두피가 민감해져 모세혈관이 확장되고 약한 자극에도 따갑거나 예민해진다. 또한, 뜨거운 열기와 접촉하거나 영구적 손상을 얻었을 때 모낭 조직이 파괴되어 모발이 더는 자랄 수 없게 되므로 주의한다.

⑥ 호흡작용(respiration) : 피부도 약간의 호흡작용을 하여 피부로부터 독소를 배출하고 혈색을 맑게 해주며, 외부로부터의 산소 공급을 통해 호흡기능을 보조하고 피부세포의 세포 분열을 도와준다. 두피에 각질이나 이물질이 쌓이게 되면 두피의 모공을 막아 피부 호흡을 막고 염증을 발생시켜 모발이 가늘어지게 되므로 두피의 청결을 통해서 원할한 호흡과 배설을 할 수 있어야 건강한 모발을 유지할 수 있다.

⑦ 흡수작용(absorption) : 두피는 두개골을 감싸고 있는 기능뿐만 아니라, 모발 및 피부의 영양에 필요한 영양분을 각질층의 경로와 피부 부속기관을 통하여 외부로부터의 흡수하는 기능을 가지고 있다. 피지막과 각질층의 피부 장벽으로 인해 흡수가 어렵지만, 모낭이나 한선, 피지선을 통하여 흡수되는 경피흡수는 피부 지방과 같은 지질이나 입자가 미세한 화장품은 표피를 경유해 피부 상태에 따라 피부내로 흡수된다. 강제 흡수로는 전기에 의하여 일시적인 방어 기능을 저하시키는 이온토포레시스 방법, 피부온도를 상승시키는 방법, 각질층의 수분량 증가 및 혈액순환을 증가시키는 방법이 있다.

⑧ 체액 조절(fluids regulation) : 피부 구성 성분인 케라틴과 지질(lipid) 등이 수분 침투를 저지시킨다. 즉 피부는 체액이 피부 내부에서 나가는 것을 방지하고 피부 외부에서 수분이 침투하지 못하게 한다.

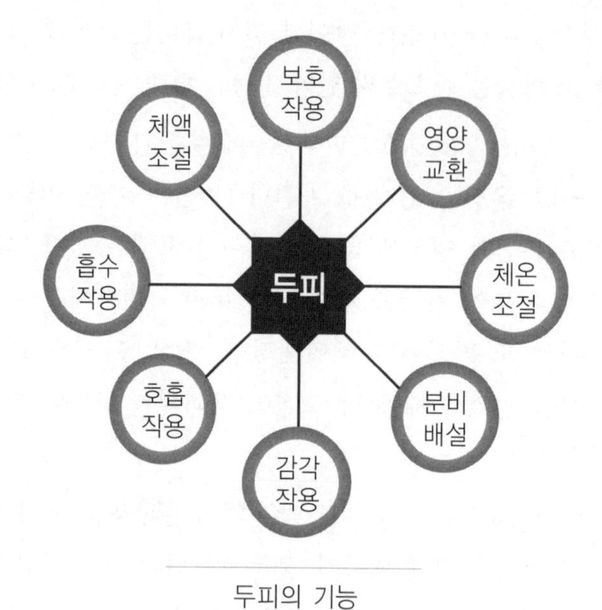

두피의 기능

2. 두피의 해부적 구조와 기능

뇌는 해부학적으로 크게 대뇌, 소뇌, 간뇌, 뇌간으로 이루어져 있고, 두피는 매우 조밀한 신경 분포를 갖고 있다. 각각의 모상(毛狀)은 피부의 심층부에서 솟아오른 5~12개의 신경섬유를 갖고 있어 머리카락을 매개로 하여 감각을 느끼게 한다. 두개골 막에 의하여 두개골을 싸고 있는 두피는 외피(표피와 진피로 구성), 두개피, 두개피하조직의 3개 층으로 구성되어 있다. 얇은 섬유상으로 뼈에 얇게 유착되어 있는 두개골막은 물리 · 화학적인 방법이 가해지는 외계로부터 뇌를 보호하는 동시에 전신대사에 필요한 생화학적 기능을 영위하는 생명 유지에 불가결한 기관이다. 두개외피(外皮, integument)는 집합적으로 표피라고 불리는 일련의 세포들로서 투명층을 제외한 얇은 피부로 구성되어 있다. 이는 각질층, 과립층, 유극층, 기저층 등의 여러 층으로 형성되어 있는 초기 두피와 모아 발생을 갖는 후기 두개피로 분화 과정을 나눌 수 있다.

- 외피(common integument) : 동맥, 정맥 신경의 가지가 분포되어 있다. 두개 외피는 집합적으로 표피라고 불리는 일련의 세포들로서 투명층을 제외한 얇은 피부로 구성되어 있다.
- 두개피부(scalp) : 두개골(skull)을 둘러싸고 있는 근육과 연결되어 있는 신경 조직인 결막으로, 두피(scalp)는 두개골(skull)의 체표를 덮고 있는 두피조직이다.
- 두개피하조직(cranium hypodermis) : 지방층이 없으며 얇고 이완된 층으로 쉽게 갈라진다.

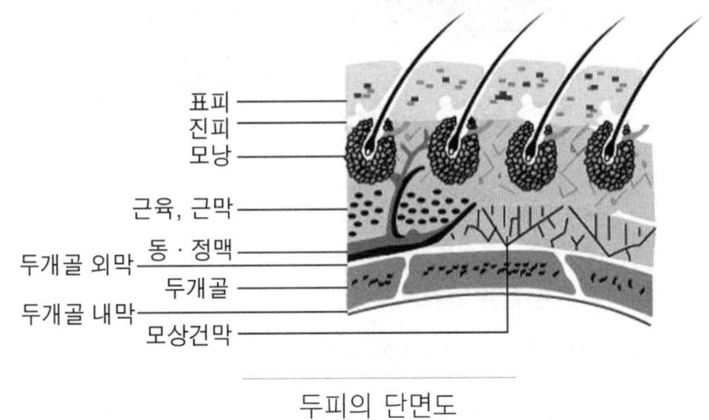

두피의 단면도

1) 두상 골격의 구조

(1) 두개골(頭蓋骨, skull)

두개골은 머리뼈를 주체로 뇌를 보호하는 뇌두개골과 안면 두개골로 나눈다. 두개골은 1개의 뼈로 보이나 실질적으로 23개의 뼈로 구성되어 있는데, 반구형을 갖는 뇌두개(neurocranium)인 뇌를 둘러싸는 뇌두개골은 전두골(이마뼈, 1개), 접형골(나비뼈, 1개), 사골(벌집뼈, 1개), 두정골(마루뼈, 2개), 후두골(뒤통수뼈, 1개), 측두골(관자뼈, 2개)의 8개의 뼈가 톱니 모양으로 되어 있으며, 안면두개골(facial bones)은 비골(코뼈, 2개), 서골(보습뼈, 1개), 상악골(위턱뼈, 2개), 하악골(아래턱뼈, 1개), 구개골(입천장뼈, 2개), 관골(광대뼈, 2개), 설골(목뿔뼈, 1개), 하비갑개(아래코선반, 2개), 누골(눈물뼈, 2개)로 설골을 포함해서 안면부를 구성하는 15개의 뼈로 구성된다. 이러한 두개골은 뇌, 시각기관, 평형청각기관 등을 보호하며 생명유지에 필요한 소화 및 호흡과 관련된 구강 및 비강 내의 구조들을 포함한다. 두개골의 뇌두개는 크게 4부분으로 살펴볼 수 있다.

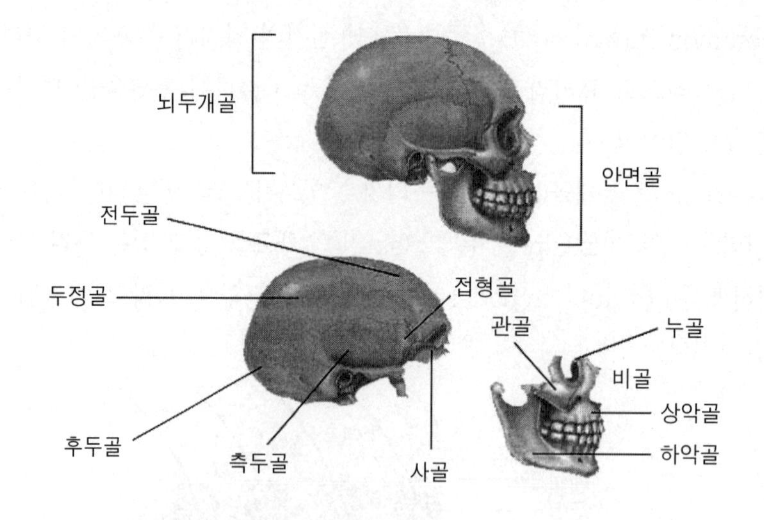

① **전두골**(frontal bone)

두개골 앞면 이마에 있는 조개 모양으로 생긴 한 개의 뼈를 나타내는 부분으로 얼굴과 두발의 경계선인 이마를 형성하고 안와(眼窩)의 대부분을 차지한다. 전두 부위로서 두개 바닥의 앞부분과 안와의 천정을 형성하며 본래 1쌍의 뼈로 전두봉합에 의해 연결되어 있지만, 출생 시는 두 개의 뼈로 되어 있다가, 출생 후 1~2년 내에 봉합선이 소실되어 하나의 뼈가 된 것이다.

② **접형골**(sphenoid bone)

접형골은 두개골의 중간 부분을 형성하고 다른 두개골을 함께 연결해 주는 역할을 한다. 두개 바닥의 중앙부에 위치하는 나비 모양의 뼈가 좌우에 큰 날개와 작은 날개로 이루어져 있다. 큰 날개는 안와의 외측벽과 두개 바닥을 형성하고, 앞쪽으로부터 원형 구멍, 타원 구멍, 뇌막동맥 구멍이 차례로 개구(開究)하고 있다. 이곳을 통하여 상악신경, 하악신경 및 중뇌막 동맥이 통과한다. 큰 날개와 작은 날개 사이에는 작은 틈새가 열려 있어 두개강으로부터 안와로 빠져나가는 혈관과 신경의 통로이다.

③ **두정골**(parietal bone)

두개골 윗면 좌우 한 쌍 머리뼈의 윗벽을 이루고 있는 사각형 편평골로 4면 4각을 가진 접시 모양의 납작뼈이다. 두개폭에서 가장 넓은 부분을 차지하고 양쪽 옆에 위치하며 2개의 뼈로 두정봉합에 의해 연결되었다. 이들 뼈는 두개강(頭蓋腔)의 천장과 측면을 형성한다. 두개골의 상면을 형성하는 네모꼴인 1쌍의 납작 뼈로서 두정골과 두정골 사이의 봉합을 시상봉합이라고 한다. 앞쪽은 전두골과 뒤쪽은 두정골과의 봉합을 'ㅅ(시옷)' 자 모양의 관상봉합이라 한다. 아래쪽은 측두골과 접형골로 봉합되어 있다.

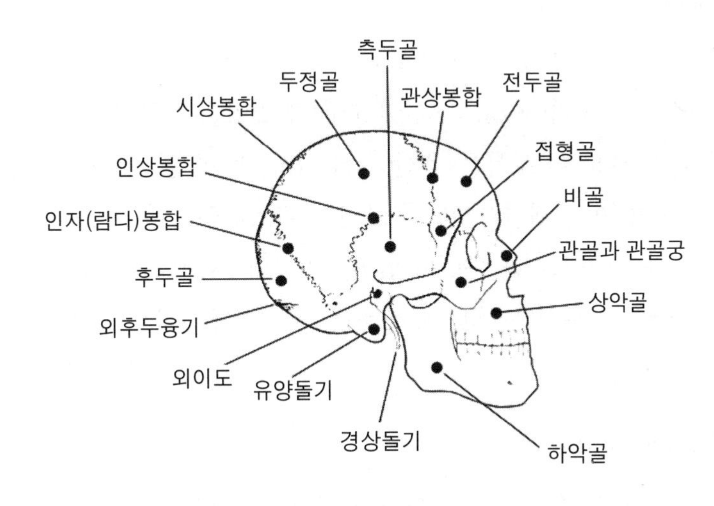

그림-측면

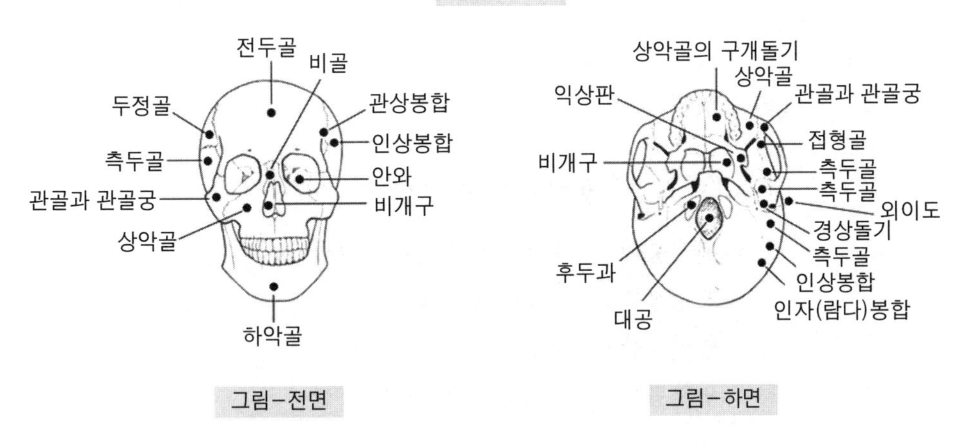

그림-전면

그림-하면

④ 측두골(temporal bone)

두개골 옆면 좌우 한 쌍으로 두개골 외측 부분의 안쪽 두개 측면 중앙에 있는 복잡한 형태의 뼈로 얼굴 측면 발제선(face line)을 포함한 양빈(兩鬢)이 존재한다. 측두골은 두부(頭部)의 양 측면에 위치하는 뼈로서 아래 측면과 마루의 부분을 형성한다. 구조가 두개골의 바깥 부분과 두개 바닥의 일부를 이루는 복잡한 1쌍의 뼈이다. 측두골은 원래 독립된 뼈였으나, 그 속에 청각 및 평형감각기가 있어 봉합된 것으로 보아지며, 측두골의 바깥 부분은 대부분이 비늘 부분이고, 앞쪽에는 추골돌기와 안와 아래의 측면을 싸고 있는 관골(zygomatic bon)을 형성한다.

⑤ **후두골**(occipital bone)

두개골 뒷면 뒤통수 부위에 있는 마름모꼴의 뼈로 후두비늘이 관찰되며 후두골 뒷면 중앙부에는 바깥 후두융기(inion, back point)가 있어 두개골 계측에 있어서 중요한 기준점이 되기도 한다. 이 부분은 목선(nape line)과 목 옆선(nape side line)을 경계선으로 하는 포(髱)가 존재한다. 마름모꼴의 주걱 모양을 한 후두골은 두개 바닥의 중앙에 큰 후두 구멍이라는 큰 구멍이 있고, 척주관에 이어진다. 앞쪽에는 두정골과의 사이에 'ㅅ(시옷)' 자 봉합을 형성하고, 바닥 부분은 앞쪽에서 접형골과 옆쪽에서는 측두골과 연결되어 있다.

⑥ **사골**(ethmoid bone)

사골은 육면체형이며 비강의 상부 및 상부의 외측벽 및 비중격의 일부를 이루는 가벼운 함기골이다. 즉 천정을 형성하는 십자 모양의 뼈로서 10~20개의 작은 구멍이 있어 후각신경의 통로가 된다. 두개골 중 하악골과 설골 이외의 뼈는 모두 봉합에 의해 부동적으로 연결되어 있다.

봉합 상태(두개골)	
관상봉합	전두골과 두정골의 봉합
시상봉합	두정골과 두정골의 봉합
인상봉합	두정골과 측두골의 봉합
인자봉합	두정골과 후두골의 봉합

두개골을 형성하는 대부분의 뼈는 얇고 편평하며 뼈의 골화는 뼈의 중심에 있는 골화 중심으로부터 서서히 일어나는데 출생 시에는 골화가 미완성된 대천문(전천문), 소천문(후천문), 전측두천문, 후측두천문이 있으며 적정 시기가 되면 폐쇄된다. 신생아부터 유아기에 걸쳐 두골의 각 봉합 부위에 골질이 결여되어 결합조직만으로 덮여 있는데, 이 부분을 천문이라 한다.

천문(봉합 사이의 막)	
대천문(1)	관상봉합과 시상봉합사이(생후 만 2년에 폐쇄)
소천문(1)	시상봉합과 인자봉합사이(생후 3개월에 폐쇄)
전측두천문(2)	관상봉합과 인상봉합사이(생후 6개월~1년에 폐쇄)
후측두천문(2)	인자봉합과 인상봉합사이(생후 1년~1.5년에 폐쇄)

(2) 결합조직(結合組織, connective tissue)

인체 외피 또는 몸 내부 장기의 상피조직 아래 분포된 결합조직은 기질, 섬유, 세포 등의 3가지로 구성되어 있다. 즉 세포들이 드문드문 흩어져 있으며 세포간 물질이 무정형의 기질로서 세포 사이를 폭넓게 채우고 있음을 나타낸다.

(3) 두개건막(meninges, 모상건막)

경막(dura mater, 뇌경질막), 지주막(arachoid membrance, 거미막), 유막(piamater, 뇌연질막)의 3중 뇌막으로서 두개골을 보호하고 있다. 지주막과 유막 사이에는 수액이 들어 있어 외부로부터의 충격이 뇌에 직접 도달하지 못하게 되어 있다. 두개골 안에서 뇌의 바깥쪽을 둘러싸고 있는 경막은 척수를 둘러싸고 있는 척수경질막(dura mater spinalis)과 연속되어 있으며 두개골에 단단히 부착되어 있기 때문에 두개골의 골막(periosteum)과 융합되어 있어 이 두 층을 분리하기가 쉽지 않다. 두개근은 얼굴의 근육과 목의 근육이 같이 연결되어 있다. 두개근은 두부를 덮고 있다 하여 머리덮개근 또는 머리덮개널힘줄이라고도 한다. 두개근은 뒤쪽과 앞쪽의 후두근과 전두근으로 2개의 근육 다발로 이루어져 있다.

모상건막 (galea aponeurosis)

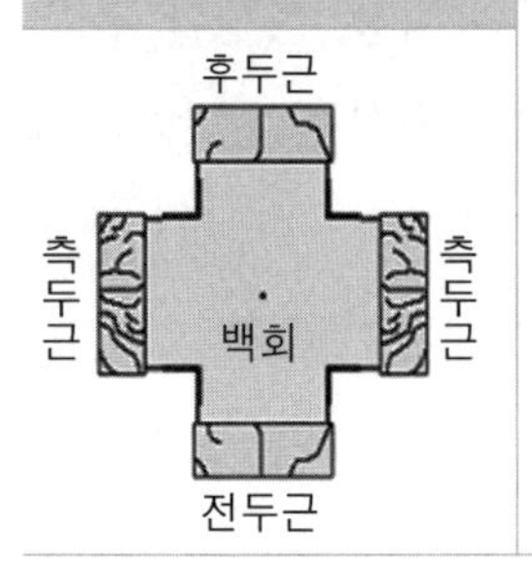

- 두개근들을 연결해주는 것은 머리를 넓혀준다는 의미이다.
- 모상건막은 스스로 움직이지 못하고 근육들에 의해 움직여진다.
- 두피의 백회 자리를 중심으로 전두근, 측두근, 후두근들을 잡고 있다.
- 모상근막이 얇아지면 두개골과 두피의 사이도 얇아지고 탈모 현상이 일어나게 된다.
- 전두근 쪽의 모상건막이 늘어나면 이마의 주름이 생기고, 측두근과 후두근의 모상건막이 늘어나면 목에 주름이 생기게 된다.

① 경막 : 두개골 안에서 뇌의 바깥쪽을 둘러싸고 있는 거칠고 빛이 나는 섬유막으로 척수를 둘러싸고 있는 척수경질막(dura mater spinalis)과 연속되어 있다. 뇌 자체는 감각신경이 없어서 통증을 느끼지 못하므로 대부분의 두통은 뇌막이나 뇌혈관에 분포하는 신경으로부터 비롯된다. 뇌경질막주름은 2겹의 경질막 층으로만 구성되어 두개골에 단단히 부착되어 있기 때문에 두개골의 골막(periosteum)과 융합되어 있어 이 두 층을 분리하기가 쉽지 않다.

② 지주막 : 지주막인 거미막은 희고 얇은 반투명의 막이 한 층으로 되어 있고, 섬유모세포(fibroblast)의 세포질돌기와 약간의 결합조직 섬유로 구성되어 있으며 혈관이 없는 얇은 결합조직막으로 뇌경질막과의 사이에 뇌에 공급되는 혈관들이 분포하고 있다. 뇌척수액이 고여 있는 경막하강이라는 아주 좁은 경질막으로 된 밑 공간이 있으며, 아래쪽 뇌연질막과의 사이에는 지주막하강이라는 거미막 밑 공간이 있다.

③ 연막 : 연막은 뇌연질막으로서 얇고 투명한 막이며 혈관을 많이 함유한 성긴 결합조직막(loose connective tissue membrance)으로 뇌실질의 표면에 부착되어 뇌와 구분이 잘되지 않는다.

3. 두피 손상의 원인

두피 손상의 원인은 내적인 원인과 외적인 원인으로 나눌 수 있다.

1) 내적인 요인

두피 손상의 원인 중 가장 문제가 되는 부분으로 호르몬 분비의 이상, 식생활, 소화기관 이상, 스트레스로부터 두피 손상이 나타남을 의미한다. 이런 손상은 일반적으로 사용하는 제품이나 기기 등만으로는 효과를 보기 어렵다. 따라서 두피 손상의 내적 요인인 호르몬이나 라이프스타일 및 건강 상태를 조절해야 한다.

- 남성호르몬 분비의 이상 – 두피의 피지 분비와는 매우 밀접한 관계가 있어서 남성호르몬이 과다 분비되면 피지 분비를 촉진하고, 결국 지성 피부로 만들어 탈모로 이어질 수 있다.
- 올바르지 못한 식생활과 소화기관의 이상 – 우리 몸의 소화기관은 영양을 섭취 → 분해 → 흡수 → 혈관으로 보내는 역할을 한다. 두피는 단백질을 주원료로 하기 때문에 소화기관에 문제가 있거나 영양분이 충분히 섭취되지 못할 경우 두피의 염증을 발생시키고 모발 성장을 방해하는 등 이상 상태를 일으킨다. 특히 비타민의 결핍은 두피 건강과 탈모에도 큰 영향을 미쳐 두피를 건성화, 혹은 지성화로 만들 수 있어 균형 잡힌 식단이 요구된다.

2) 외적인 요인

외부적 요인에 의해 두피에 외상이 나타나는 것으로 두피 손상의 외적인 요인은 크게 물리적 · 화학적 · 환경적 요인으로 구분되며 두피 조직 전체가 파괴된 경우를 제외하면 대부분 내적인 요인으로 인한 손상보다 외적 요인으로 인한 손상이 크다.

(1) 물리적 요인에 의한 손상

일상적인 요인으로 잘못된 샴푸 시 두피에 자극을 주거나 브러싱, 업 스타일 시 핀에 의한 자극, 가발 착용, 세팅, 드라이 등으로 두피에 상처가 나 두피 예민화를 야기시킨다. 물체에 의해 두피가 외상을 입은 경우 두피에 염증을 유발하여 탈모로 이어질 수 있으며 심각한 경우에는 반흔성 탈모로 이어질 수 있다.

(2) 화학적 요인에 의한 손상

물리적 요인에 의해 손상된 두피보다 심각한 상태를 야기하며 화학약품과 모발 및 두피 간의 화학반응으로 인해 발생하는 두피 손상을 말한다. 즉 염색제나 스타일링제, 잦은 파마 등으로 두피에 자극을 주거나 피부 염증을 불러 일으켜 모발과 두피 건강에 악영향을 미친다. 또한, 제품 선택의 잘못된 판단에 따른 문제성 두피의 상태 악화 및 잘못된 시술 방법에 의한 두피 손상으로 대부분 두피 과각화 현상과 예민함을 동반하나 제품 사용의 변화나 관리 후 충분히 개선될 수 있다.

(3) 환경적 요인에 의한 손상

두피의 오염물 누적으로 손상을 일으키므로 진행 과정이 느려 일정 기간이 지난 후에 서서히 발견되는 현상이 있기 때문에 손상 정도를 초기에 파악하기는 힘들지만 정기적인 관리를 해주게 되면 충분한 관리 효과를 볼 수 있다.

CHAPTER 02
모발의 특성

1. 모발(hair)의 정의

모발은 포유류 특유의 피부 부속기관으로, 모모의 상피세포가 케라틴 섬유로 단단하게 밀착된 각화세포로 이루어져 있으며, 촉각이나 통각을 전달하고 외부의 화학적, 물리적 자극으로부터 신체를 보호하는 기관이다. 모발은 손바닥, 발바닥, 입술, 유두를 제외한 신체 부위에 따라 두발, 수염, 액모, 음모, 체모 등으로 구분된다. 모발의 역할은 크게 기능학적 의미와 미용학적 의미로 나눌 수 있다. 기능학적 의미에서의 털은 외부의 추위, 더위, 직사광선으로부터 인체의 중요 기관을 보호하며, 인체에 존재하는 털은 자라는 부위에 따라서 벌레, 땀, 먼지 등의 이물질이 인체로 침입하는 것을 막아주는 보호의 기능도 지니고 있다. 모발은 외부로부터 물리적 충격이 가해질 때 쿠션(cushion) 역할을 하여 손상을 최소화 할 뿐만 아니라 체내 노폐물의 배출 및 신체에 불필요한 수은, 비소, 아연 등의 중금속을 흡수하여 체외로 배출하는 기능을 가지고 있다. 시스틴이라는 아미노산 단백질은 인체에 흡입되어진 중금속 성분과 결합하는 힘이 강하여, 바로 모발의 성장과 동시에 몸 밖으로 나오게 된다. 모발이 건강할 때 가장 많은 양의 인체 누적 중금속이 배출되므로 모발의 손상과 탈모는 인체 내의 중금속 배출을 저해하는 요소 중에 하나이다. 마약 흡입자의 1년 전이나 아니면 몇 개월 전에 흡입하고, 주사한 마약, 대마초의 흡입 여부를 모발 채취를 통한 검사로 확인이 가능하다. 만약 모발이 염색이 되어 있다면 체모를 채취하여 검사한다. 또한, 털은 피부와 피부 사이의 마찰을 감소시키는 기능을 하여 피부의 손상을 감소시키고, 외부의 자극으로부터 반응하는 감각기관으로서의 역할도 가지고 있다. 미용학적 의미에서의 털은 장식의 역할로 볼 수 있으며 남성, 여성의 특징을 나타내며 헤어스타일과 색상을 표현하는 것만으로도 그 사람의 외모를 결정짓는 중요한 요소로 작용하기 때문에 현대에 와서는 털의 기능적인 면모보다는 미용학적 면이 크게 부각되고 있다. 또한, 역사적 자료도 이에 속한다.

보호작용	외부의 충격으로부터의 쿠션의 역할과 직사 일광, 한랭, 마찰, 위험 등의 외부의 자극으로부터 보호
감각기로서의 역할	모근의 지방선과 입모근의 약간 얇은 부분에 지각신경이 방사상으로 분포되어 자극에 반응
배설기로서의 역할	인체에 유해한 물질들은 일부가 모유두를 거쳐 모간에 흡수되는데 이처럼 모발을 통해 체외로 배출
개인적인 장식의 역할	커트, 파마, 염색, 탈색 등

2. 모발의 구성 성분

모발 80~90%는 단백질의 일종인 경케라틴으로 이루어져 있으며, 그 외에 수분(10~15%), 멜라닌 색소(3%이하)와 지질(1~8%), 미량원소(0.6~1%) 등이 포함되어 있다. 케라틴은 물리적인 강도가 강하고 탄력이 있을 뿐만 아니라 화학약품에 대한 저항력도 강한 편이다.

• 케라틴 단백질

모발은 양모와 마찬가지로 동물성 천연섬유이며, 18종의 아미노산으로 구성되어 있고, 아미노산의 배합이 다르기 때문에 서로 다른 단백질 구조를 갖는다. 아미노산은 탄소(C) 약 50%, 산소(O) 약 22%, 질소(N) 약 17%, 수소(H) 약 6%, 황(S)약 5% 등의 원소로 구성되어 있다. 모발은 경케라틴이라고 불리는 황을 포함한 섬유상단백질이며 모발의 주성분인 단백질은 시스틴을 15~18%로 가장 많이 포함하고 있다. 그래서 모발을 태우면 냄새가 나는데 이는 시스틴이 분해되어 생긴 유황화합물의 냄새이다.

• 멜라닌 색소

멜라닌 색소는 멜라노사이트에서 티로시나아제라는 효소의 생합성에서 시작된다. 이 효소의 작용에 의해 아미노산의 일종인 티로신이 단계를 거쳐 최종적으로 멜라닌 색소가 만들어지는데 이 멜라닌 색소가 모발을 착색시키고 자외선으로부터 모발을 보호한다.

• 지질

모발의 지질에는 피부와 마찬가지로 피지선에서 분비된 피지와 함께 모피질 세포가 가지고 있는 지질을 함유하고 있다. 모발의 친유성 부분은 모표피의 외측으로 개인차가 있지만 모발 전체에서 약 1~9%를 차지한다. 피지의 분비량과 조성은 내부 요인과 외부 요인에 따라서 영향을 받기 때문에 개인차가 크고, 일반적으로 피지의 분비량은 하루에 1~2g 정도이며, 피지선은 두부에 1㎠ 당 400~900개 정도이다. 모발의 지질은 유리지방산(56%)이 주성분이고 중성유지분(44%)을 함유하고 있어 모발의 표면에 효과를 많이 미친다.

• 수분

보통 자연 상태에서는 10~15%를 함유하고 있고 샴푸 후는 30~35%, 드라이 건조 후에는 10% 정도 함유한다. 수분함량이 10% 이하인 경우 건조모라고 하며, 정상모발보다 수분의 흡수량이 크며, 수분의 양은 습도와 온도에 따라 좌우된다. 습한 공기 중에서는 수분을 흡수하고 건조한 공기 중에서는 수분을 발산하는 성질이 있기 때문에 수분 측정량은 온도 25℃ , 습도 65%에서 정확한 결과를 얻을 수 있다.

• 미량원소

모발을 건강하게 유지하는데 필수적인 요소로 탄소, 수소, 질소, 황 등이 있으며, 모발 색소의 구성에 영향을 미친다. 퍼머넌트로 인한 웨이브 모발은 금속과 쉽게 결합하여 금속의 흡착량도 많게 된다. 모발에 포함되어 있는 미량 원소의 종류에 따라 모발 색의 구성에 영향을 끼치며 모발 전체의 약 0.6~1%를 차지한다. 백발은 니켈(Ni)이 관여하고 황색모는 타이타늄 (Ti), 적색모는 철 (Fe), 흑발은 구리(Cu)의 함량에 의해 결정된다.

3. 모발의 기능

- 우리 신체는 열의 발산을 억제하여 몸을 따뜻하게 하는데 털을 움직이게 하는 작은 근육이 각 털마다 붙어 있어 신경작용에 의해 추울 때 털을 움직여 추위로부터 체온을 유지해준다.
- 털은 이차 성징(sexual character)의 하나로 성적인 발달의 표시가 된다.
- 모발은 자외선이나 추위, 더위, 기타 충격으로부터 인체를 보호하며 특히 머리카락은 외부로부터 오는 충격으로부터 두피와 두뇌를 보호하기 위해 존재한다.
- 갑상선질환, 호르몬의 이상뿐만 아니라 영양분의 부족, 철분의 부족 등이 있을 때 또는 심한 스트레스나 마취 후에도 탈모가 생길 수 있어 건강의 지표가 되기도 한다.
- 털에는 감각기능이 있어 미세한 자극에도 감지하여 반응할 수 있다.
- 몸에서 열이 많이 날 때는 표면적을 넓혀서 땀의 발산을 증가시킨다.
- 머리카락은 태양광선으로부터 두피를 보호해주고 눈썹이나 속눈썹은 햇빛이나 땀방울로부터 눈을 보호해 주는 역할을 한다.
- 모발은 유해한 중금속 등을 체외로 배출하는 역할을 한다. 머리카락은 혈액의 순환에 의한 영양분으로 성장하기 때문에 혈액 내에 있던 유해한 성분들이 머리카락을 통해 체외로 배출하게 되는 것이다.
- 우리 인체에서 쉽게 장식을 할 수 있는 부분이 바로 모발이다. 헤어스타일과 컬러를 다르게 표현하는 것만으로도 매우 다른 느낌을 줄 수 있기 때문에 개성을 중시하는 요즘은 개인적인 장식의 기능이 보호의 역할만큼이나 크게 부각되고 있다.

머리카락	태양의 직사광선으로부터 두피 보호
눈썹, 속눈썹	햇빛, 땀방울, 빗물, 먼지로부터 눈을 보호
코 속의 털	외부의 먼지를 걸러줌
피부가 접히는 부위의 털	마찰을 감소시켜줌

4. 모발의 발생

모발의 성장은 태내에서부터 시작된다. 태아의 체모 세포는 모발에 관한 부모의 유전성을 가져 모발이 갖게 될 형태 및 특성은 모태에서 이미 결정되며, 출생 후에는 일정한 모낭의 수를 갖는다. 태아가 성장함에 따라 피부가 함몰되면서 모낭이 되고 모낭의 가장 하부에 모유두가 만들어진다. 모낭은 임신 3개월 된 태아의 몸에 만들어지기 시작하여 6개월이 되면 완성된다. 모체에서 하나의 세포로 이루어진 수정란은 세포분열에 의해 기하급수적으로 증가하여 태아로서 인간의 형태로 만들어지는데, 일반적으로 태아 9~12주 때 모낭이 형성되어 12~14주 때 모발의 성장이 시작된다.

1) 모발의 기원

인체는 각기 모양과 기능이 다른 60~100조 개의 세포로 이루어져, 그 하나를 구성하는 세포는 각기 똑같은 DNA를 가지고 있다. 이 모든 세포의 생성이 수정란에서 거치는 세포분열, 즉 유사분열의 과정을 통해서 이루어지는데 모발 또한 이와 같은 과정을 통해서 만들어진다. 수정란의 세포분열 과정을 거쳐 10~11일째부터 낭배기에서 내배엽, 중배엽, 외배엽이 형성되며 모낭은 9~12주 사이에 태내의 외배엽에서 생성되는데 이때 배벽의 함입으로 생겨난 안쪽 벽을 내배엽이라 한다. 소화가 계통의 내장이 형성되고, 바깥쪽 벽을 외배엽이라 하며 뇌, 신경계, 피부, 모발이 형성된다. 이들 사이로 퍼져 가는 세포들이 중배엽을 형성하는데 신장, 혈관, 골격, 근육, 심장, 생식선 등이 형성이 된다. 모발은 모낭에서 형성되어 성장해 가는데 모낭과 신경 계통은 외배엽에 있는 세포 덩어리에서 분화되어 발생하는 것으로 알려져 있기에 모발은 외배엽에서 기원된다고 할 수 있다. 임신 12주~14주에 태아의 모발은 성장하고 인종, 연령, 성별, 몸의 부위에 따라 모발의 분포, 굵기, 모질, 색, 형태, 성장 속도 등이 결정되어 나타난다. 모발은 피지선 및 한선과 같이 태생기 때 발생하며 피부의 발생과 같은 원리로 각화 현상이 진행되어 한 가닥의 모발이 생성된다. 모발의 발생은 최초의 모낭이 만들어졌을 때부터 시작되며, 사람의 모낭은 표피 배아층의 세포가 모여 촘촘한 집합체를 이룬 모아의 세포군이 분열을 일으켜 성장한다. 모낭을 구성하는 세포는 피부의 표피로부터 유래되는데, 출생 시에 완성되며, 모낭의 숫자는 태어날 때에 결정되므로 살아가는 동안 모낭이 새로 생겨 모발의 숫자가 증가하는 일은 없다.

외배엽	외배엽은 신경계를 형성하는 것 외에도 피부의 표피가 되며, 외배엽에서 유래된 상피는 침샘, 땀샘, 감각상피 등으로 분화한다.
중배엽	중배엽에서 근육, 골격, 혈액, 순환기관, 배설기관과 생식기관 등의 중요 부분이 분화된다.
내배엽	내배엽은 발생이 진행됨에 따라 소화기관(식도 · 위 · 장)의 내피(內皮), 내분비기관(흉선 · 갑상선), 호흡기관(폐 · 아가미) 등으로 분화된다.

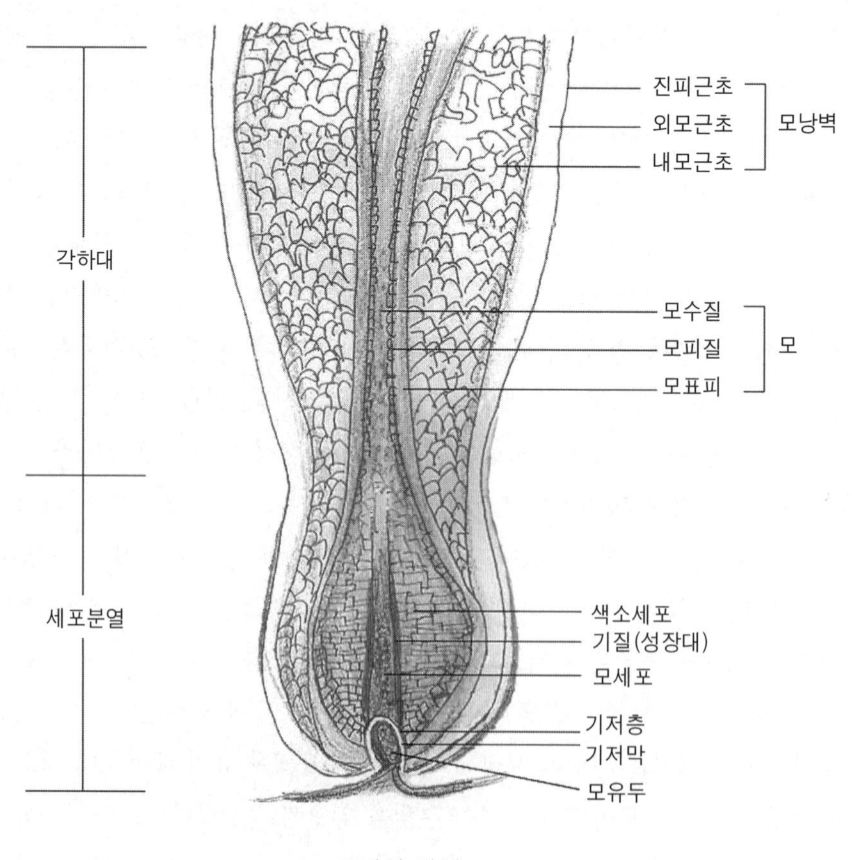

모발의 발생

① 전모아기

모발은 표피의 함몰로 모낭이 형성되면서 시작된다. 사람의 표피는 태생 초기에는 한 층의 세포가 배열되어 있는 것에 불과하나 태아의 성장이 진행됨에 따라 3개의 층이 되며, 안쪽부터 배아층, 중간층 및 주피로 구성된다. 모낭이 형성되는 것을 알려주는 초기의 표시는 표피의 배아층으로, 이것이 모낭의 최초 출발점이 된다. 모낭 형성에서 발견되는 형태를 모아라고 부르고, 모아가 형성되기 시작하는 단계로 모낭의 형성 이전을 전모아기라고 한다. 이 단계에서 표피는 일반적으로 배아층의 세포와 주피의 2층으로 되어 있는 경우가 많은데, 이때 중간층의 세포는 이미 분화되어 있는 경우도 있다.

② 모아기

임신 14주경부터 전모아기는 급속하게 모아기로 이행되고, 배아층의 중간층 세포가 진피 속으로 함몰되어간다. 이 경우 발달된 중간층 세포는 바깥을 둘러싸고 있는 배아층 세포 속으로 진입하여 모아의 중심부를 형성해 간다.

③ 모항기

임신 18주경부터 모아는 맨 끝 부근에 있는 간엽성 세포 집단에 끌려오듯이 진피 내에 침입하여 마치 피부 속에 1개의 기둥 모양으로 진피 내에 깊숙이 형성되는 시기로 기둥이 박혀 있는 듯한 형태가 된다. 이와 같은 단계를 모항기라고 부른다.

④ 모구성 모항기

모아가 진피 속으로 침입해 들어갈 때 표피 면과 모아의 기둥은 일정한 각도를 이룬다. 예각 쪽은 앞면, 둔각 쪽은 뒷면이며, 뒷면에는 피지선이 자리 잡고 있다. 모항기가 지나면서 모낭 기둥 면에 피지선과 기모근의 근원 부분이 부풀어 오르고 모낭 끝이 둥글어지며 간엽성 세포집단이 모유두의 형성을 예고하는 시기이다.

⑤ 완성 모낭

조직의 분화로 모발을 만들어 낼 수 있는 성숙한 모낭을 완성 모낭이라고 한다. 출생 시 이와 같이 발달된 모낭은 모발 조직으로서 각 부분으로 분화되어 간다. 즉 모모세포와 모유두로 이루어진 모구, 모구의 상단부에서부터 팽륜부에 이르는 모낭 하단부, 팽륜부와 피지선의 좁은 부분인 협부, 피지선과 표피 사이의 누두부로 나뉜다.

이 모낭이 성숙한 형태로 발달하면 피지선이 형성되고, 그 후 모낭벽에 붙어 있는 입모근이 생성되며, 마지막으로 모낭의 밑에 연결되어 있는 모유두가 형성된다. 이 모유두와 접하고 있는 분분의 모모 세포가 모유두의 영양을 공급받아 세포분열을 하여 새로운 모발을 생성한다. 따라서 모발의 발생은 모모세포가 모유두에서 영양을 받아 분열되어 모발의 형상을 갖추면서 성장한다.

태아 모발의 발생	
테아 4~8주	피부, 털, 성별 등의 유전 형질 결정, 8주에 머리 형성
태아 9~11주	머리, 몸통, 사지로 3등분 구분
태아 12~15주	모근 형성, 피부층 강화
태아 16~19주	모발 생성, 지문 형성
태아 20~23주	모발색이 진해지며, 피부층 혈관 형성, 약 30㎝
태아 24~27주	피부 지방분비 촉진, 피부톤이 붉어지며, 약 35㎝
태아 27~31주	피하지방 생성되며, 취모의 연모화 진행, 약 42㎝
태아 32~35주	모발의 길이 3㎝, 피부 체온조절 가능
태아 36~39주	모발의 연모화, 피부 주름 사라짐(피하지방 발달), 약 45㎝

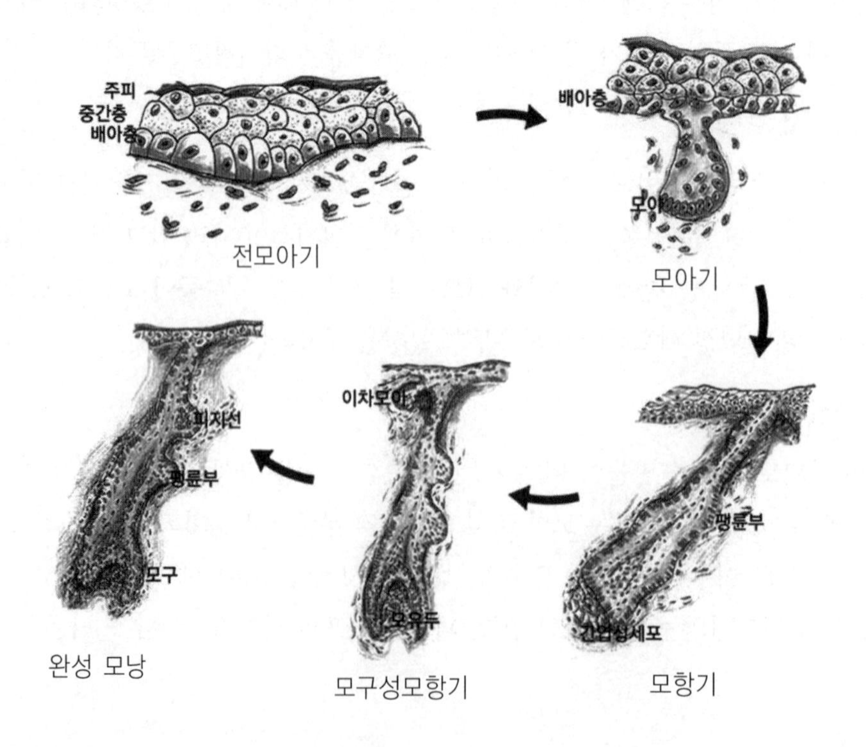

5. 모발의 구조

인체에 존재하는 털 중 약 10% 정도를 차지하고 있는 두발은, 두발 특유의 강한 단백질 결합과 복잡한 구조의 결합 형태를 지니고 있어 쉽게 변형되지 않는 특성을 가지고 있다. 두발도 구조 및 생성 원리를 살펴보면 피부와 같은 외배엽에서 파생된 것이다. 일반적으로 모발은 두피의 피부층 안쪽을 모근, 외부 쪽을 모간이라 부르며 이 두가지를 합쳐 모발이라 한다. 모발은 모간부와 모근(Hair Root)부로 나눌 수 있으며 모간(Hair Shaft)부는 두피 바깥으로 나와 있어 우리의 눈에 보이는 부분을 말하고, 모근부는 두피의 표피 아래쪽을 통칭한다. 모발의 생리학적 현상은 모발의 모근부에서 일어나며 세포분열을 통한 모발의 생성과 성장, 이탈까지의 모든 과정에 관여한다. 하지만 같은 조직에서 파생된 모발이라도 모간부의 세포는 그 이상의 세포분열은 하지 않는 죽은 세포로 구성되어 있으며 모근부는 완성한 세포분열을 하는 모모세포가 존재해 있다. 모간부는 외측부터 모표피, 모피질, 모수질로 구성되며, 모근부는 모낭과 모구, 모유두, 모모세포, 내.외모근초, 피지선, 기모근 등으로 구성되어 있다.

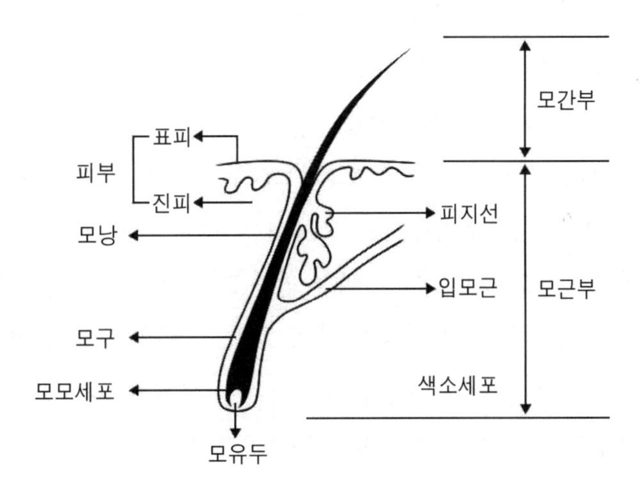

1) 모근(hair root)

모발 성장의 근본이라고 할 수 있는 모근은 나무의 뿌리와 같은 역할로 모발에 필요한 영양분을 혈관으로부터 공급받아 세포분열 과정을 통하여 모발을 만들어내는 부분이다.

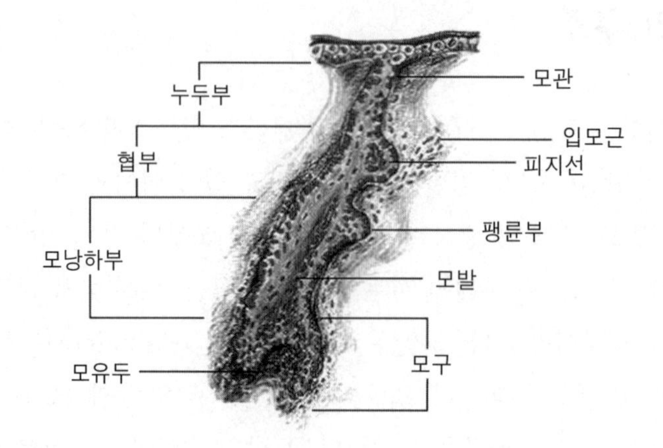

(1) 모근의 분류

모근은 크게 모누두부, 협부, 모낭하부로 나뉜다.

① 모누두부는 각질층에서부터 피지선 관 입구까지의 부분을 말하고 표피는 주변 피부 표피와 연결되어 있어 일반 표피와 유사한 각질화를 보인다. 일반 표피보다 증식 능력이 더 좋고 상처가 발생했을 경우 이 부위의 표피가 증식하여 상처를 치유하는 것으로 알려져 있다.

② 협부는 피지선 관 입구에서 기모근(arrector pili muscle) 부착 부위 위쪽까지를 말하며, 특히 기모근이 부착된 협부의 하부는 팽륜부(bulge)라고 불리며 이 부위에 표피줄기세포가 존재하는 것으로 알려져 최근 많은 관심을 보이는 부분이기도 하다. 이 부위가 염증으로 인해 손상을 받는다면 치료에도 불구하고 다시 모발의 재생을 볼 수 없는 반흔성 탈모가 발생하게 된다.

③ 모낭하부는 모낭의 기저부에서부터 기모근 아래까지를 말한다. 모낭 기저에는 모유두의 느슨한 연결 조직을 둘러싸고 있으며 여기서 끊임없는 세포분열이 일어나는 곳으로, 모구(hair bulb)와 모유두(dermal papilla)로 구성된다. 모유두는 중배엽(mesenchymal)에서 유래했으며, 섬유모세포(fibroblast), 콜라겐, 다당류 등으로 구성되었고 외배엽과 중배엽의 조화로 결정되는 이 부분의 활동이 모발의 굵기, 길이, 성장기의 기간 등을 결정하게 된다. 모구는 모유두를 둘러싸는 구조물이다.

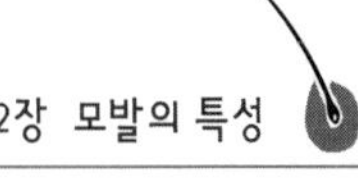

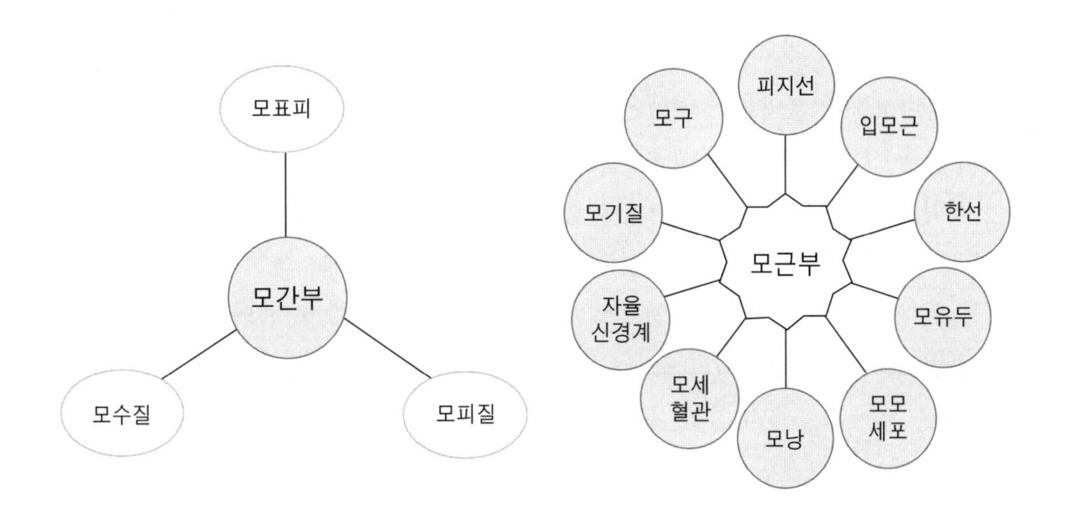

(2) 모근부의 구조

① 피지선(sebaceous gland)

모근 부위의 윗부분으로 부터 1/3 지점에 부착되어 있고, 피지선에서 만들어진 피지의 일부는 그 모낭 내에 있는 털이 성장하면서 함께 올라와서 털의 둘레를 싸고, 모낭 내에서 모공으로 나와 모간부로 전달되어 모표피의 보호 및 모발을 윤기 있게 하고 보호한다. 일부는 모낭벽을 따라서 피부 표면에 퍼지며 피부를 매끄럽게 하는 동시에 피부에서 수분이 증발되는 것을 방지하며, 외부로부터의 세균 침입을 막아주어 피부를 보호한다. 피지의 분비량은 개인에 따라 분비량이 달라지며 손, 발바닥 제외한 전신에 분포되어 있으며, 피지 분비량은 1일 1~2g 정도 분비된다. 피지의 작용으로는 수분증발 억제, 살균작용, 유화작용, 흡수조절작용, 비타민 D의 생성작용을 한다.

② 기모근(arrector pili muscle)

모근 부위의 아랫 부분으로부터 1/3 지점에 위치하며 불수의근으로 자율신경에 의하여 수축되면 피지선을 압박하여 피지(sebum)를 분출시키며, 추위나 공포를 느꼈을 때 수축되어 모발을 세워 소름(soose tresh)이 돋게 만드는 근이며, 갑작스런 온도 변화에 근육이 수축하면 모공이 닫히게 되어 체온 손실을 막아준다. 눈썹, 속눈썹, 코털, 얼굴의 솜털의 일부 등에는 존재하지 않는다.

③ 한선(sweat gland)

땀을 분비하는 외분비선인 땀샘은 소한선과 대한선으로 나뉜다. 땀의 형태로 노폐물과 수분을 신체 밖으로 배설하며 수분과 열을 조절하여 두피에 적당한 수분을 유지하는 역할을 한다. 땀샘은 피부의 진피층에 위치해 있으며 온몸에 약 200~400만개가 있다. 땀샘의 주위를 모세혈관이 그물처럼 둘러싸고 있는데, 혈액으로부터 걸러진 노폐물과 물이 모세혈관에서 땀샘으로 보내져 땀이 생성된다. 땀샘의 끝은 실꾸러미처럼 뭉친 덩어리로 되어 있고 하나의 긴 관을 내어 피부 표면에 땀구멍을 열고 있어서 이 관을 통해 땀을 분비한다. 몸 전체에 땀샘이 분포되어 있어서 날씨가 덥거나 운동을 해서 체온이 오르면 땀을 분비하여 체온을 조절한다.

• 소한선(Ecrine gland)
- 몸 전체에 분포되어 있고 특히 손바닥, 발바닥, 이마에 집중적으로 분포되어 있다.
- pH 3.8~5.6의 약산성 무색이며, 무취의 맑은 액체를 분비한다.
- 모공과 분리된 독립적인 한선이다.
- 99% 수분과 Na, Cl, I, Ca, P, Fe 등으로 구성되어 있다.
- 혈액과 더불어 신체 체온 조절의 중요한 역할을 한다.
- 운동이나 온도에 민감하다.

• 대한선(Apocrine gland)
- 모낭에 부착된 코일 형태의 구조이며 피지선의 구멍을 통해 땀을 분비한다.
- 분비 전에는 무색, 무취이나 분비 후 공기와 만나 산화되어 냄새가 나며, 또한 그곳에 있던 세균들이 땀 속에 있는 지방 성분을 분해하여 지방산을 만들기 때문에 나는 냄새이다.
- pH 5.5~6.5의 단백질 함유량이 많은 땀을 생성한다.
- 모낭에 부착된 작은 나선형 구조를 가진다.
- 소한선보다 크며 피부 깊숙이 존재한다.
- 겨드랑이, 생식기 주위, 유두 주위에 분포되어 있어 액취증을 유발한다.
- 감정이 변화 될 때 작용이 활발하다.
- 호르몬의 영향으로 남성보다 여성이 월경전과 월경중에 많이 분비되나 임신중에는 감소된다.

에크린선	앞이마, 손바닥, 발바닥에 있고 몸 전체에 퍼져 있으며, 에크린선의 땀은 무색, 무취로서 99%가 수분이며 혈액과 더불어 신체 체온조절기관이다.
아포크린선	나선 모양의 분비선은 에크린선에 비해 몇 배 크므로 대한선이라 하며, 아포크린선에서 분비되는 땀에는 좋지 않은 냄새가 있으며, 양이 적고 단백질, 탄수화물을 함유하고 있고 배출되면 빨리 건조하여 모공에 말라붙는다.

④ **모낭**(hair folicles)

모낭은 모근부를 감싸고 있는 내·외층의 피막으로 모발은 모낭에서 만들어지며 머리털이 자라는 주머니 모양으로 모낭의 깊이는 탈모가 될 때 표면 가까이로 이동한다. 모낭의 수는 태어날 때부터 결정되고 어릴 때는 연모이면서 모든 모낭에서 모발이 나오지는 않으나, 사춘기가 되면 모낭에 싸여 있던 모발이 모두 나오게 되고 굵어지면서 경모가 된다. 모발이 모유두에서 모공까지 도달할 수 있도록 보호하고, 태생 9주~12주에 생성되며 모발을 보호하거나 모발을 고정시켜 준다. 모낭은 크게 상피성 모낭과 이를 감싸고 있는 결합조직성 모낭으로 나누어지며, 이 두 모낭 사이에는 얇은 막 형태의 초자막이 존재하고 있으며, 내모근초는 모낭중 모발과 가장 근접하고 있으면서 모발을 보호하는 부분으로 성장기 모발을 강한 힘으로 뽑을 경우 모발과 함께 끌려나오는 젤리 형태의 반투명한 물질을 말한다.

⑤ **모구**(hair bulb)

모근의 아랫부분에 원형으로 부풀어져 있는 부분으로, 모구는 표피의 기저층에 해당되며 모발 성장에 관여한다. 모세혈관으로부터 모발을 성장시키는 영양분과 산소가 모유두를 둘러싸고 있는 모모세포로 운반되어 영양분을 받아 분열된 모모세포가 각화되면서 모발이 자라게 된다. 모구 주변에는 모세혈관, 모유두, 모모세포, 멜라닌세포 등이 위치해 있다.

⑥ **모유두**(hair papilla)

모유두 주변에 모세혈관 및 자율신경이 많이 분포되어 있어서 영양분을 모세혈관으로부터 받아서 모모세포에 전달한다. 모구 가장 아래쪽 중심에는 모유두가 있는데, 털이 되는 세포가 자란다. 모유두에는 모세혈관이 거미줄처럼 망을 형성하고 있으며 아미노산, 미네랄, 비타민 등의 영양소와 단백질 합성효소 및 산소가 공급되고 있어 모유두의 활동이 왕성하면 모발이 건강하고 빠지는 머리가 적게 된다. 즉 모주기에 따라 위치가 변하며 모발의 성장을 조절하고 모질 및 굵기를 결정한다.

⑦ **모모세포**(hair matrix)

모모세포는 모발의 기원이 되는 세포로 모유두 부근에 접해있고, 모세 혈관과 모유두로부터 영양을 공급받아 지속적으로 새로운 세포분열과 증식을 되풀이하여 모간부 및 모낭을 생성하며 모발의 색소를 결정한다. 모유두의 중심부에서는 모수질이 된 세포가 분열하고, 그 아랫부분으로부터는 모피질이 될 세포가 분열하며, 가장 아래 외측으로부터 모표피가 될 세포가 분열하여 위로 올라간다.

⑧ **모세혈관**

모세혈관벽은 한 층의 세포로 되어 있기 때문에 세포 간에 물질 교환이 쉽게 일어나 정맥과 동맥외에 혈관의 말단인 모세혈관이 존재해 매우 신속하고 효율적인 세포 영양분을 공급해주기도 하고 노폐물을 배출해주기도 한다. 탈모 및 이상성 두피의 발생 원인에서 나타나는 혈관의 이상 현상으로는 혈관에 침전물이 쌓이므로 발생한다.

⑨ **자율신경계**

자율신경계는 자신의 의지대로 제어할 수 없는 말초신경계를 의미하며, 모세혈관과 함께 모유두 주변에 존재하고 있는 신경으로 모유두로부터 받은 영양분이 모발로 잘 자랄 수 있게 명령하는 역할을 한다. 정신적인 스트레스나 육체적인 피로로 인하여 자율신경 실조증이 생길 수 있으므로 주의하여야 한다.

⑩ **모기질**(Hair matrix)

실질적으로 모발을 만드는 모기질 세포와 색을 나타내는 멜라닌 색소로 구성된다. 가장 활발한 세포 분열을 보이는 곳으로 모발의 기본 색조는 모기질 세포 내에 있는 멜라닌의 분포에 의해 결정된다. 따라서 모기질에서 멜라닌을 형성하지 못하면 흰머리가 만들어져 성장하는 것이다.

⑪ 내 · 외측 모근초(Inner. Outer Root Sheath)

모근을 감싸고 있는 모낭과 모표피 층 사이에 있는 세포층을 다시 외측으로부터 내측 모근초는 헨레층(Henle's Layer), 헉슬리층(Huxley's Layer), 근초소피층(Sheath Cuticle)의 3층으로 구분된다. 내측 모근초표피는 위에서 아래 방향으로 쌓은 기와장 모양으로 겹쳐서 줄을 선 단층의 편평한 세포로 모간을 지지하고 자라는 방향을 지시하는 역할을 한다. 모발이 피지선관에 이르면 완전히 퇴화되어 탈락된다. 가장 바깥의 에피큐티클은 내모근초와 단단히 결합하여 자라나는 모발을 모낭에 부착하는 역할을 하고, 외측 모근초는 모구부에서 모발의 각화가 마무리될 때까지 보호하고, 표피까지 운반하는 기능을 한다. 이 근초는 새롭게 만들어진 모발이 완전히 각화되어 밖으로 나갈 때까지 보호하고 함께 운반하는 역할을 하며, 두피까지 도달하면 이들 세포층도 비듬으로 두피에서 벗겨져 떨어진다.

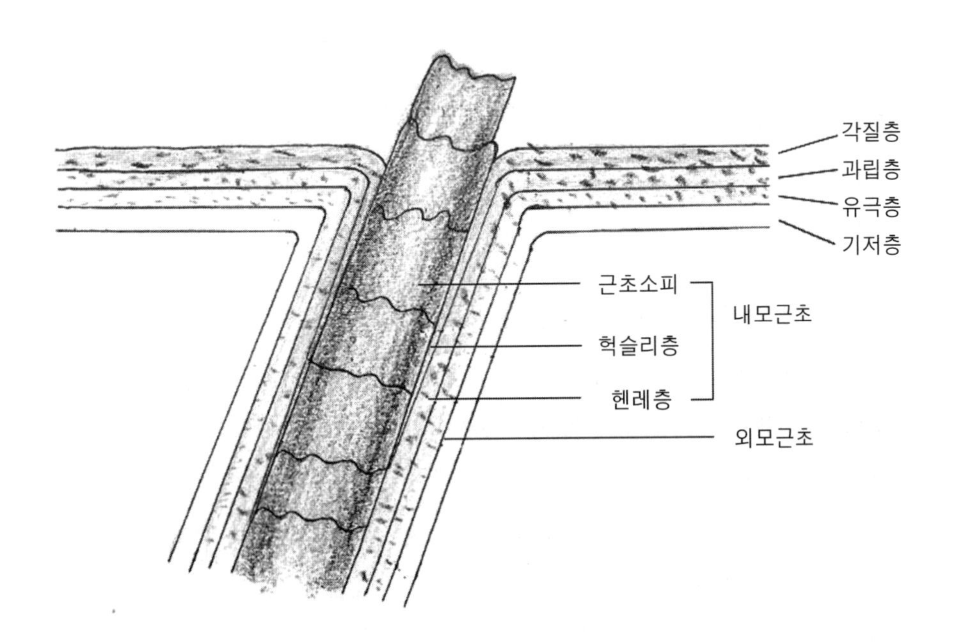

근초소피층	비늘 모양의 세포층이다.
헉슬리층	몇 층의 납작한 세포로 구성되어 있다.
헨레층	한 층의 엷게 염색되는 세포의 층으로 표피의 투명층에 해당한다.

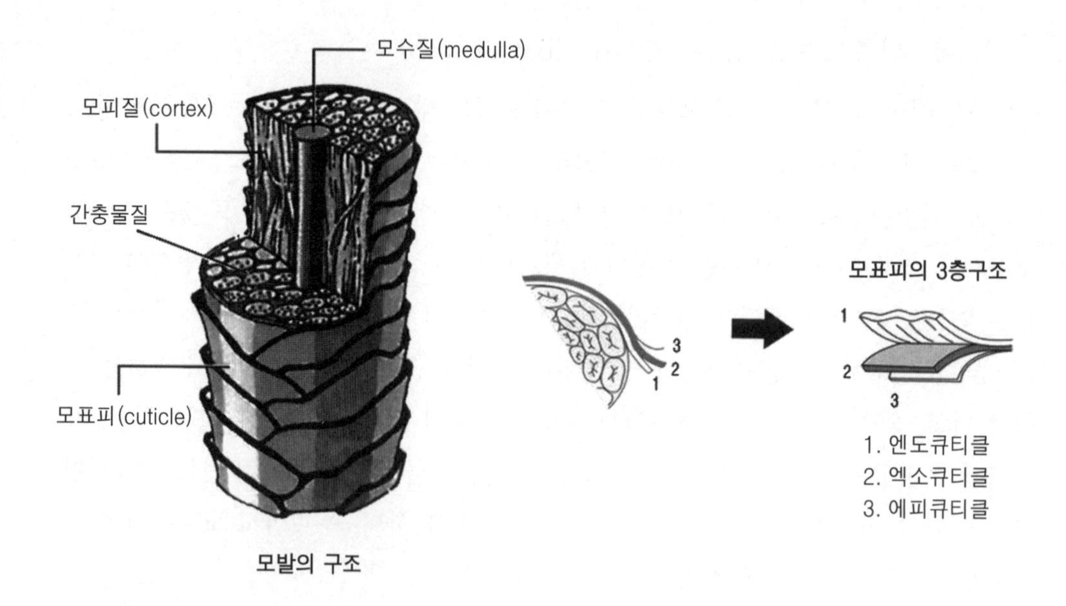

모발의 구조

2) 모간부의 구조

두피 바깥으로 나와 있는 눈에 보이는 부분으로 모발의 횡단면을 보면 모표피, 모피질, 모수질로 나뉜다.

(1) 모표피(모소피, Hair Cuticle)

- 모발의 가장 바깥 부분으로 비닐 모양으로 5~15층으로 겹쳐 있다.
- 모발에서 차지하는 비율은 약 10~15%이다.
- 모발 내부인 모피질를 둘러싸고 있는 최외각층의 세포로 되어 있고 무색 투명하다.
- 케라틴이라는 경단백질로 구성되어 있으며, 물리적 마찰에 약하지만, 화학약품에 대한 저항력은 강하다.
- 외부의 물리적, 화학적 자극이나 충격으로부터 모피질을 보호한다.
- 안쪽의 모피질을 보호하고, 수분증발을 억제하며 친유성의 특징을 가진다.
- 큐티클은 지문과 같이 그 모양이 사람마다 달라서 범죄수사의 하나의 도구이다.
- 모표피는 3겹의 상표피와 간충물질로 이루어져 있다. 섬유 외측으로부터 cystine 함량이 많고 화학적 저항성이 높은 층인 에피큐티클(epicuticle)과 중간층인 엑소큐티클(exocuticle)이 내측의 엔도큐티클(endocuticle)로 되어 있다.

에피큐티클 (최외표피)	가장 바깥층이며 얇은 막이 형성되어 있어 수증기는 통과하지만 물은 통과할 수 없는 아주 미세한 부분으로 다당류, 단백질 등이 견고하게 결합된 친유성 부분으로 산소나 화학약품에 대한 저항이 가장 강하지만 물리적인 도구의 작용을 받으면 쉽게 손상된다.
엑소큐티클 (외표피)	모표피의 약 15%에 해당하며 부드러운 케라틴질의 층으로 시스틴이 포함된 중간적인 성질을 가지고 있으며, 큐티클 구조의 2/3 가량을 차지하며 cystine이 풍부하게 포함되어 있고, permanent wave제와 같은 cystine 결합을 절단시키는 약품인 펌제에 작용을 받기 쉬운 층이다.
엔도큐티클 (내표피)	모표피의 약 3%에 해당하며 가장 안쪽에 있는 친수성 부분으로 세포막 복합체(CMC : Cell Membrane Complex)가 양면테이프와 같이 인접한 표피를 밀착시키며, 시스틴 함유량이 적기 때문에 시스틴을 절단하는 단백질 침식성의 약품인 친수성, 알칼리성 용액에 대해서는 저항력이 매우 강하지만 기계적 작용에 대한 저항은 약한 층이다.

(2) 모피질(Hair Cortex)

- 모표피 안쪽의 층으로서 모발의 85~90%를 차지하며, 피질세포 사이에 간충물질이 존재한다.
- 화학적 시술 작용 부위이며 주성분은 피질세포와 간충물질로 이루어져 있다.
- 멜라닌 색소를 함유하며, 화학약품의 작용이 용이하다.
- 친수성으로 모발의 유연성, 탄력, 강도, 촉감, 질감 등과 모발의 성질을 결정한다.
- 모피질의 물리적 구조는 수백만 개의 단단한 케라틴섬유가 서로 엉켜 모발의 굵기를 형성하고 있으며, 아미노산의 다중결합(polypeptide)구조를 하고 있다.

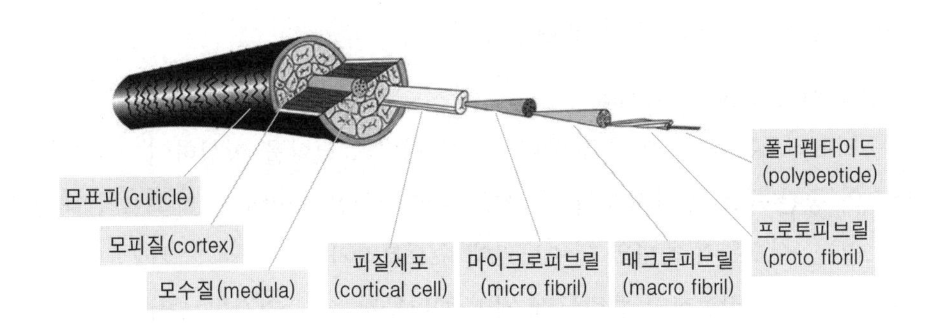

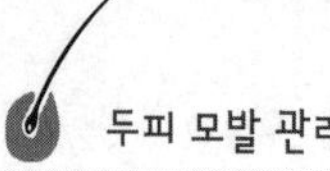

① 결정 영역(피질세포)

모발은 결정 영역과 비결정 영역으로 구성되어 있다. 결정 영역의 미세구조인 마이크로피브릴(microfibril)은 폴리펩티드(polypeptide) 사슬이 서로 나선 모양으로 꼬여 묶음 형태를 형성하고 있다. 모발은 18개의 아미노산(amino acid)으로 구성되어 있으며 장축 방향으로 아미노산은 펩티드 결합(NH-CO)인 주쇄결합(intrachin bonds)을 하고 측쇄결합(interchain vonds)은 (S-S)결합을 하고 있다. 모발의 미세조직은 11개의 마이크로피브릴(microfibril)이 모여 매크로피브릴(macrofibril)을 만들 macrofibril은 결정 영역인 microfibril과 비결정 영역인 기질(matrix) 조직으로 구성되어 있다. 모피질을 구성하는 모피질 세포는 다수의 매크로피브릴, intermacrofibril(IMF)로 구성되어 있다. 생물학적 polymer인 긴 polypeptide가 규칙적으로 배열되어 있는 섬유가 다발로 결합되어 있고, 수소결합이 강한 부분으로서 화학 반응을 일으키기 쉬운 영역인 피질세포는 길이 약 100μ, 두께 1~6μ, 직경 2~6μ로 대칭적인 피질로 되어 있다. 결정 영역은 매크로필라멘트(macrofilament)라고 불리는 방추형을 한 섬유상 다발로 이루어진 구조로서 모발의 탄력, 강도, 감촉, 질감, 색상을 좌우하며 모발의 성질을 나타내는 중요한 부분이 되고, 크게 결정 영역인 피질세포와 비결정 영역인 세포 간 결합 물질로 나눌 수 있으며 각화된 피질 세포와 피질 세포 사이에는 세포 간 결합 물질인 간충물질이 있어 세포 간의 결합을 강하게 유지한다. 하지만 화학적인 시술 시 간충물질이 물에 녹아 밖으로 유출되어 피질 세포끼리의 결합을 약하게 만들고 그로 인해 모발이 손상된다. 소량의 melanin을 함유하고 중앙에 macrofibril이라 불리는 방추형을 한 섬유상 구조와 핵의 잔사, 색소과립으로 구성되어 있다. 핵의 잔사는 세포의 중심 부근에 있는 가늘고 긴 공동을 말하며, 색소 과립은 직경 약 0.2~0.8μ 내의 둥글거나 구상의 입자로 피질세포 사이에 분산되어 있다. 물과 쉽게 친화하는 친수성 부분으로 화학약품의 작용을 쉽게 받기 때문에 퍼머넌트 웨이브, 염색 등과 관련이 있는 부분이다.

• 폴리펩티드(polypeptide)

폴리펩티드는 10개 이상의 아미노산이 펩티드 결합을 형성하여 아미노산과 단백질의 중간 구조를 가지게 된다. 모든 아미노산은 아미노산 카복실기 내에 있는 산소원자, 수소원자 하나와 아미노기에 수소분자가 반응해서 물(H_2O)로 탈수되고 -CO, -NH가 결합하여 펩티드가 되며 펩티드가 길게 연결된 주쇄 결합을 폴리펩티드라고 하며, 펩티드 결합한 아미노산의 수가 2~10개인 것을 올리고펩타이드, 10~50개인 것을 폴리펩타이드, 50개 이상인 분자량이 큰 것을 단백질이라고 한다.

• a-나선(a-Helix) 구조

α- 헬릭스는 황의 함량이 적은 단백질로서 프로토피브릴을 구성하는 아미노산으로 구성된 사슬 구조이며, 직경의 측쇄를 포함하여 약 10Å이고, 프로토피브릴의 9+2의 배열 중에서 1개의 배열에는 3중 coil의 polypeptide로서 보조 섬유를 이루는 α-Helix(α-나선) 구조는 아미노산의 화학적 구조는 탄소 45%, 산소 28%, 질소 15%, 수소 7%, 황 5%로 구성되어 있어 황의 함량이 적은 단백질이다.

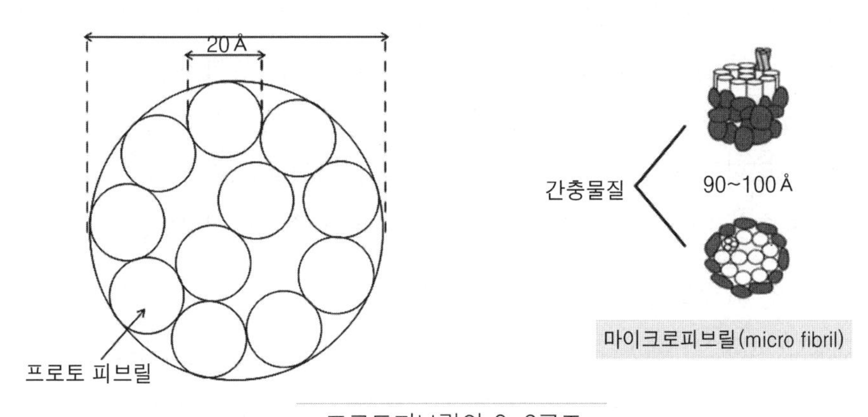

프로토피브릴의 9+2구조

• 프로토필라멘트(Protofilament)

프로토피브릴은 나선형으로 말린 세 개의 단백질 사슬로 구성되어 있으며, macrofibril의 내부 구조에 대해서는 몇 개의 설이 제창되고 있고, 정확한 조직은 확실히 밝혀지지 않았지만 2개의 마이크로필라멘트를 핵으로 그 주변을 9+2의 모형으로 프로토필라멘트가 둘러싸고 있다. 이것을 일반적으로 원섬유(源纖維)로서 프로토피브릴(Protofibril)이라 부른다.

• 마이크로필라멘트(Microfilament)

미세섬유(微細纖維)인 microfibril이 다수 모여 macrofibril을 구성하며 microfibril의 배열은 부분적으로 다르다. 총 11개의 프로토피브릴이 모여 만들어지는데, 즉 macrofibril은 microfibril이라는 보조 섬유구조(sub-filament)로 되어 나선상(helix)으로 늘어져 있다.

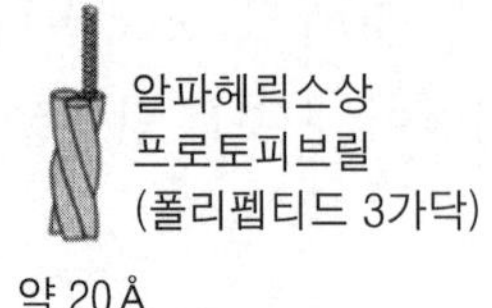

프로토피브릴(proto fibril)

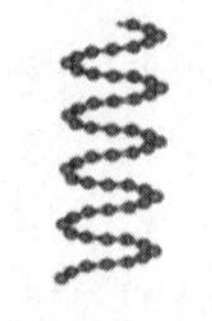
폴리펩티드 사슬

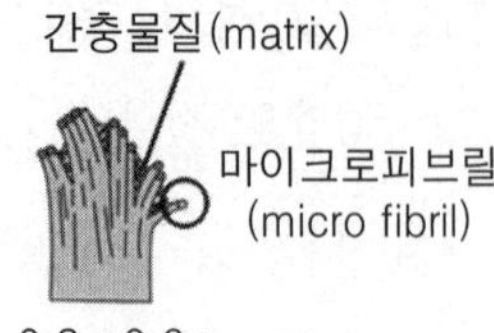

매크로피브릴(macro fibril)

• 매크로필라멘트(Macrofilament, MF)

피질세포의 대부분을 차지하는 거대섬유인 매크로피브릴은 세포가 장축 방향으로 배열되어 있고 0.1~0.8u으로 마이크로피브릴이 다수 모여 형성되며 방추형 섬유상 구조로 핵의 잔사와 색소과립의 섬유가 존재하고 둘 사이에는 간충물질이 채워져 있다. macrofibril이 다수 모여 피질세포의 대부분을 점하고 있으며 각 fibril은 고도의 조직화되어 있는 섬유상 성분으로 Microfilament와 이들을 둘러싸고 있는 그다지 조직화되어 있지 않은 간충물질(Matrix, 기질)로 되어 있다.

② 비결정 영역(세포 간 결합물질, 간충물질)

모피질세포 사이에는 세포간층물질인 세포막 복합체(cell membrane complex, CMC)가 있으며 이것은 세포막을 접착시켜주는 접착제 역할을 수행한다. 세포막 복합체는 모표피의 접착 매개물로의 역할과 모피질층 내로 수분과 단백질의 용출을 억제하며 반대로 이 조직은 취약한 조직으로 외부로부터 각종 물질이 침투하는 경로의 역할을 한다. 간충 물질의 keratin은 짧은 polypeptide 주쇄로서 분자가 불규칙하게 구부러져 엉켜 있어 실밥을 손으로 뭉친 듯한 상태, 즉 tandom coil상의 불규칙한 배열로 되어 있으며, cystine 함유량과 측쇄가 긴 염결합이 많으므로 부드럽고 화학작용을 받기 쉬운 구조로 되어 있다. 비결정 영역의 간충 물질은 손상을 받기 쉽기 때문에 모질 손상의 최대 원인이 되는 부분이다. 모발에 한정하지 않고 다른 섬유에 있어서도 단단한 섬유 부분을 결정 영역이라 부르며 섬유의 강도를 나타내고, 간충물질과 같이 유연한 부분을 비결정 영역이라 부르고 섬유의 탄성과 부드러운 성질을 나타낸다.

• 염결합(이온결합)

두 개의 산성과 염기성 아미노산 측쇄를 가진 폴리펩타이드 주쇄가 접근하면 상호 아미노기의 +와 카르복실기의 −가 이온적으로 결합한다. 이것이 염결합으로 pH

4.5~5.5(등전점)일 때 결합력이 최대가 되고 keratin은 가장 안정된 좋은 상태가 된다고 볼 수 있으나 산과 알칼리의 상태에 따라 pH가 등전점보다 산성 측 또는 알칼리성 측으로 기울어지는 만큼 결합이 약하게 된다. 이 같은 원리로 permanent wave 1액에 적셔진 모발을 당기면 작은 힘으로 최후의 측쇄인 cystine 결합이 절단되고, 다시 2액으로 산화시키면 약산성 액인 등전대로 되돌려진다. J.B.Speakman의 역학적 측정에 의하면 이 결합은 keratin 섬유 강도에 약 35% 정도 기여하며 산 또는 알칼리에 의해 쉽게 파괴된다고 한다.

• 시스틴 결합(disulfide bond)

이 결합은 유황을 함유한 모발의 특징을 나타내는 permanent wave를 형성시킬 수 있는 특유의 단백질로서 다른 섬유에서는 볼 수 없는 측쇄 결합으로 이루어져 있다. 모발 keratin의 특징을 나타내는 결합으로서 keratin내의 cystine에 의해 존재하며 이 결합이 파괴되면 섬유가 약해져 탄력성이 없어진다. 일반적으로 permanent wave를 형성시키는 기본적인 개념은 모발 keratin 중의 cystine bond를 환원제로 절단시킨 다음 기구를 이용하여 원하는 wave의 크기를 형성시킨 후, 그 형태를 유지시키기 위해 산화제로 절단된 결합을 본래대로 고정시키는 것이다. 따라서 시스틴 결합은 permanent wave 형성에 있어서 반드시 필요한 결합이다. 다시 말해 permanent wave를 만들어 주는 keratin이다. 이 -S-S-결합을 cystine결합 혹은 단순히 S-S결합이라 부르고 있으며, 인접한 cystine 잔기끼리는 산화되어 수소가 얻어지면 주쇄 간은 -S-S-의 결합으로서 횡으로 결합한다.

• 수소결합(hydrogen bond C=0 . NH)

수소결합은 일반적으로 해당 단백질 구조 내에서 만들어지며 분자 간의 힘은 화학결합보다 훨씬 약하다. Amide기($RCONH_2$)와 그것에 인접한 carboxyl기(-COOH원자단) 사이의 결합이다. 물에 젖은 케라틴섬유가 건조 상태에 비해서 쉽게 늘어나는 것을 이 결합이 관여하고 있기 때문이라고 할 수 있다. 건조한 모발은 젖은 모발에 비해 펴기가 더 어렵다. 모발에 물을 가하여 set를 하고 열을 주어 건조시키거나 그대로 건조시키면 원래대로 돌아가지 않는 set 유지력이 생긴다. 이는 수소결합에 의해 일시적인 결합과 절단이 이루어지기 때문이라고 볼 수 있다.

결합 종류	개쇄	폐쇄	미용과의 관계
수소결합	수분을 충분히 주어 tension을 준다.	건조시킨 후 tension 력을 제거한다.	water winding, air forming, setting, curlyiron, blow dry
염결합	pH 4이하, pH 6이상 알칼리에 적신다.	pH4~6의 등전대에 가깝게 산성 린스를 한다.	hair setting, permanent wave, hair coloring
시스틴결합	치오클리콜산, 암모늄, cysteine으로 환원시킨다.	과산화수소수, 취소산칼륨, 취소산나트륨 등으로 산화시킨다.	permanent wave, 축모 교정

• 소수결합(Vander waals forces)

내부 원자거리에 따라 변하며 중성원자(분자) 간의 약한 인력이다. 이 2개의 영역(결정 영역, 비결정 영역) 상태에 따라서 모질의 화학적, 물리적, 역학적인 성질이 크게 변화된다. 소수성 결합은 비극성의 탄화수소 사슬들이나 benzen고리를 갖는 R기 사이에 형성된다. 이것을 비극성 상호작용이라 하는데, 극성을 띠는 물속에 비극성의 기름방울을 넣으면 같은 기름방울끼리 모이는 현상과 비슷하다. 농도가 낮으면 단독 존재하고 농도가 높으면 뭉쳐서 미셀을 형성한다. 즉 비극성의 R기가 주위에 둘러싸인 물로부터 떨어져 서로 모이는 작용을 일반적으로 소수성 결합이라고 한다. 단백질의 3차 구조는 비극성의 곁사슬이 중심부에 파묻히는 것처럼 되고, 바깥쪽에는 극성의 R기가 둘러싸인 모양으로 결합을 이루고 있다. 소수성 결합은 입체구조를 유지시키는데 매우 중요한 역할을 하고 있으며 단백질이 물에 녹는 것은 단백질 분자 표면에 물이 접근하기 쉽게 극성기가 노출되어 있기 때문이다.

(3) 모수질(medulla)

모발의 중심부에 있는 모수질은 벌집 모양의 다각형 세포로 존재해 미세한 공기를 포함하고 0.09mm 이상의 모발에 존재하며, 0.07mm의 가는 모발은 모수질이 존재하지 않는다. 시스틴 함량이 모피질에 비해 적다. 모수질의 동공은 크고 작은 공포에 공기를 함유하여 보온의 역할을 하므로 한랭지에 서식하고 있는 동물들의 털은 모수질이 약 50% 이상을 차지하여 보온 역할을 하여 생존을 위한 중요한 부분 중의 한 부분으로 작용하기도 한다. 모수질은 기계적, 화학적으로 거의 손상 받지 않으나 모발에 따라서는 연필심과 같이 완전히 연결된 경모나 군데군데 잘려 있는 것 또는 전혀 없는 연모로 나눌 수 있지만 나이가 들수록 모수질의 크기는 커져 가는 현상을 나타낸다. 이는 모발의 흰머리와 관계가 있다고 본다. 일반적으로 모수질이 많은 성인의 모발은 웨이브 형성이 잘되지만 모수질이 적은 어린이의 모발은 웨이브 형성이 어렵다. 이는 어린이의 모발은 모수질이 거의 존재하지 않은 연모이기 때문이다.

3) 모발의 주기(Hair cycle)

모발의 숫자는 인종과 민족에 따라 다소 차이는 있지만 약 10만 가닥 정도이며 모주기를 5년으로 계산해보면 하루에 약 55개의 머리카락이 생겨나고 자연 탈모가 되어 이탈하게 된다. 성장의 길이도 5년간 약 72cm정도의 모발로 자라나게 되고, 이러한 성장 단계를 모주기라고 하며 모발의 주기는 크게 모발이 생성되는 성장기와 성장을 멈추는 퇴화기, 그리고 모발의 생성을 위해 휴식하는 휴지기 3단계로 나뉘게 된다.

- 모발의 성장에는 유전정보를 담고 있는 왕성한 모유두의 역할이 매우 중요하며 모발이 생성되어 어느 시기가 되면 성장을 멈추고 빠지고 다시 새로운 모발이 생성되는 기간을 말한다.
- 모발은 각기 다른 성장주기를 갖고 있는데, 이 주기를 모주기라 하며 다음과 같은 종류가 있다.

모자이크 타입(mosaic type)	신크로나이즈 타입(synchronistic type)
모낭들은 각각 다른 독립적인 모주기를 가지고 있어 빠지는 모발과 새로 자라나는 모발이 존재함으로써 전체적인 모발의 수에는 큰 변화가 없는 경우로 사람의 모발주기에서 볼 수 있다.(원숭이, 돼지)	모발주기가 일치해서 털이 동시에 빠지는 형태로 주로 동물의 털갈이에서 볼 수 있다. 앙고라토끼, 메리노 양과 푸들 개와 같은 동물은 모주기가 없으므로 털을 잘라내지 않는 한 계속 길어지는 동물도 있다.

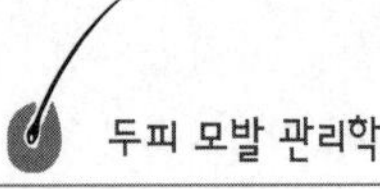

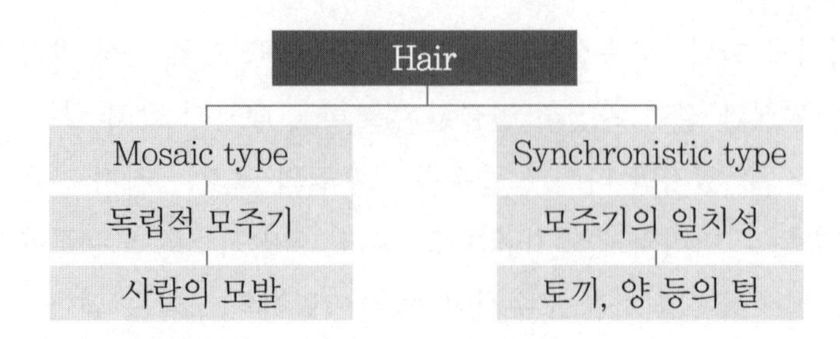

- 모발을 성장시키는 성장기, 성장을 종료하고 모구부가 축소하는 시기인 퇴화기, 모유두가 활동을 멈추고 모발을 두피에 머무르게 하는 시기인 휴지기의 과정이 반복되는 형태이다. 그리고 휴지기가 되면 새로운 모발이 생성되는 성장기가 다시 시작된다. 이러한 주기적인 변화 과정은 평균적으로 3~6년 정도의 기간마다 일어나며 보통 평생 사이클의 변화는 25번 정도 거친다.
- 성인의 털은 온몸에 약 500만 개가 있으며 그중 머리털의 수는 평균 약 10만 개이고, 금발은 14만 9,000개, 갈색머리털은 10만 9,000개, 검은색 머리털은 10만 2,000개, 붉은 머리털은 8만 8,000개 정도로 알려져 있다.
- 대부분의 모발은 한 모공에서 2~3개씩 자라는데 눈썹, 속눈썹, 수염, 음모는 단일모로 전체 모발의 5%를 차지한다.
- 모발이 하루에 자라는 길이는 약 0.35~0.4mm가 자라는데, 한 달이면 약 1cm~1.2cm 정도이고 일 년 동안 12cm 정도를 약간 넘게 자란다.
- 팔다리의 털은 하루에 0.21mm, 머리카락의 경우는 0.35mm, 수염은0.38mm, 겨드랑이 털은 0.3mm, 음모는 0.2mm, 그리고 눈썹은 0.18mm씩 자란다.
- 한국인은 평균 70~80cm, 중국인 100cm, 흑인은 30cm까지 자란다.

모발 일생표			
모발의 평균 수명	3 ~ 6년	몸, 팔, 다리 모발 수명	2 ~ 4개월
여자의 모발 수명	4 ~ 6년	솜털의 모발 수명	3 ~ 4개월
남자의 모발 수명	3 ~ 5년	연모의 수명	2 ~ 4개월
수염의 모발 수명	1 ~ 2년	음모의 수명	0.5 ~ 1년
눈썹의 모발 수명	1 ~ 2년	모발 수	10만 ~ 15만
속눈썹의 모발 수명	3 ~ 4개월		

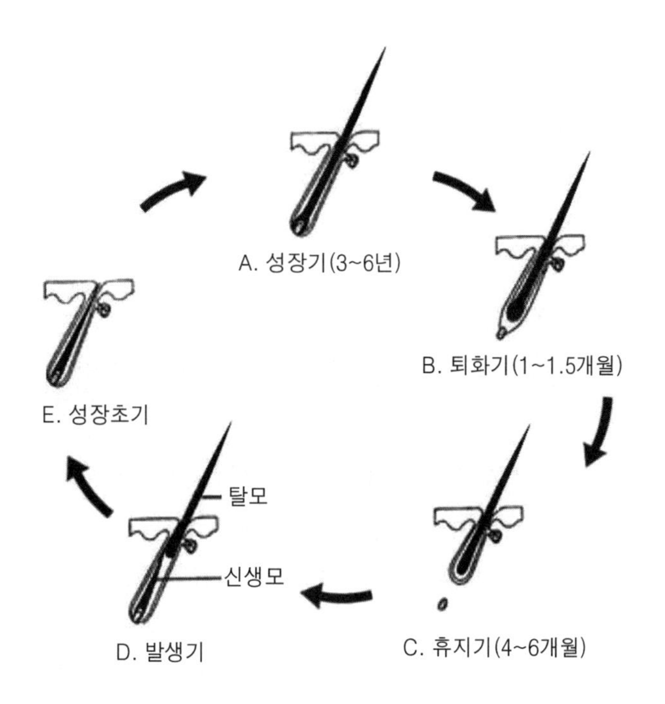

(1) 성장기(Anagen Stage)

① 모모세포가 분열하여 새로운 모구를 만들고 모포 속에서 체모가 성장하여 피부 표면으로 나와 정상적인 성장이 이루어지는 단계이다.

② 모발이 모구로부터 모낭으로 나가려고 하는 모발 생성 단계(new anagen stage)와 딱딱한 케라틴이 모낭 안에서 만들어져 퇴화기까지 자가성장을 계속하는 모발 성장 단계(anagen stage)이다.

③ 전체 모발의 80~90%를 차지하고, 성장기는 남성이 3~5년, 여성은 4~6년 정도이다.

④ 모발은 음식물이나 비타민, 호르몬, 계절, 성별, 인종 및 개인에 따라 달라질 수 있지만 하루 0.35~0.4mm 정도 자라고, 한 달에 10.5~12mm 정도 자란다.

(2) 퇴화기(Catagen Stage)

① 모구부의 수축 현상으로 모모세포가 분열을 멈추어 탈모 준비를 시작하는 단계이다.

② 전체 모발의 1~5%를 차지하고, 대체로 1~1.5개월(3~5주)이 소요된다.

③ 모낭이 쭈글쭈글해지고, 모유두와 모구가 분리된다.

④ 이 단계에서는 케라틴을 만들어 내지는 않는다.

⑤ 모유두가 퇴행기 동안에 팽륜부 근처로 올라가지 않으면 새로운 모발은 형성되지 않는다.

(3) 휴지기(Talogen Stage)

① 모낭과 모유두가 완전히 분리되어 성장을 멈추고, 고착력이 약해지는 단계이다.

② 전체 모발의 10~15%를 차지하며, 약 4~6개월 정도가 소요된다.

③ 멜라닌 색소가 결핍되고, 모낭이 많이 위축된다.

④ 빗질이나 가벼운 물리적 자극에도 모발이 탈락되며, 모근이 위쪽으로 밀려 올라간다.

⑤ 샴푸 또는 브러싱등과 같은 물리적 자극에 의해서도 탈모된다.

(4) 발생기(Return to Anagen)

① 모구부가 모유두와 결합하여 새로운 모발을 형성하게 된다.

② 배아세포의 세포분열에 의하여 모구가 팽창되어 새로운 신생모가 성장하는 기간이다.

③ 한 모낭 안에 서로 다른 주기의 모발이 공존해 휴지기의 모발을 탈락되게 유도한다.

④ 질병, 유전, 체질, 연령 등에 따라 차이를 보인다.

4) 모발의 분류

모발은 모발 단면의 형태와 굵기에 따라 분류할 수 있다. 굵기에 따라 경모와 연모로 나뉘며, 모발은 태아에서의 취모, 출생 시의 연모는 출생 후 성장하면서 경모로 바뀌게 된다. 사람의 일생에서 사춘기가 되면 모든 모낭에서는 경모가 성장하여 가장 모량이 많은 시기가 되나 나이가 들어감에 따라 모주기를 되풀이하여 연모로 되돌아가는 현상이 나타난다. 이러한 현상은 탈모의 진행 정도를 체크하는 데 있어 중요한 자료로 활용되고 있다. 형태에 따른 분류는 직모, 파상모, 축모로 나뉜다.

(1) 굵기에 의한 분류

① 취모

배냇머리를 말하며, 태아가 엄마 뱃속에서 약 20주가 되면 가늘고 연한 색의 털이 태아에게 존재하는데, 이는 섬세하고 부드러운 털로서 모발의 색이 연한 것이 특징이다.

굵기는 0.02mm로 배냇머리라고도 하며 아직 큐티클이 관찰되지 않는 특징을 지니며 임신 8개월 차에 점차 연모화 된다.

② 연모(솜털)

피부의 대부분을 덮고 있는 솜털을 말하며 0.08mm 이하로 가늘고 짧으며 색소가 거의 없어 잘 보이지 않고, 모표피가 40%, 모피질이 60%의 비율로 존재하고 모수질이 없다. 취모가 모낭에서 탈락되면서 연모가 자라고 이 연모는 사춘기를 전후로 인체 부위에 따라 풍부한 색소를 갖게 되면서 대부분 굵고 튼튼한 경모로 바뀌고, 탈모 진행형 모발에서도 볼 수 있다. 남성형 탈모증이 진행될 때 앞쪽 머리에서도 볼 수 있으며 겨드랑이, 성인 남성의 턱에 자라는 연모는 사춘기 때 성모로 바뀐다.

③ 중간모

연모와 경모의 중간쯤 되는 털이다.

④ 경모(성모)

보통 굵고 긴 털을 의미하며 0.15~0.20mm 정도로 굵고 긴 모발이며, 모낭이 생산하는 마지막 털이라 하여 종모라고도 한다. 성인에게서 볼 수 있는 머리카락, 눈썹, 속눈썹, 각 부위의 수염, 겨드랑이 털, 생식기 주변에 나는 털은 모두 종모이다. 연모가 종모로 자라는 정도는 유전적인 요인과 내분비기관의 영향에 따라 다르며 이 영향의 정도에 따라 서양인 남자에게 많은 가슴의 종모가 동양인에게도 생기게 되는 것이다. 경모는 모표피가 10%이고 모피질이 90%를 차지하고 멜라닌 색소를 가지고 있다.

⑤ 세모

연모에서 경모화된 모발 이후의 모발을 말한다.

장모	1cm 이상 자라는 털로 모발, 수염, 음모, 액와모 등
단모	1cm 이하로 자라는 털로 눈썹, 속눈썹, 콧털, 귀털 등
솜털	신체의 털
털이 없는 곳	손바닥, 발바닥, 입술 등

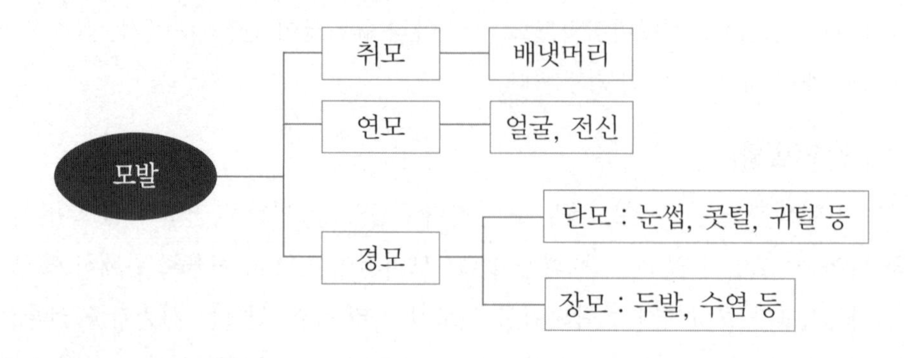

(2) 형태에 따른 분류

모발의 단면 형상을 크게 분리해 보면 원형, 타원형, 다양한 형태의 편형의 3종류로 분류된다. 직모가 많은 동양인의 모발은 보통 직모가 많지만 원형과 타원형의 혼합이면 약간 곱슬이며, 타원형과 편형의 혼합이면 심한 곱슬머리가 된다. 또한, 태어날 때 직모를 가지고 있다고 해도 나이에 따라 곱슬의 형태가 심해지는 모발이 있는가 하면 그렇지 않은 모발도 있다. 이러한 현상들은 호르몬의 밸런스 변화, 음식이나 환경의 영향을 받기도 하고 자율신경의 밸런스가 깨지는 것도 원인이다.

① 직모 : 동일한 세포분열이 이루어져 모경지수가 0.75~0.85정도로 모발의 단면이 원형(round)에 가깝다. 주로 동양인(황인종)에게서 많이 나타난다.

② 파상모(반곱슬모) : 직모와 축모의 중간 형태로 모경지수가 0.6~0.75이며, 모발의 단면은 타원형(oval)이며 유전적인 경향이 크다. 굵은 웨이브가 있으며 주로 백인(백인종)에게서 많이 볼 수 있다.

③ 축모(곱슬모) : 흔히 곱슬머리라고 하며 모경지수가 0.5~0.6 정도로 편평하며 다양한 형태의 부정형 납작한(flat) 형태이다. 심한 곱슬머리 모양으로 흑인(흑인종)에게 많으며 선천적, 유전적인 경향이 강하다.

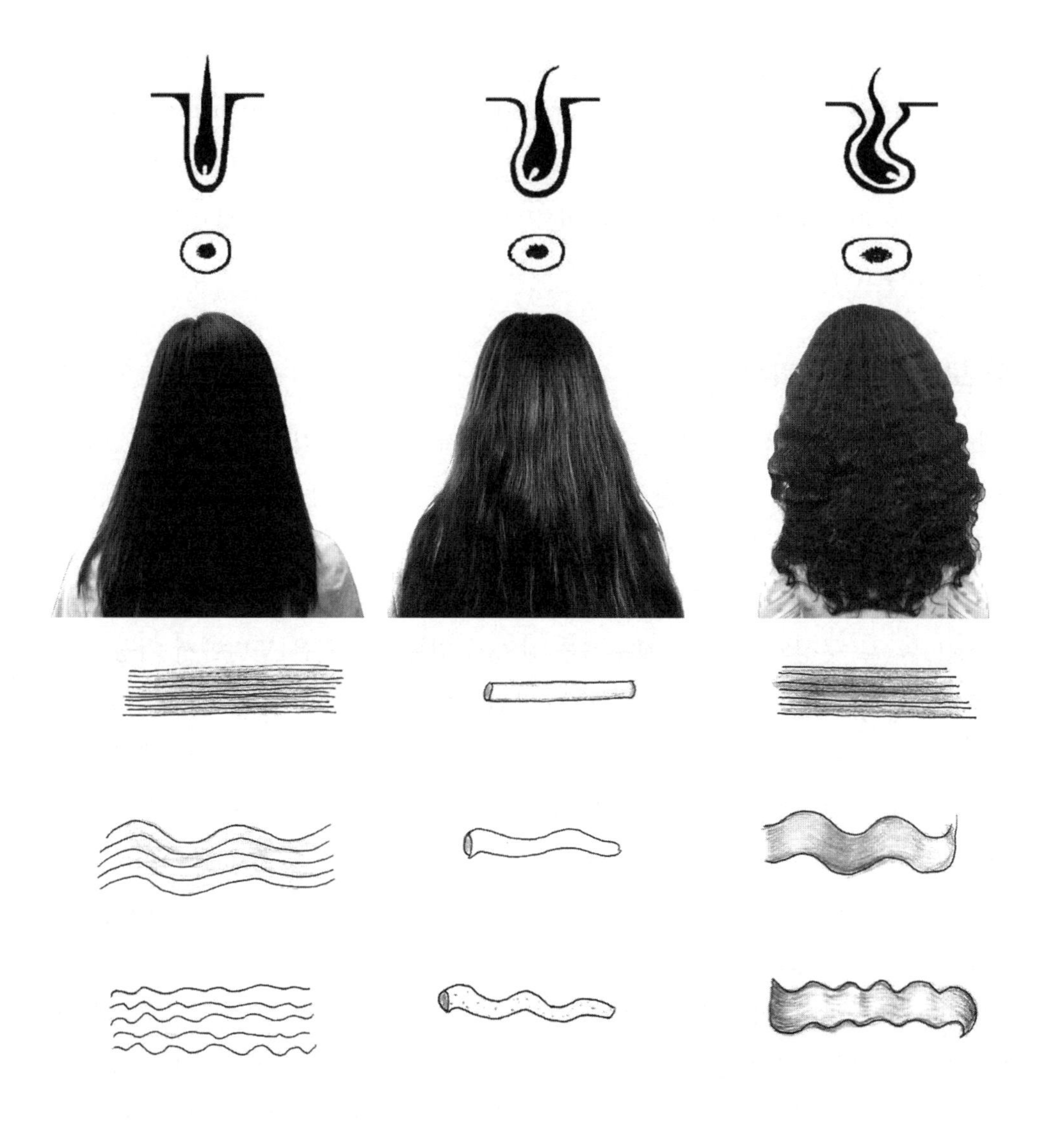

6. 모발의 색

모발 색상은 개개인의 유전적 요인과 환경 및 인종, 모발 성장 pattern에 따라 다양하다. 아시아, 에스키모, 아메리카, 인디언들의 모발은 강한 직모(straight hair)이며, 아프리카인들은 축모(kinky hair)로서 대부분 흑멜라닌을 가진 반면 백인들은 다양한 모질과 색상으로서 흑멜라닌(eumelanin) 또는 혼합멜라닌(pheomelanin)을 가졌다. 멜라닌은 자연색소(natural pigment)로서 모발에서의 모든 기여색소

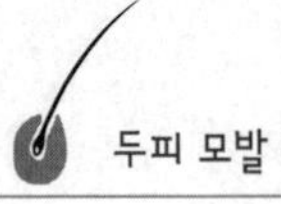

(contribution Pigment)인 깊이, 색조, 강도를 가지며, 깊이는 색의 밝기(lightness of color) 및 어두움(darkness of color)의 정도를 나타내는 척도인 명도(明度)가 있다. 이 색들은 피부색과 같이 melanin 색소 합성의 정도에 따라 결정된다. 멜라닌 색소는 모발을 착색시킬 뿐만 아니라 두피를 과도한 자외선으로부터 보호하는 중요한 역할을 하고 있다.

1) 모발색 생성 과정

멜라닌 세포는 단파장의 자외선을 흡수하여 기저층과 진피 내로 침입하는 것을 막아준다. 멜라닌 세포가 자외선을 감지하면 멜라닌의 양이 팽창 및 확대되면서 멜라닌을 생성하도록 멜라닌 생성 세포 자극호르몬이 활동을 한다. 모발 중 우리가 눈으로 볼 수 있는 제3의 영역인 모간(hair shaft)은 모표피(cuticle), 모피질(cortex), 모수질(medulla)로 구성되어 있다. 모수질을 감싸고 있는 모피질은 모발에서 가장 두터운 부분(80~90%)으로서 melanin이라는 자연색소 물질인 과립(granules)을 포함하고 있다. melanin은 멜라노사이트(melanocyte) 내의 소기관인 멜라노좀(melanosome)에서 합성되며, 최초에 멜라노좀의 골격이 형성, 그 골격에 tyrosinase가 먼저 배열되고 이어 melanin의 생합성이 행해진다. melanin의 합성 경로를 살펴보면 타이로신(tyrosine)을 산화하여 도파(DOPA, 3,4-dihydro xyphenylalanine)로, 다시 산화하여 도파퀴논(DOPA-quinone, pheomelanin)이 생성되는 단계에서 타이로시나제(tyrosinase)라는 산화 효소가 관여한다. 그 후의 반응은 자동 산화적으로 진행되지만, 효소의 역할로서 보다 가속화되는 것으로 알려져 있다. 유멜라닌과 페오멜라닌은 티로신에서 도파퀴논까지의 반응 경로는 같지만 도파 퀴논은 두 가지 경로로 반응이 진행된다. dopa quinone, 5.6-dihydroxyl indole 이라는 경로를 거쳐 흑갈색의 유멜라닌을 생성하는 경로와 도파퀴논이 케라틴에 존재하는 시스테인과 결합하여 cysteinly dopa를 형성해 적갈색의 페오멜라닌을 형성하는 두 가지 경로가 있다. 멜라닌 양이 많은 모발 순서로는 흑색, 갈색, 적색, 금발색, 백발 순서이며, 과립의 크기도 큰 쪽이 흑색이며, 적으면 적색과 갈색이 되는 것이다. 모발의 색은 여러 가지 질환으로 변화될 수 있다. 백피증(leukoderma), 백색증(albinism)에서는 모발색이 부분적으로 혹은 전체적으로 흰색으로 변하며, 페닐케톤

요증(phenylketonuria)에서는 티로신이 부족하여 모발이 노란색으로 변하며, 호모시스틴뇨증(homocystinuria)은 모발이 탈색된다. 쿼시오커(kwashiorkor)에 걸린 유아는 모발이 붉고 노란색을 띠거나 크로로퀴닌(chloroquinin) 치료 중에 붉은 모발이나 노란 모발이 될 수 있다. 그 외 백반증, 백색증 등의 질병과 함께 백모가 나타날 수 있다.

2) 멜라닌 색소

흑갈색 알갱이의 색소로서 피부, 털, 눈 등에 존재한다. 멜라닌을 만드는 세포를 멜라닌 세포라 하며, 멜라닌은 멜라닌세포 속의 멜라노좀이라는 작은 자루 모양의 세포소기관에서 만들어진다. 멜라닌의 양에 따라 피부색이 결정되는데, 멜라닌의 양이 많을수록 검은 피부색을 띤다. 인종마다 피부색이 다른 것은 멜라닌 세포의 수가 다르기 때문이 아니라, 멜라닌 세포의 크기와 만들어지는 멜라닌의 양이 다르기 때문이다. 멜라닌 색소는 모발의 색을 형성시켜주며 두피를 과도한 자외선으로부터 보호하는 중요한 역할을 한다. 모발의 색상은 개개인의 유전적 요인과 환경 및 인종에 따라 흑색, 갈색, 적색, 금색, 백색 등으로 다양하고, 개인의 피부색과 같이 멜라닌 형성세포의 색소합성의 정도에 따라 색소의 성질의 차이가 나타난다. 붉은 모발 색상은 붉은 색소와 검정 색소에 의해 나타나며, 금발은 붉은 색소와 노랑 색소의 혼합에 의해서 나타나고, 갈색 모발은 붉은색, 갈색, 검정 색소의 혼합의 차이에 의해 짙은 갈색과 옅은 갈색으로 나타난다. 검은 모발과 흑갈색 모발의 색소는 tyrosine melanin 색소이며 노란 모발과 붉은색 모발의 색소는 phenomelanin 색소가 있어서 염색 후 착색력, 색상 보유 기간, 광택, 손상도, 시술 방법 등의 요건을 고려하여 시술해야 한다.

- 유멜라닌(흑갈색 : eumelanin)
  동양인에게 많고 입자형 색소로 서양인에 비하여 분자가 크다.
  모피질은 얇고 모표피는 두꺼운 모발 형태를 가진 갈색과 검정 모발의 색이다.
  큰 타원형의 구조로 쉽게 탈색된다.
  강한 자외선에 약하여 파괴된다.
- 페오멜라닌(황적색 : pheomelanin)
  서양인에게 많고 입자가 작은 분사형 색소이다.

모피질은 두껍고 모표피는 얇은 모발 형태를 가진 붉은 색소와 노란 모발의 색이다. 작고 단단한 동그란 형태로 화학적으로 안정하여 쉽게 탈색되지 않는다. 강한 자외선에 비교적 안정적이어서 황적색으로 남아 있게 된다.

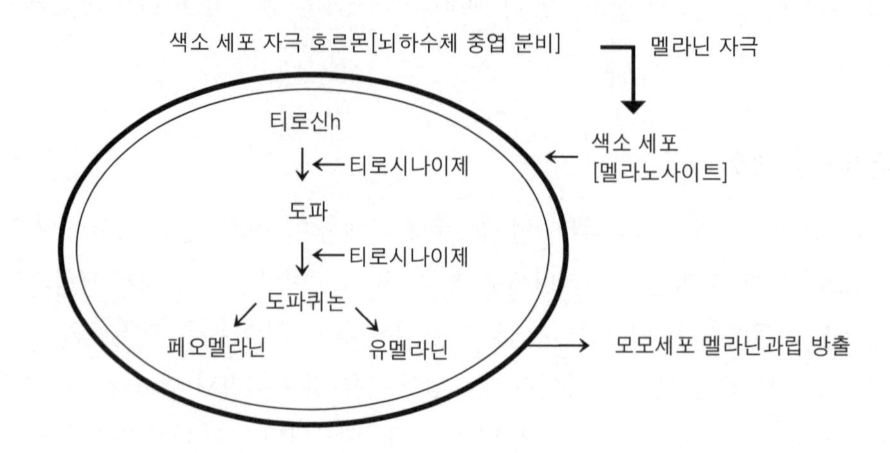

3) 모발색의 유실

• 백모

백모는 정상적인 노화 과정에서 나타나는 필연적인 결과로 모구의 멜라닌 세포 수 및 기능이 감소함에 따라 생기나며, 색소 형성세포의 기능 저하는 그 원인이 후천적 영향으로서 각 개체의 해당 유전인자에 의하여 조절된다. 백모는 도파퀴논에서 작용을 멈춰서 모발이 자라면서 백모를 나타낸다. 백모는 특히 흑갈색계의 모발을 갖는 인종에게 더욱 뚜렷이 나타나며, 전반적인 백모증(canities)은 melanin 세포의 수가 감소되고 tyrosinase 활성이 저하되어 점차적으로 melanin 색소 형성이 적어져서 나타난다. 발병 연령은 유전적 요인에 관여되며 어느 연령에서나 나타날 수 있다. 백모는 30대 후반부터 측두부에서 먼저 발생하여 두정부, 후두부로 진행되는 양상을 보이며, 보통 남성이 더 일찍 시작되며 유전적인 영향을 받는다. 백모는 흑모보다 더 거칠고 스타일링이 더 어렵고 더 잘 자라는 것으로 알려져 있다. 이러한 백모도 다른 모발 색상과 마찬가지로 그 색이 다양하며, 과립이 많으면 빛을 흡수하기 때문에 검게 되고, 과립이 거의 없으면 빛이 반사되어 희게 되고 완전한 백발도 사람에 따라 음영이 다르다.

백모	멜라닌 색소 감소에 의해 모발이 희게 변하는 현상
점진적 백모증	멜라닌 세포의 활동이 줄어들어 백모가 되어가는 현상
조기 백모증	유전으로 인하여 흰 머리카락이 20세 이전에 생김
돌발성 백모증	신경조직에 충격이 가해졌거나 공포감이라든지 정신적인 현상으로 인하여 흰 머리카락이 생김
일시적 백모증	장기적인 치료 약품에 의해 흰머리가 생겼다가 약 복용을 하지 않으면 원래의 모발색을 갖음

- 알비노(Albinos) : 색소 결핍증인 사람에게는 색소를 형성시키는 효소의 생성 능력이 없기 때문에 어떤 색소도 만들어 내지 못한다. 여러 가지 다른 색소를 생성시킬 수 있는 능력은 유전적으로 결정이 되며 주로 남성에게 확실한 알비노 현상이 나타난다. 여성에게는 모발색의 강도와 색상은 각기 모발에서 발견되는 색소의 양에 따라 다르다.
- 알비니즘(albinism, 백색증) : 심각한 결과를 초래하는 유전 결합의 대표적인 예이다. 이 병은 tyrosinase 효소가 결핍되어 있으며 모발, 피부, 눈의 검은 색소인 멜라닌이 형성되지 않아 선천적 색소 결손이 생긴다. 알비뇨 환자들은 신체의 전신 또는 부분적으로 일어나며 태양빛에 민감한 반응을 보일 뿐만 아니라 피부암이나 화상뿐만 아니라 시력도 나빠진다.
- 카니시(canities, 백모증) : 멜라닌 세포의 수가 감소되고 티로시나아제의 활성이 저하되어 점차적으로 멜라닌 색소 형성이 낮아져 두발의 색상이 전체 혹은 부분적으로 회색이나 백색의 군집을 이루면서 희다.

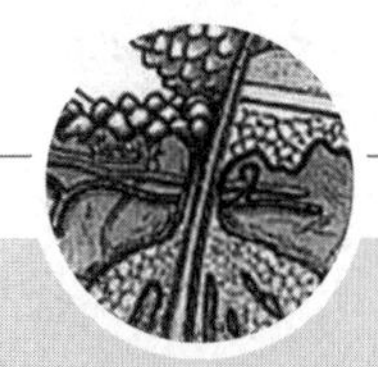

CHAPTER 03

모발의 손상과 성질

1. 모발의 손상

1) 모발 손상의 원인(Cause of damage)

모발의 변형이 부정적인 상태로 나타난 것을 '손상모'라고 일컫는다. 가장 흔히 나타나는 모발 손상 원인은 염 · 탈색, 퍼머넌트 웨이브와 같은 화학처리가 주가 되었다. 모발 손상의 원인은 다양하므로 모발이 손상되는 원인에 대해서 더욱 폭넓은 관점에서 볼 필요가 있다. 모발은 같은 사람이라도 자라는 부위에 따라 또는 한 가닥의 모발이라도 그 부분(모근부, 모간부, 모선부)에 따라 굵기가 다르므로 모질도 다르다. 모발이 모유두에서 탄생하는 과정에서 그 사람의 영양 상태, 건강 등에 좌우되어 굵기와 모질이 변화하는 이유 가운데 하나이기도 하며 선상 고분자인 모간부가 길게 늘어져 있어서 여러 가지 외부 자극을 받기 쉬우므로 모발의 질은 변화하기 때문이다. 모발 손상을 일으키는 요인에는 크게 생리적인 것, 화학적인 것, 환경적인 것, 물리적인 것으로 나눌 수 있다.

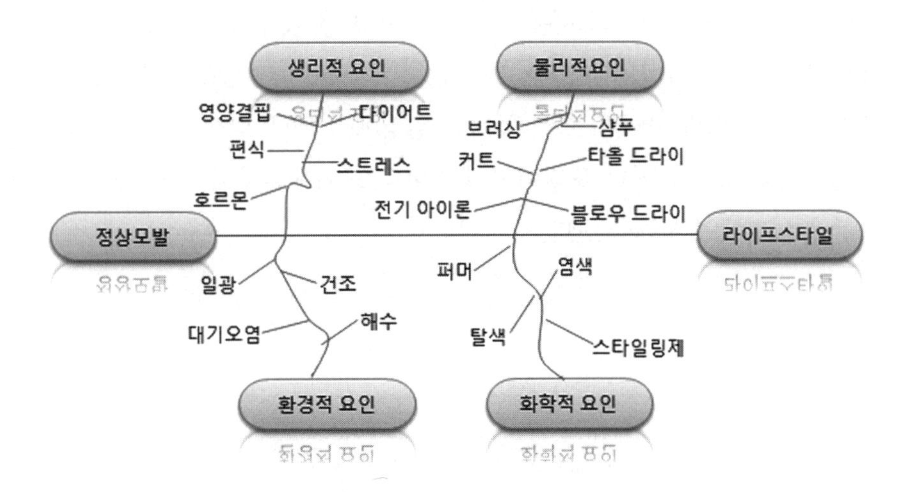

(1) 마찰에 의한 손상(Damage from friction)

모표피는 비늘상의 단단한 케라틴(keratin) 단백질이 5~15겹으로 모간 쪽으로 중첩되어 있으며, 외부로부터의 자극에 충분히 견디어 낼 수 있다. 그러나 일상적으로 빈번하게 행해지는 샴푸, 타월 드라이, 브러싱 등에 의해 혹은 모발끼리의 마찰에 의해 상당한 자극을 받게 된다. 샴푸를 할 때 거품이 적은 상태에서 모발과 모발을 문지르는 경우 모발은 서로 마찰하게 된다. 무리한 브러싱도 모발에 큰 마찰을 발생시키고, 머리를 감고 나서 타월로 모발을 과도하게 비비는 것도 손상(damage)을 준다. 무리하게 빗질하는 것을 피하고 브러싱을 하기 전에 모표피에 얇은 피막을 만들어 주면 브러시에 의한 마찰을 줄일 수 있다. 과다한 브러싱으로 인해 관찰되는 모발 손상 형태는 모표피층을 이루는 비늘의 일부가 들뜨거나 구겨지고, 소실되는 것으로서 그 정도가 심할수록 거친 감촉을 가질 뿐만 아니라 다른 외부 자극에 대해 민감하게 반응하게 되어 손상도가 더욱 커지는 것이다.

(2) 열에 의한 손상(Damage from heat)

피부보다는 강한 저항력이 있지만 모발 단백질은 열에 약한 특성을 가지고 있다. 그 한계점은 150℃ 정도이다. 모발은 보통 10~15%의 수분을 함유하고 있지만 지나친 열을 가하면, 이들의 수분이 증발 건조화 되어 손상도가 크게 된다. 모발은 70℃부터 미미한 변화를 일으키고, 120℃ 전후에서는 모발이 팽창되어 130~150℃ 이상의 열을 가하면 검은 모발의 경우 다갈색으로 변색되기도 하며 모피질 및 모수질 중에 기포가 생기기 시작하여 모발이 탄력을 잃게 된다. 250℃ 정도의 열은 머리카락에 닿으면 머리카락이 녹고, 그 이상의 온도가 되면 타서 분해되어 버린다. 헤어스타일링을 위해 헤어드라이어나 아이론의 사용 기간이 길고 사용 횟수가 잦은 모발은 점차적으로 수분이 없어져 건성화되어 거칠어지며 같은 자극을 받더라도 정상모에 비해 훨씬 쉽게 손상된다. 이처럼 모발은 열에 약하고 일상에서 열에 의해 많이 손상되므로 되도록 자연 바람으로 말리거나 드라이어의 찬바람을 이용해서 수분의 증발을 막아 모발의 손상을 미연에 방지해야 한다.

(3) 미용 시술 도구에 의한 손상

미용실에서 헤어 디자이너가 사용하는 커트 용구 중에 레이저(razor)를 사용하여 테이퍼링(tapering)한 경우 블런트 커트한 모발보다 모발의 단면적이 더 커짐으로 인해 모피질층의 수분이나 간충물질의 손실도 커지며 다른 약제가 침투하여 기모와 분열모가 쉽게 발생한다. 모발의 수분이나 간충물질의 손실이 큰 모발은 화학적인 미용 시술 시 약품의 작용을 쉽게 받아 손상도가 커진다. 올바른 기술과 질이 좋은 커트도구를 사용한다면 모발 손상을 피할 수 있다. 이미 손상되어 끝이 갈라진 모발은 손상된 부위를 제거하고 나서 모발의 절단면을 모발 영양제 등으로 보호해 주면 손상을 최소화시킬 수 있다.

가윗날에 의한 손상	- 무딘 날의 가위로 테이퍼 기법을 적용했을 때 - 지나치게 건조한 모발을 무리하게 커트하였을 경우 - 모발을 강하게 당기면서 슬라이싱 하였을 경우
레이저 날에 의한 손상	- 웨트 커트하지 않고 드라이 커트하였을 경우 - 레이저의 날이 무딜 경우 - 지나친 텐션을 주면서 시술하였을 경우 - 모발에 레이저를 대는 각도가 나빴을 경우

(4) 퍼머넌트 웨이브(permanent wave) 시술 불량에 의한 손상

퍼머넌트에 의한 손상이 되었을 때는 다공성모가 되기 쉽다. 모발에 따른 펌제의 선택이 잘못된 경우, 제2제의 처리 불량, 방치 시간 부족 등이 생기면 충분히 중화되지 못하여 모발에 제1제로 환원된 과정 그대로 있으므로 모발이 팽윤된 상태가 지속되기 때문에 모발 및 두피가 손상받기 쉬운 상태가 된다. 로드 제거 후 모발에 대한 산성린스(acid rinse)처리 불충분으로 인해 모발 중에 알칼리가 잔류하거나 산화제가 남아있게 된다면 케라틴(keratin)단백질의 변성과 멜라닌 색소의 퇴색 등 이차적으로 손상을 일으키게 한다. 그러므로 퍼머넌트나 염색을 한 후에는 그 약 성분이 남아 있지 않게 충분히 헹구어 주고 트리트먼트나 린스 관리를 해야 한다.

모질에 비해 강한 환원제(제1제)의 사용	모질에 비해 강한 환원제를 사용한 경우
불충분한 산화제 처리	제2제의 도포량이 부족한 경우 도포 후의 방치 시간이 부족한 경우 산화제의 양을 과다하게 사용한 경우
콜드 퍼머넌트 웨이브(cold permanent wave) 시술 시의 가온	적정 시간이 넘었거나 온도가 높은 경우
불충분한 린스(헹굼)	모발 중에 알칼리가 잔류한 경우 산화제가 남아 있어 케라틴 단백질이 변성된 경우 멜라닌 색소가 퇴색된 경우
시술자의 와인딩(winding) 기술의 미숙	모발에 고무 밴드를 강하게 고정한 경우 강한 텐션을 가하여 와인딩 할 경우 환원제가 고무 밴드와 와인딩된 모발 사이에 고여 있는 경우

(5) 과도한 염색 및 탈색에 의한 손상

염색, 탈색의 횟수가 많아지면 모발은 팽윤, 연화가 반복되거나 모표피의 표면에 문제가 발생하여 손상의 원인이 된다.

알칼리에 의한 손상	모표피를 들뜨게 하거나 소실시키고 모발 내부의 결합도 파괴됨
산화제에 의한 모발 손상	케라틴 단백질을 분해하여 모발을 다공성모로 유도시킴

(6) 일광에 의한 손상(Damage from sunlight)

모발은 태양열에 의해서도 손상되는데, 태양광선은 파장의 길이에 따라서 적외선, 가시광선, 자외선으로 나뉜다. 이 중에서 모발에 영향을 주는 적외선과 자외선이다. 적외선은 열선이라 부르고 물체에 닿으면 열을 발생시켜 모발의 케라틴 단백질이 손상을 받게 되는 것이다. 자외선에 의해 열을 느낄 수는 없으나 화학선이라 불리기도

하는데 피부 내의 색소침착 및 염증을 유발할 수 있다. 수분이 있는 모발이 자외선에 노출되면 모발 속에 존재하는 유멜라닌을 산화 분해시켜 모발의 적색화를 야기하기도 하는데, 바닷물에 모발이 닿았을 경우 더욱 가속화되므로 해변에서 직접적인 태양광선에 모발을 노출시키지 않도록 하여야 한다.

(7) 대기오염에 의한 손상(Damage from air pollution)

모발에 손상을 끼치는 대기 오염 물질로는 공장의 연소가스와 자동차 배기가스에서 배출되는 황산화합물, 질소 산화물 등에 의한 화학적 손상이다. 또한, 대기 중의 티끌, 먼지 등에 의한 모표피의 물리적 손상을 들 수 있다.

(8) 다이어트와 편식에 의한 손상

과도한 다이어트에 의한 단백질 부족이나 철분 부족에 의해 모발에 영양이 원활히 공급되지 않아 자랄 수 없게 되므로 모발에 영향을 주는 종류의 아미노산을 함유한 단백질을 균형 있게 섭취하는 것이 모발 건강에 중요하다. 이외에 vitamin과 미네랄(특히 철, 아연 등)도 필요하며, 특히 vitamin A, D는 피부를 강하게 하여 비듬과 탈모를 막아주고, 탈모 후 모발 재생에 대해 효과가 있다. 따라서 vitamin과 미네랄을 다량 함유한 파슬리, 채소, 딸기, 호박 등을 많이 섭취하는 것이 효과적이다. 또한 리놀산을 함유한 식물성유는 모발에 광택을 준다.

2) 손상모의 진단(Diagnois of damaged hair)

모발의 손상도의 진단은 모발의 손상도를 보다 정확하게 파악하기 위하여 한 가지의 시험법보다는 여러 가지의 시험을 행하여 종합적으로 진단할 필요가 있다.

(1) 감촉에 의한 진단

모발을 눈으로 보거나(시진), 손가락으로 느낄 때(촉진), '광택이 없다, 기름기가 없다, 끈기가 없다, 기모가 많다, 빗질이 잘되지 않는다' 등의 느낌에 따라 평가한다. 건강한 모발의 기준을 표준형으로 하여 비교함으로써 어느 정도 정확하게 진단할 수 있다.

(2) 마찰 저항 진단

모표피의 손상이 심한 만큼 마찰 저항도 크게 된다. 결국 모발의 표면이 거칠어 손에 느껴지는 감촉이나 빗질이 나쁘게 된다. 마찰 저항 진단은 모발의 손상 정도를 진단과 동시에 모발 보호제 등의 효과가 있는가 하는 판단에도 사용된다.

(3) 인장 강도 진단

인장 성질 측정의 일반적인 방법은 모발에 서서히 힘을 가하면서 그때의 무게와 늘어남과의 관계를 그 모발의 단위면적으로 산출하여 기록하고 있다. 그런데 주로 모발의 내부 구조(모피질) 변화가 크다. 손상도 만큼 늘어나는 비율이 크고, 적은 하중에도 쉽게 끊어진다.

(4) 팽윤도 측정

팽윤이란 어떤 물체가 액체를 흡수하여 그 본질은 변하지 않고 체적을 늘리는 현상으로 모발의 수분흡수량을 모발의 중량 증가로 조사하여 측정한다. 일정한 온도 및 습도하에서 모발을 일정 시간 침전시킨 후 모발의 수분 흡수량을 모발의 원심분리기로 부착되어 있는 수분을 제거하고 모발 내부에 흡수된 수분의 중량을 측정한다. 일반적으로 건강한 모발을 물에 담갔을 경우 15% 전후 중량이 증가하지만 손상된 만큼 중량 증가가 크게 된다. 이는 모발에 물을 분무하였을 때, 정상모는 물을 튕겨내지만 손상모는 물을 흡수하기 때문이다.

(5) 알칼리 용해도(Alkali solubility)

알칼리 용해도의 증가율은 모발 케라틴의 손상 정도에 비례하므로 알칼리 용해도를 측정함으로써 모발의 손상 정도를 알 수 있다. 모발을 알칼리 용액에 약 30여 분 동안 담가 놓았다가 미지근한 물로 헹궈내고 무게를 측정하면 처음 모발 무게의 34% 정도 용해되어 모발의 중량이 감소된다. 모발 내부(모피질)의 간충물질이 알칼리 용액에 용해되어 모표피의 손상이 많은 모발일수록 모발의 중량이 크게 감소하는 것이다. 모발 내부(모피질)의 간충물질이 알칼리 용액에 용해되어 모표피의 손상 부분에서 흘러나오기 때문이다.

(6) 아미노산의 조성 변화 측정

모발에 있는 아미노산을 가수분해하여 아미노산 조성의 변화를 분석하는 방법으로, 손상도가 증가하면 가장 많이 함유되어 있는 시스틴 양이 감소하고, 시스테인 양은 증가한다.

3) 손상모의 회복(Recovery of damaged hair)

모발에는 자기 회복력이 없으므로 건강모는 손상되지 않도록 관리하고 또한 손상모는 그 이상 진행되지 않도록 외부로부터 트리트먼트 제품 또는 클리닉 제품으로 보호하는 것이 중요하다. 수분은 모피질 중에 혼합되어 모발에 윤기가 나게 하고 모발의 움직임에 부드러운 유연성을 준다. 유분은 모표피에 유막을 만들어 광택을 주어 마찰을 감소시키고 모표피의 손상을 막아준다. 또한, 그 이상의 손상을 방지하기 위해 손상모를 커트한 후 관리하면 손상모의 회복이 빠르다.

(1) 모표피의 유막 형성

유성 원료에는 광물성(유동파라핀, 바세린 등), 식물성(올리브유, 동백기름, 야자유, 호호바유 등), 동물성(스쿠알렌, 라놀린, 밍크오일) 등이 있다. 이들을 정제한 것 또는 계면활성제로 유화한 것을 모발에 도포하여 대전 방지, 영양 공급, 코팅 등의 효과가 있어 외부로부터 모표피의 마찰을 적게 해서 물리적 손상을 방지하고 광택, 감촉을 좋게 해서 아름다움을 유지시킨다. 유동 파라핀의 흡수율이 가장 크며, 모발의 피질층은 친수성이지만 표피층은 친유성이기 때문에 유지의 흡수는 모표피층의 표면에서 이루어진다.

(2) 모표피의 수지막 형성

수지(resin)의 피막(capsule)으로 모표피를 덮고, 열과 마찰(friction)로부터 모발을 보호하고 brushing과 combing 등에 의해 부드럽게 하여 모발에 광택을 줌과 동시에 hair style을 정리한다.

(3) 모피질로부터 유출되어 간충물질 보급

간충물질과 유사한 성분인 단백질 성분들을 모발 속으로 침투하여 수분 공급과 함께 외부의 수분을 흡수하는 매개체로 작용하여 모발 표피층이 건조를 막아 모발을 유연하게 해준다. 가수분해 된 콜라겐, 엘라스틴은 모발 내부로 쉽게 침투되어 수분 공급, 영양 공급을 하여 탄력성 있는 모발로 회복한다.

2. 모발의 성질

1) 모발의 물리적 성질

(1) 모발의 흡습성(Hygroscopicity)

모발은 케라틴 단백질은 친수성이여서 습한 공기 중에서 수분을 흡수하고 건조한 공기 중에서는 수분을 발산하는 성질인 흡습성을 지니고 있어 수분이 모발 안으로 흡착된다. 수분의 흡수 속도는 수증기에서보다 수중에서 흡수가 잘되며 액체의 물은 실온에서는 15분 이하, 35℃에서는 5분 이하로 모발에 침투된다. 손상된 모발은 다공성 정도가 심하게 되어 수분의 흡수량이 많아지지만, 보통 건강한 모발의 수분을 흡수하게 되면 보통 15% 정도 부풀어 오르고 1~2% 정도 길이가 늘어나며 샴푸 후 30%까지 증가한다. 그리고 공기 중에는 10~15%의 수분을 블로 드라이 후에는 10% 전 후의 수분을 함유하고 있다. 손상된 모발은 다공성 정도가 심하게 되어 수분의 흡수량도 많아지게 된다. 모발을 공기 중에 방치하면 수분을 흡수 혹은 방출하여 그 수증기와 균형을 유지하는 상태가 되는데 온도에 의해 영향을 받는다. 기온이 높고 공기가 건조할 때 세탁물이 빨리 마르는 것과 같이 같은 온도라도 습도가 높아지면 흡수량은 증가하고, 같은 습도라도 온도가 높아지면 흡수량은 감소하여 온도보다 습도 쪽의 영향이 더 크다. 기온이 높고, 공기가 건조할 때에 세탁물이 빨리 마르는 것과 축축한 모발에 드라이어로 열풍을 불어 넣으면 빨리 건조되는 것 등은 동일한 현상이라고 할 수 있다. 흡수량은 동일한 온도에서도 습도가 높게 되면 증가하고 동일한 습도에서는 온도가 높게 되면 감소하게 된다. 흡수성은 염색이나 퍼머넌트에 영향을 미치는데 모발 전체에 흡수성이 고르지 않으면 컬러의 색조들이 고르지 않게 나타나며 펌의 웨이브 형성에도 영향을 미쳐 모발의 손상을 초래한다. 이 습기는 모발을 탄력성 있고 촉촉하게 해준다. 그러나 세팅이나 드라이 후에 지나친 습기는 웨이브의 형태를 없어지게 하므로 이를 유지하기 위해 세팅 로션이나 스프레이를 사용해야 한다.

(2) 모발의 팽윤성(Swelling)

팽윤이란 어떤 물체가 액체를 흡수하여 그 본질을 변화시키지 않고 체적을 증가시키는 현상이다. 모발의 팽윤은 어느 정도 진행되면 그 이상 진행되지 않는 경우(유한팽윤)와 계속 진행되어 마지막에는 용액이 되어 버리는 경우(무한팽윤)가 있다. 모발이 수중(水中)에서 팽윤 평형에 달하는데 실온에서 15분 이상, 고온에서는 5분 이내로 거의 팽창에 가까운 팽윤도가 된다. 물이 흡수되어 늘어지려는 성질과 측쇄가 원래의 상태로 되돌아가려고 하는 성질이 만나는 지점이 팽윤 평행에 해당되며 이 상태에서 더 시간이 지나도 팽윤이 진행되지 않는다. 모발 단백질의 그물망 구조는 침투한 수분에 의해 주쇄 간격이 넓어져 모발이 부풀어지기 쉽기 때문이다. 이러한 과정을 통해 그물상의 연결과 연결 사이의 측쇄는 늘어진 형태가 되며 늘어진 측쇄는 기회가 있을 때마다 원래 상태로 되돌아가려고 하는 성질이 있다. 등전점보다 산성이 됨에 따라 팽윤도는 서서히 커지게 되지만 pH2 이하에서는 응고되거나 단단해지고 결국에는 분해된다. 알칼리성의 경우도 순차적으로 팽윤도는 커지게 되지만 pH10 이상이 되면 급격하게 팽윤되어 용해되게 된다. 모발은 pH4 부근에서 전기적으로 중성을 띠고 등전점의 pH 용액을 가지는 경우 모표피가 닫혀 있어 매우 안정된 상태로 존재하나, 모발에 알칼리성 염모제, 퍼머약, 비누를 사용하면 모표피가 팽윤되어 열리게 되는 것이다.

(3) 모발의 건조성

타월 드라이를 한 모발은 모발 표면에 부착되어 있는 물의 대부분이 제거되지만 샴푸 후 젖은 모발에 흡착된 물은 팽윤 균형의 상태에서 30%이상의 수분을 포함하고 있다. 이것을 건조시키면 처음에는 잔존해 있는 수분이 제거되는 단계에서 건조 속도가 상당히 빨라지지만, 수분율 30% 이하가 되면 모발은 건조되는 속도가 점차 느려진다. 샴푸 후 젖은 모발 내 흡착된 물은 팽윤 균형 상태에서 30% 이상의 수분을 포함하고 있다. 함수량이 많은 모발은 60℃ 전후에서 열변성을 일으키는 것으로 전해지고 있다. 모발에 여러 가지 화학물질이 잔류하고 있는 경우에는 더욱 낮은 온도에서도 손상을 받게 되는 것을 충분히 고려하여야 한다. 그러나 set의 경우는 고온에서 건조된 경우가 set의 유지를 좋게 한다. 또한, 최근 손상모의 고객들이 증가하고 있는 것은 핸드 드라이어 등이 일반가정에 보급됨에 따라 그 사용 횟수가 증가하고 고온의 바람에 의한 것이 그 원인이므로 고객들에게 드라이어의 사용 방법에 대해서 충고를 해주어야 한다.

(4) 모발의 열변성

열이 모발에 미치는 영향은 건열과 습열이 다르다. 건열에서 외관적으로는 120℃ 전후에서 팽윤되고 130~150℃에서 변색이 시작되어, 270~300℃가 되면 타서 분해되기 시작한다. 그러나 기계적인 강도에서는 80~100℃에서 약해지기 시작하여, 화학적으로는 150℃ 전후에서 시스틴이 감소되고 180℃가 되면 α-keratin이 β-keratin으로 변한다. 습열에서 시스틴의 감소는 100℃ 전후에서 볼 수 있고, 130℃에서 10분간 두면 keratin의 α형은 β형으로 변화한다. 별도의 데이터에 의하면 케라틴의 변성은 습도 70%에서 70℃부터 시작되지만 습도 97%에서는 60℃에서 시작된다. 따라서 처리 온도는 60℃ 이하로 하는 것이 모발의 손상을 방지하는 역할을 한다. 모발에 묻어있는 약제를 충분히 씻어내지 않을 경우 모발은 열 변성을 한층 강하게 받게 되어 손상을 유도하게 된다. iron의 온도는 200℃ 전후, 핸드 드라이어의 온도는 송풍구의 거리에 따라 달라지지만 90℃ 전후도 있고 부분적으로는 고온이 되기 때문에 주의하지 않으면 안 된다. 높은 열이나 빛에 의해 색과 구조가 변하고, 적외선과 자외선이 모발의 열변성을 유발한다.

- 건조 상태 : 120℃ 전후에서 팽윤
- 130~150℃ : 변색 및 시스틴의 감소
- 180℃ : 케라틴 구조의 변형
- 270~300℃ : 타서 분해됨
- 습도가 높은 상태 – 100℃ : 시스틴의 감소
- 130℃ : 케라틴 구조의 변형

습도가 높은 경우엔 낮은 온도에서도 쉽게 손상되는 것을 알 수 있다.

(5) 모발의 광변성

태양광선에서 적외선과 자외선은 모발 손상에 따른 변성을 준다. 적외선은 물체에 닿으면 열을 발생시키는 열선이고, 파장이 짧은 자외선은 화학선으로 과도한 노출 시 시스틴결합이 변성되거나 감소되어 모표피가 손상되며, 모표피의 시스틴 함량을 줄어들게 하여 멜라닌 색소 파괴를 시켜 모발의 탈색을 유도한다. 모발 케라틴은 그 열

에 의해 어느 정도는 측쇄결합이 파괴되어 모발이 손상을 입는다. 적외선을 적당히 두피에 조사할 경우 말초혈관의 순환을 좋게 하므로 탈모 방지, 육모 등에 트리트먼트 효과가 있다. 모발을 일광에 쬐이는 시간이 긴 옥외 근로자나 해안의 거주자 등이 퍼머넌트 웨이브가 잘되지 않거나 쉽게 늘어나는 원인은 자외선에 의한 모발 케라틴의 변성 때문이라 할 수 있다.

(6) 모발의 대전성

모발을 브러싱하거나 백코밍할 때 브러시와 빗에 모발이 달라붙는다거나 모발끼리 반발하여 브러시에 모발이 엉키는 정전기 현상을 말한다. 특히 플라스틱 빗으로 모발을 빗으면 마찰에 의해 모발은 빗의 이동에 따라 정전기를 띠게 된다. 정전기 현상은 저온에서나 겨울의 건조 시기에 많은 물체에서 볼 수 있는데, 마찰에 의해 정전기가 발생하기 때문에 일어나는 것이다. 이때 마찰을 적게 하거나 습기를 보충하면 정전기는 발생하지 않는다. 정전기 방지제로서 실리콘, 유지, 계면활성제, 습윤제 등이 이용되고, 이들을 배합한 생활용품, 모발용품 등이 시판되고 있다. 즉 모발과 빗에 생기는 +전하와 −전하에 의해 생기는 것으로, 정전기를 없애는 제품을 사용한다.

(7) 모발의 고착력

모발의 고착력(탈락강도)은 1가닥의 머리카락을 두피(모근)로부터 뽑아내는데 필요한 힘을 말하는 것으로 모발과 모낭(내모근초)간의 결속력을 뜻하기도 한다. 또한, 두피로부터의 탈락 강도는 모발의 성장 주기 및 두피의 상태, 신체의 건강 상태 등에 따라 차이가 있으며, 모발은 모구가 모공벽과 밀착되어 있어서 쉽게 빠지지 않는다. 그러나 모발의 성장 주기에 따라서 성장기에 강하고 퇴화기에는 약하다. 성장기 상태의 한 올의 모발을 뽑는 데 드는 힘은 약 50~80g 정도의 힘이 필요하며 휴지기모인 경우는 20g 정도의 힘이 필요하다.

(8) 모발의 질감

질감은 모발 표면의 감촉을 말하는 것으로 모 표피층의 손상 정도 및 모발의 굵기(모발의 종류)에 따라 질감의 차이가 있다. 모발의 질감은 모발의 손상도가 높고, 모발이 경모에 가까울수록 질감이 강하게 나타나는 반면, 가는 모발이나 건강모일수록 질감이 부드러운 것이 특징으로 모발의 손상도 테스트 시 자료로 활용된다.

(9) 모발의 다공성

모발의 내부에 존재하는 공기층이 수분을 흡수하는 성질을 말하는 것으로 모발 손상도, 모발의 영양 상태, 물에 대한 친수성 등에 따라 차이를 보이는데 손상모나 화학적 시술에 의해 모표피가 열린 모발의 경우에는 다공성이 증가하는 반면에 모표피가 촘촘히 닫혀 있는 건강모나 수분에 대하여 강한 반발력이 있는 발수성모의 경우에는 다공성 확률이 낮다. 모발 전체의 다공성의 정도가 다를 경우 화학적인 시술 시 결과물이 다르게 나타나므로 단백질 제품을 이용하여 다공성이 심한 부분에 도포한 후 시술에 들어가야 한다.

(10) 수분 상태

정상 두피의 각질층에 존재하는 수분의 양은 피지막 및 천연 보습인자 등의 작용으로 평균 15~20% 미만을 유지하고 있으며, 이러한 이유로 정상 두피의 두피 상태는 항상 촉촉함과 매끄러움을 유지하고 있다. 특히 드라이 시술은 적당한 수분이 있는 상태에서 드라이를 시작하여 드라이를 끝난 후에는 모발 자체의 수분이 적어도 10% 정도가 남아 있어야 한다. 수분이 없는 건조한 상태에서 미용 시술을 하면 건조 후에도 남아 있어야 할 모발 자체의 수분이 건조되므로 모발 손상의 원인이 되는 것이다.

구분 / 종류	모근	모간	모선
염색모, 극손상모	10%	35%	50%
웨이브모, 손상모	10%	25%	40%
스트레이트모, 정상모	5%	15%	30%

(11) 모발의 강도와 신장도

모발의 강도는 모발 한 가닥을 양쪽으로 끌어당겼을 경우 끊어지는 정도를 말하는 것으로 모발의 강도는 모발의 굵기(직경), 손상 정도, 모발의 영양 상태, 수분함량 정도 등에 따라 차이가 있다. 모발에 걸린 하중을 인장강도(g)라 하고, 이때의 신장률을 신장도(%)라 한다. 일반적으로 보통 모발의 평균 강도는 약 150g 이상이며 손상모인 경우 약 100g 이하의 힘이 필요하다. 탈모를 진단할 때 여러 부위의 모발을 채취하여

실험한 결과의 평균치를 이용하는 것이 효과적이다. 강도 측정 시 온도와 습도에 따라 수치가 달라지기 때문에 온도 25℃, 습도 65%를 기준으로 하여 측정하며, 개인차가 많겠지만 평균적으로 손상모는 40~50%이며, 손상모는 60~70%의 신장률을 갖는다. 수분을 충분히 흡수시키면 70%까지 늘어나고 따뜻한 수증기를 가하면 100% 늘어 날 수 있다. 케라틴 분자 구조가 α-keratin에서 β-keratin으로 변하고, 수소결합이 느슨해지기 때문이다.

(12) 모발 밀도

일정한 모공의 간격을 유지한 상태로 빈 모공이 거의 없는 것이 특징이며, 두상 전체에 존재하는 모공당 평균 1~3본/1 모발의 수를 유지하고 있다. 모발의 밀도는 정상두피 및 정상 모발, 탈모 진행도를 진단하는데 중요한 기초 자료로 활용되고 있으며, 두피관리의 효과에 대하여 판단할 수 있는 임상자료이기도 하다. 모발은 하루에 약 40~100본 정도가 탈락을 하고 동시에 탈락 수만큼의 모발이 성장을 하고 있어 모발의 밀도가 항상 일정하게 유지되는 것이다. 일반적으로 1㎠당 모발의 밀도는 저밀도의 경우 120본/㎠, 중밀도 140~160본/㎠, 고밀도 200~220본/㎠ 정도를 유지하고 있다. 모발의 밀도는 탈모의 진행과 동시에 점차적으로 감소하는 특징을 지니고 있으므로 탈모의 진행 정도를 알 수 있다.

(13) 모발의 굵기

모발의 종류를 결정짓는 요소 중 하나인 모발의 굵기 변화는 남성이 24세 이후, 여성이 30세 이후에 일어나고 연령, 환경, 건강 상태, 탈모 진행 정도, 인종, 성별 등에 따라 차이를 있으며 연모와 경모로 나뉜다. 특히 모발의 굵기는 탈모의 진행 정도를 체크하는 데 있어 중요한 자료로 활용되고 있다. 모발의 굵기는 모피질과 모표피의 두께에 영향을 받으며, 동 · 서양인 간에 차이가 있다. 동양인의 경우에는 모피질 부위가 적은 반면 모표피 층이 두꺼우며, 서양인의 경우에는 모피질 부위가 두껍고 모표피 층이 얇은 형태를 띠고 있어 모발의 감촉이 동양인에 비해 부드러우며, 또한 모발의 굵기가 가늘다. 모발의 굵기를 보면 보통은 0.075~0.085mm이고 가장 굵은 모발은 0.1mm 정도이고, 가는 모발은 0.06mm이다. 건강한 모발은 모근부터 모발 끝까지 굵기가 일정한데 비해 영양이 모발 끝까지 전달되지 못하면 모발 끝으로 갈수록 점점 가늘어져 손상된다. 모발의 굵기는 염색 색상이 다르게 나타나는 요인 중의 하나로 색소가 넓은 공간과 작은 공간에 분포되었을 때 나타난다. 동일인의 모발이라도 성장 부위에 따라서 모발의 굵기가 달라서 가는 모발 부위는 손상되기 쉬우므로 미용 시술시 주의하여야 한다.

(14) 모발의 탄성도

모발에 끊어지지 않을 일정한 힘을 가하였을 때 늘어났다가 다시 원래의 형태로 돌아가려고 하는 정도를 모발의 탄성도라고 하며 모발의 수분 함유량이나 모발 손상도에 따라 차이를 보인다. 모발의 굵기, 선천적인 특징, 영양 상태 등의 여러 원인에 따라 차이를 보인다. 모발의 탄력성은 케라틴이 코일 모양의 스프링 구조로 되어 있기 때문에, 너무 세게 잡아당기면 원래의 형태로 돌아갈 능력을 상실하게 된다. 탄성이 좋은 모발은 상대적으로 손상이 적다는 의미로 펌 시술 시 제품의 선정 기준이 되고, 탄성이 좋은 모발은 웨이브가 탄력이 있고 유지되는 기간도 오래가는 것이 일반적인 특징이다. 또한, 펌의 경우 펌제의 흡수와 팽창에 직접적인 영향으로 펌 후에는 탄력성이 약 5~20% 감소하게 되는데 이것은 환원단계에서 이황화결합의 약 20%가 파괴되기 때문이며, 환원제의 수용액에서 모발섬유를 펴는 것은 이황화결합, 수소결합의 파괴와 분자의 재배치 때문에 탄력성 감소되지만 환원된 모발에 대한 산화제(중화제)를 도포해 줌으로 해서 다시 탄성이 원래 모발의 탄성에 근접 증가한다.

모발의 탄성은 모발의 외적, 내적 변화에 대하여 크게 반응하는 것이 특징으로 모발의 수분 함유량 및 손상 정도 등에 따라 차이가 있다. 케라틴 단백질의 구조적인 특성 때문에 생기는 현상이다. 건강모는 끊김 없이 20% 정도 늘어나고, 젖은 모발은 50~60%, 퍼머넌트 약 액을 도포한 모발은 70%까지 당기면 신장이 가능하다. 모발의 신장은 습도에 따라서 영향을 받기 때문이다.

2) 모발의 화학적 성질

(1) 수소 결합

탄소와 이중결합하고 있는 산소가, 다른 쪽의 질소와 결합하고 있는 수소와 결합한 하나의 결합력은 약하지만 다수의 결합이 존재하기 때문에 모발의 성상을 크게 변화

시킨다. 수소 결합은 모발에서 가장 많이 있는 결합이다. 이들은 모발의 교차하는 힘의 약 1/3을 작용하고 물에 의해 쉽게 파괴된다. 모발을 건조시키면 이들은 다시 만들어진다. 또한, 폴리펩타이드 고리들이 나선형의 모양을 유지하도록 돕는다. (헤어 세팅과 블로 드라이에 이용)

(2) 염결합

산성이나 알칼리성 용액에 모발을 적셔 놓은 후 당기면(팽윤 및 연화 상태) 작은 힘으로도 늘어나게 된다. 이 같은 원리로 perm제 제1액에 의해 환원된 모발을 당기면 작은 힘으로 측쇄인 cystine결합이 끊겨 모발은 일시 가소성모(可塑性毛, phasticity hair)가 된다. 그러나 이렇게 한 모발도 제2액으로 산화시키면 약산성인 등전대로 되돌려진다. 이때 건조시키면 원래의 탄성모로 바뀐다. 보통의 permanent wave제가 알칼리성이 되는 이유 중의 하나는 측쇄의 염결합이 끊어지기 때문이며 또한 알칼리 용액은 결합을 절단하는 데 사용되기도 한다. 염결합은 모발의 등전점일 때 결합이 강하고, 강산이나 알칼리에서는 약해진다.

(3) 시스틴결합

가장 강한 결합으로 황과 황이 결합해 강도와 탄성을 준다. 이 결합을 자르지 않으면 웨이브를 형성시킬 수가 없기 때문에 퍼머 시 화원제인 티오글리콜산이나 시스테인을 이용해 결합을 끊어지게 하고 있다. 모발에 물을 적신 후 잡아당기면 수소결합이 물에 의해 절단되어 더 작은 힘으로 늘어나고 산성이나 알칼리성 용액에 적셔 당기면 더 작은 힘으로 늘어나게 되는데 염결합이 끊어졌기 때문이다. 마찬가지로 퍼머넌트웨이브 1액을 도포한 후 당기면 작은 힘으로 시스틴 결합을 끊을 수 있다.

(4) 산화제에 의한 변화

과산화수소나 과산화요소 과붕산나트륨 등의 산화제는 알칼리성에서 활발하게 반응해서 산소를 발생시켜 모발 중의 멜라닌을 탈색시키기도 하고 염료를 산화 중합시켜 발색을 촉진하는 작용이 있다. 과산화수소는 통상 암모니아수로 알칼리 활성해서 사용하는 것이지만, 다른 알칼리제를 사용하면 모발 중에 알칼리가 남아서 모발을 손상시키는 원인을 만든다.

또한, 과산화수소가 강하게 작용하면 폴리펩타이드 결합까지 절단해서 손상은 더욱 심해져서 끊어지게 된다.

(5) 알코올에 의한 변화

모발에 사용하는 헤어토닉, 스프레이, 로션 등은 알코올을 사용하는 것이 많은데 농도가 50% 이상이 되면 단백질에 의해 탈수 반응을 나타내거나 수렴 응고 반응을 일으키게 해서 모발을 변성시킨다. 이 단백질은 비가연성이기 때문에 원래 상태로 돌아가지 않고 50% 이하의 것이라도 오랫동안 사용하면 모발을 손상시키게 되므로 그 취급에는 충분한 주의가 필요하다.

(6) pH에 의한 영향

pH란 측정 단위로 수분을 포함하고 있는 물질이 산성, 알칼리성의 정도를 나타내는 수치로서 수분이 없는 물질에는 pH가 존재하지 않으며 반드시 수분이 있는 물질에서만 측정하여 나타낼 수 있다. 또한, 제품의 pH에 따라 모발의 손상도가 달라지고 회복될 수도 있다.

아미노산은 분자 내에 염기성 아미노기 1개와 산성의 카르복실기(-COOH) 1개를 가지고 있다. 이 주쇄결합을 하지 않는 잔기는 측쇄결합으로서 상호 결합하고 있다. 결국 아미노산 +와 카르복실기 -와 이온적으로 염결합하는 것이다. 모든 아미노산기와 카르복실기 polypeptide결합, 또는 염결합할 때의 모발(keratin 단백질)의 pH는 4.5~5.5이다. 결국 이 값의 범위로서 측쇄의 염결합은 가장 안정되어 있는 것이다, 이것을 모발의 등전점이라고 한다.

중성	염기성기와 산성기의 균형이 유지되는 것
산성	카르복실기가 1개 이상인 것
염기성	아미노기가 1개 이상인 것

① 모발과 알칼리

산으로 중화할 수 있으며 쓴맛이 나고 감촉은 비누같이 미끈거리고 알칼리화된 모발은 건조해 보이며 손질하기가 나쁘다. 모발의 등전점인 pH 4.5~5.5에서 알칼리로

가까워질수록 모발의 단백질 구조는 불안정한 상태가 된다. 즉 약 알칼리에서는 모발의 유연함을 주지만 강 알카리에서는 모발의 구조는 물론 단백질도 분해시켜 알칼리제에 의한 모발 손상을 많이 준다. 따라서 강한 알칼리로 시술된 모발의 경우엔 각별한 홈케어와 함께 사후관리가 요구된다.

② 모발과 산성

알칼리로 중화할 수 있고 신맛이 나며, 모발의 산성에 대한 저항력은 알칼리에 비해 강한 편이다. 모발 내의 단백질 및 모표피는 산성에 대해 수축작용을 일으킴으로써 산성의 모발 내부 침투를 방지한다. 따라서 강한 산성이 아니라면 산성에 의한 모발 손상도는 적은 편이다. 모발에 사용하는 산성 린스는 모발에 윤기를 주고 건강하게 하며 손질하기에 용이하게 해준다. peramnent wave제, hair coloring제 등 알칼리성의 약제를 사용한 후에는 모발은 알칼리성으로 된다. 산성 린스 등으로 처리하는 것은 모발의 pH를 등전점으로 되돌리기 위한 것이다.

모발의 성장 속도 [Growth speed]	
1일 성장 속도	0.4mm정도 [1일 전체 모발 성장 길이: 0.4×10만 본=40m]
성장기 동안의 모발 성장 길이	1일 성장 길이×5년(365×5)= 5년 동안의 성장 길이 0.4×(365×5)=730mm=73cm[성장기 동안의 모발길이]
성장 속도 변화요인	건강 상태, 호르몬, 식생활, 계절, 나이, 성별, 신체 부위

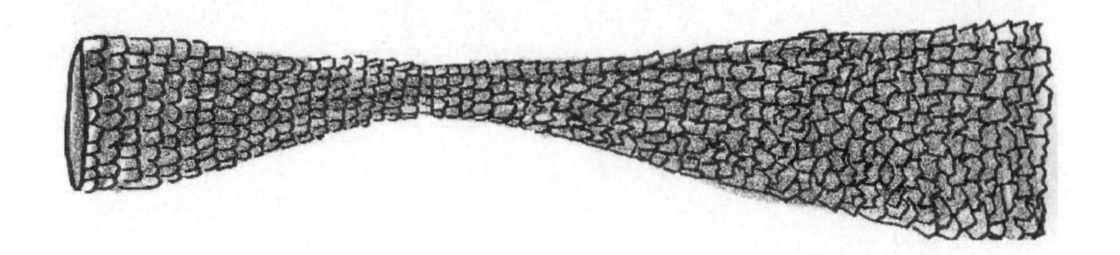

산성

수축하고 단단해지면서 모표피가 닫히게 된다.

알칼리성

모표피가 연화되어 화학제품들이 모피질에 쉽게 흡수된다.

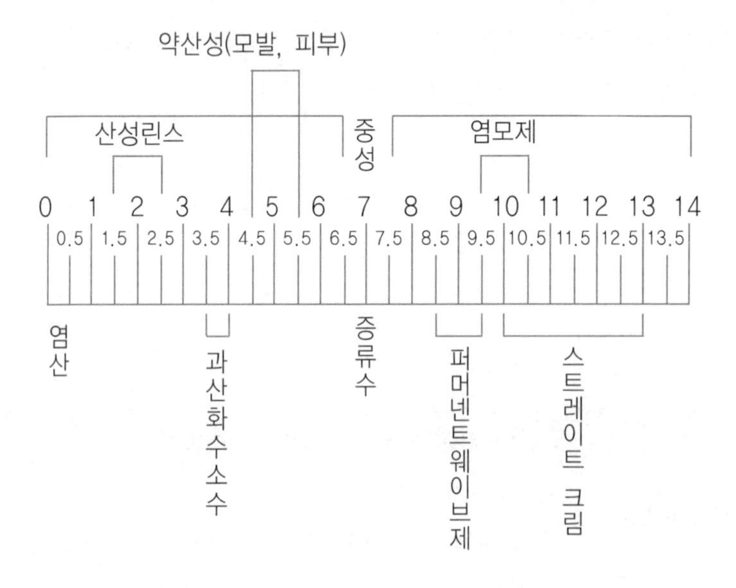

CHAPTER 04

모발 영양학

1. 영양학

1) 영양소의 개념

영양소란 인체의 성장과 생명 유지에 필수적인 물질로서 에너지를 공급하고, 생체반응을 조절하는 인자들을 공급하여 인간의 건강과 성장을 촉진하는 물질이다. 약 40여 종의 영양소가 필요하며 영양학적으로 완전한 식사는 인체가 필요로 하는 40여 종의 영양소를 함유하고 있어야만 일상생활에서 섭취하는 음식물의 성분 가운데 에너지를 체내에서 발생시키는 활동의 원동력이 된다. 이밖에도 체내에서 일어나는 각종 기능을 조절하고 정상적인 건강 유지에 필요한 성분으로 비타민과 무기질을 비롯해서 효소 및 호르몬 등이 있다. 영양소의 몸에서의 작용을 살펴보면 아래와 같다. 식품의 구성 성분으로서 인체가 필요로 하는 다섯 가지 기초 영양소로는 탄수화물, 단백질, 지방, 비타민, 무기질이 있다. 그밖에 물도 필수 영양소에 포함시킨다. 탄수화물, 단백질, 지방은 생활에 필요한 에너지원이 되고 몸의 구성 요소이며 많은 양을 섭취하므로 주영양소 또는 3대 영양소라 부르며 비타민, 무기질, 물은 에너지원으로는 쓰이지 않지만 몸을 구성하거나 생리작용을 조절하는 역할을 하므로 부영양소라고 한다.

2) 영양소의 기능

우리가 매일 섭취하고 있는 음식물의 성분은 우리의 몸으로 들어가서 세포나 조직의 원료가 된다. 또한, 영양소가 분해되어 에너지로서 활동할 수 있는 힘을 얻어서 생존을 하게 되는 것이다.

(1) 에너지 생성

영양소는 우리 몸의 열량원으로서 에너지를 보급하여 신체의 체온 유지와 활동에 관여한다. 필요한 영양소는 탄수화물(당질), 지방, 단백질이 이용된다.

(2) 몸의 구성

영양소는 신체의 조직이나 골격을 구성하거나, 신체의 소모 물질을 보충하면서 체력 유지에 관여한다. 이 영양소는 단백질, 무기질, 지방, 탄수화물 등이 이용된다.

3) 영양소의 구성 요소

영양소는 그 종류에 따라 몸에서 기능이 다르다. 이들 영양소를 체내 작용에 의하여 분류하면 열량소, 구성소, 조절소로 나눌 수 있다.

① 생명유지를 위한 에너지와 재료의 공급 --〉 영양소
② 근육 수축 운동에 필요한 에너지 공급 --〉 구성소
③ 성장이나 유지에 필요한 체성분 합성을 위한 원료 공급 --〉 조절소

4) 영양소의 소화 흡수와 경로

(1) 입

음식의 소화가 처음으로 시작되는 곳이지만 음식물이 입안에 머무르는 시간이 짧으므로 많은 소화 작용은 일어나지 못한다.

(2) 식도

음식물 덩어리를 입으로부터 위까지 운반해주는 통로 역할을 한다.

(3) 위

소화기관 중 산성을 띠고 있으며 여러 형태의 세포가 있어 소화에 중요한 다양한 분비물들을 만들어 낸다.

(4) 소장

영양소의 소화와 흡수가 일어나는 주된 장소이며 영양소의 화학적 분해는 거의 모두 소장에서 일어난다.

(5) 대장

소화기관의 마지막 부분으로 대장에서 제일 중요한 기능은 물을 재흡수하고 신체로부터 필요 없게 된 물질들을 내보낼 준비를 하는 곳이다.

5) 모발과 영양

모발과 두피의 건강을 위해서 인종, 성별 등의 유전적 요인과 대기오염, 수질오염 등의 환경적 문제 외에 영양관리가 중요하다. 단백질을 포함한 음식물은 위장에서 아미노산으로 분해되어 장벽에 흡수되며, 혈액에 의해 운반 되어진 영양분은 여러 기관으로 흡수된다. 모발의 경우 모유두의 모세혈관을 통해 모발이 성장하게 된다. 모발을 위해서는 단백질뿐만 아니라 비타민과 미네랄도 필요하다. 비타민은 피부를 건강하게 해주며, 충분한 영양을 주기 위해서는 여러 종류의 아미노산을 포함된 단백질을 균형 있게 섭취하여야 한다.

2. 영양소

1) 탄수화물

탄수화물은 주로 탄소(C), 수소(H), 산소(O)로 구성되어 있다. 탄수화물은 식이에서 단맛을 내고 체세포에서는 에너지를 공급하는 중요한 역할을 하며, 에너지 공급의 주된 형태는 대부분의 탄수화물에서 얻어지는 포도당이다. 탄수화물은 인간이 이용하는 식품 중에서 가장 많이 포함되어 있다. 그리고 지방, 단백질과 함께 에너지를 공급하는 3대 영양소 중에서도 가장 중요한 에너지 급원이다. 탄수화물의 형태로서 곡류, 과실류 중의 탄수화물은 녹말의 형태로 있으며 바나나, 사탕수수와 같은 것에는 당분의 형태로 존재한다.

(1) 당질식품의 종류

탄수화물은 모든 당류 및 전분류를 말하며 포도당의 체내로 섭취된 탄수화물은 일단 포도당으로 전환된다. 탄수화물의 종류는 단당류, 이당류, 다당류로 분류되며 가장 중요한 기능은 혈당을 유지하는 에너지원으로서 작용한다. 또한, 단백질을 절약시키는 작용을 하며 필수 영양소로서의 기능과 섬유소의 장내 작용으로 변비를 방지하는 좋은 기능을 갖고 있다.

① 단당류 : 포도당, 과당, 갈락토오스
② 이당류 : 자당, 맥아당, 유당
③ 다당류 : 전분, 섬유소, 글루코겐, 펙틴

(2) 탄수화물의 기능

탄수화물의 가장 중요한 기능은 에너지원으로서 혈당을 유지하는 역할이다. 필수 영양소로서의 기능과 섬유소의 장내 작용 등의 변비를 방지하는 좋은 기능을 갖고 있다. 탄수화물 1g당 4kcal를 공급하며 소화흡수율이 98%로써 섭취한 탄수화물 거의 전부가 체내에서 소비된다. 탄수화물은 에너지원일 뿐만 아니라 필수 영양소로서 하루에 적어도 60~100g 정도는 꼭 섭취해야 한다.

(3) 식이섬유와 건강

식이성 섬유질은 인체의 소화기관에서는 소화되지 않는 탄수화물의 형태로 식물성 식품에 함유되어 있다. 식이성 섬유는 소화관의 장운동을 도와 변비를 예방하고 대변의 배설을 도와준다. 사람에게는 cellulose를 분해하는 효소가 없어서 열량원으로 이용되지 않으나 초식동물 위에서는 cellulose를 분해하는 세균이 있어서 열량원으로 이용된다.

2) 지방

(1) 지방의 구성

지방은 주로 탄소(C)와 수소(H), 산소(O)로 이루어져 있으며 탄수화물보다 산소분자를 적게 함유하고 있기 때문에 동일한 양이라도 더 많은 에너지를 생산해 낼 수 있다. 또한, 체지방 조직 성분이며 세포막, 호르몬, 소화분비액 등을 주로 지닌 구성 성분이다.

지방은 피부나 모발에 광택을 주고 유연하게 하며 건조를 막아주는 작용을 한다. 그리고 체내에서 지방산과 글리세린으로 분해되어 흡수된 후 지방조직을 보충하거나 에너지를 공급한다. 지방은 몸에서 체지방이 되어 외부와 절연체 역할을 한다. 특히 신체의 온도를 유지시켜 주며, 체내의 장기를 둘러싸고 보호하여 주는 충격 흡수의 역할을 한다.

(2) 지방의 기능

지질은 에너지원으로서 다음과 같은 특징이 있다.

① 에너지 값이 제일 높으며 지방은 1g당 약 9kcal로 이 값은 탄수화물 1g에서 나오는 양의 4kcal보다 약 2.25배가 많다.

② 탄수화물과 고칼로리에 해당하는 식품이다. 그러므로 지방질은 칼로리를 보충하는 식품으로 양이 적으므로 소화기에 주는 부담은 가벼워진다.
이러한 기능 외에도 체내 지용성 비타민을 운반하여 주고, 향미 성분의 공급과 식욕을 돋우며, 소화되는 속도를 늦추어 위에 오랫동안 머물도록 하여 포만감을 준다.
지방은 체내의 신진대사를 조절하는 데 필요한 필수 지방산을 공급해 주며 비타민 A, D, E, K, F, U와 같은 지용성 비타민의 흡수를 돕는다.

(3) 지방의 종류

지방질을 구성하는 성분인 지방산은 포화 지방산과 불포화지방산으로 나누어진다. 지방은 조직 활동과 성장에 필요한 영양소로서 체내에서 산화되어 가장 많은 에너지를 생성한다.

동물성 지방은 육고기, 생선, 닭, 우유 및 유제품 등에 함유되어 있으며 식물성 지방은 콩기름, 참기름, 들기름, 채종유 기름 등에 함유되어 있다. 특히 모발과 밀접한 지방산은 리놀산(linolic acid)을 포함한 식물성 기름은 모발에 윤기를 주며, 낙화생, 참깨, 사라다유 등을 적당히 섭취하는 것도 필요하다. 모발과 피부를 활발하게 하는 영양소는 비타민 E(필수 지방산)는 모발을 윤기나게 하는 역할을 한다. 아름다운 모발을 위하여 검은 깨, 검은 콩, 땅콩, 호도 등을 충분하게 섭취하여야 한다.

3) 단백질

(1) 단백질의 구성

단백질은 탄수화물, 지방과는 달리 탄소(C), 수소(H), 산소(O) 이외에도 질소(N)를 포함하고 있다. 신체 단백질의 기본 단위는 아미노산이며 단백질은 먼저 인체 구성을 위한 영양소로서 특히 생명 현상의 유지에 중요한 역할을 하는 물질이다. 골격을 제외

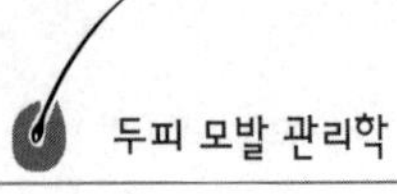

한 거의 모든 조직세포는 단백질로 이루어져 있으며 근육, 내장기관, 간, 피부뿐 아니라 모발이나 손톱, 발톱 등 모든 생체 기능에 관여하는 필수 영양소이다. 피부는 콜라겐과 엘라스틴으로, 피부 표면은 케라틴으로 구성되어 있다. 단백질은 또 효소나 항체 및 호르몬과 같이 생명 유지에 없어서는 안 될 중요한 물질을 만드는 성분이기도 하다. 신체 조직은 끊임없이 교체되므로 단백질의 이런 성질을 이용하여 인체의 상태를 알아볼 수 있다. 낡은 세포가 손실되면 새로운 세포를 만들기 위하여 단백질을 보충하지 않으면 안 된다.

모발을 구성하는 아미노산

종류	아미노산	조성	등전점
산성	아스파라긴산(asparaginic acid)	3.9~7.7%	pH 2.8
	글루타민산(glutamic acid)	13.6~14.2%	pH 3.2
중성	알라닌(alanine)	2.8%	pH 6.0
	글리신(glycine)	4.1~4.2%	pH 6.1
	이소루이신(isoleucine)	4.8%	pH 5.9
	루이신(leucine)	6.3~8.3%	pH 6.0
	메티오닌(methionine)	0.7~1.0%	pH 5.7
	시스틴(cystine)	16.6~18.0%	pH 5.0
	페닐알라닌(phenylalanine)	2.4~3.6%	pH 5.5
	프롤린(proline)	4.3~9.6%	pH 5.7
	세린(serine)	4.3~9.6%	pH 5.6
	트레오닌(threonine)	7.4~10.6%	pH 5.7
	트립토판(tryptophan)	0.4~1.3%	pH 5.9
	티로신(tyrosine)	2.2~3.0%	pH 5.7
	발린(valine)	5.5~5.9%	pH 6.0
염기성	아르기닌(arginine)	8.9~10.8%	pH 10.8
	히스티딘(histidine)	0.6~1.2%	pH 7.5
	리신(lysine)	1.9~3.1%	pH 9.7

(2) 단백질의 기능

단백질은 분해되어 아미노산으로 흡수된 다음 혈액에 의하여 빠른 속도로 각 조직에 운반되어 많은 작용을 한다. 단백질은 생물체의 몸의 구성 성분으로서 중요한 기능을 하며, 또 세포 내의 각종 화학반응의 촉매(효소) 역할을 담당하는 물질로서, 그리고 항체를 형성하여 면역을 담당하는 물질로서 대단히 중요한 유기물이다.

① 새로운 조직의 합성과 보수 및 유지

체내 단백질은 심한 출혈, 심한 화상, 외과적 수술 및 뼈 골절과 같은 손상된 부분의 조직을 다시 만들어 준다. 즉 머리카락, 손톱 및 발톱의 성장, 피부, 결합조직, 혈액의 유지, 근육의 정상적인 유지를 위해서 필요하다.

② 효소 및 호르몬 항체 형성

단백질은 각종 효소의 주성분이다. 음식이 소화되는 동안 일어나는 화학적 변화는 효소를 필요로 한다.

③ 체액 균형 유지

단백질은 체내에서 무기질과 수분평형의 조절한다. 단백질 섭취가 부족하면 혈중단백질 농도가 낮아져 혈액 내의 물은 조직액으로 이동하게 되어 부종이 생긴다.

④ 영양공급 및 운반

탄수화물과 지방처럼 단백질도 열량(1~2%)을 공급하며 단백질은 1g당 4㎉의 열량을 공급한다.

⑤ 산, 염기의 균형

신체 내 정상적인 약알칼리성 상태를 유지시켜준다.

⑥ 단백질의 체내 합성

단백질의 섭취는 바로 아미노산을 공급하기 위한 일이기 때문에 균형 잡힌 식사로 필수 아미노산을 섭취하는 것이 중요하다. 아미노산으로 분해되어 흡수되는데, 필수 아미노산은 체내에서 합성되지 않아 반드시 음식물로 섭취해야 한다.

필수 아미노산과 비필수 아미노산

필수 아미노산	비필수 아미노산
아르기닌(arginine)	
이소루이신(isoleucine)	알라닌(alanine)
리신(lysine)	아스파라긴산(asparaginic acid)
페닐알라닌(phenylalanine)	시스테인(cysteine)
트립토판(tryptophan)	글루타민산(glutamic acid)
히스티딘(histidine)	프롤린(proline)
루이신(leucine)	아스파라긴(asparagine)
시스틴(cystine)	글루타민(glutamine)
메티오닌(methionine)	글리신(glycine)
트레오닌(threonine)	티로신(tyrosine)
발린(valine)	

(3) 단백질의 종류

대체로 닭고기, 쇠고기와 같은 동물성 단백질은 단백질의 양이 많으며 필수 아미노산이 풍부한 질이 좋은 완전 단백질이 들어 있고 생선, 달걀, 치즈, 우유에도 완전 단백질이 많이 함유되어 있다.

일상적으로 섭취하는 단백질은 식물성과 동물성으로 분류된다.

① 식물성 단백질

곡류 단백질, 두류 단백질

검정콩, 완두콩, 강낭콩, 호두, 밤 등의 견과류, 두부 두유

② 동물성 단백질

육류 단백질, 달걀 단백질, 우유 단백질

쇠고기, 돼지고기, 닭고기, 어패류, 달걀, 우유, 치즈, 요구르트

(4) 피부와 모발의 단백질과의 연관성

① 피부와 단백질의 구성 관계

골격을 제외한 거의 모든 조직세포는 단백질로 이루어져 있으며 근육, 내장기관, 간, 피부뿐 아니라 모발이나 손톱, 발톱 등 모든 생체 기능에 관여하는 필수 영양소이다.

신체 조직은 끊임없이 교체되므로 낡은 세포가 손실되면 새로운 세포를 만들기 위하여 단백질을 보충하지 않으면 안 된다.

② 모발과 관련된 단백질

모발을 형성하고 있는 물질은 keratin 단백질로서 18종의 아미노산으로 구성되어 있고, 특히 cystine이라고 하는 아미노산을 많이 포함하고 있는 것이 특징이다. 모발에 영양을 주기 위해서는 여러 종류의 아미노산을 포함한 단백질(대두, 멸치, 우유, 육류, 달걀 등)을 균형 있게 섭취하는 것이 중요하다.

피부의 각질, 털, 손톱, 발톱의 주성분인 '황(S)'을 포함한 아미노산은 동물성 단백질에서 많이 섭취된다. 따라서 하루에 섭취되는 단백질 중에서 2/3는 동물성 단백질을 섭취하도록 하여야 한다.

4) 모발 성장에 미치는 생활 요인

아름다운 모발을 유지하는 것은 중요하다. 나이와 상관없이 모발이 가늘어지고 빠지는 탈모화 현상, 그리고 남성들에게만 일어난다고 생각한 탈모증 등이 20대 여성들에게도 빈번히 나타나고 있기 때문이다. 이렇게 모발의 성장주기에 영향을 미치는 요인들은 다음과 같다.

(1) 식생활의 변화

경제가 발전하고 서구 문화가 유입됨에 따라 우리나라의 식생활에도 커다란 변화가 일어났다. 즉 서구화된 식생활로 육류의 소비가 늘어나면서 고단백, 고칼로리의 동물성 지방이나 단백질의 지나친 섭취로 인해 성인병이 증가하고, 또한 혈액순환이 나빠져서 영양분의 공급이 모유두까지 전달되지 못하기 때문에 영양분을 전달받지 못하여 모발이 가늘어지고 탈모가 일어나기도 한다. 바쁜 현대인들이 편리하게 식사하기 위하여 섭취하는 인스턴트식품에 첨가된 인체에 유해한 성분이 체내에 흡수, 축적되어 내장의 세포 변형에 악영향을 끼치며 모발에까지 영향을 미친다.

(2) 다이어트

현대의 대부분의 여성들은 다이어트에 깊은 관심을 가지고 있다. 그러나 근래에 와서 지나친 다이어트나 그릇된 다이어트 방법으로 인해 건강을 해치는 사례가 늘고 있으며, 모발도 윤기를 잃거나 탈모, 질병, 약의 복용 등으로 인한 소화 흡수 장애로 영양 부족을 일으켜 모발 성장과 건강에 영향을 미치기도 한다.

(3) 수면 부족

수면 습관이 좋지 못하거나 생활리듬이 불규칙한 경우 현대인들에게 나타나는 빈모, 탈모의 원인으로 수면 부족을 들 수 있다. 밤 12시에서 새벽 3시까지는 하루 중 가장 편히 쉴 수 있는 상태가 된다. 이러한 체내 시계를 무시한 생활 방식을 계속함으로써 피의 흐름과 산소, 영양 공급이 제대로 되지 않아 탈모, 빈모가 일어난다.

(4) 모유두의 기능 정지 또는 퇴화

여러 가지 외부 요인으로 인해 모유두에 화상, 염증, 외상 등의 상처를 입었거나 퍼머넌트, 염색, 탈색, 스타일링 등의 각종 미용 시술 시 제품의 화학 성분에 의해 모유두가 손상을 입거나 머리를 묶거나 하는 강한 물리적인 자극에 의해 모유두와의 맞물림이 약해졌을 때 모발 성장이 어렵게 되기도 한다.

(5) 스트레스

과도한 스트레스를 받으면 머리와 목의 근육이 수축해 머리에 혈액순환이 원활하지 못하고 두통이 생기기도 한다. 스트레스는 호르몬 등의 분비를 관장하는 자율신경계는 교감신경과 부교감신경이 균형을 유지하면서 역할을 하는데 교감신경의 균형이 깨지게 되면 피지가 과잉 분비되어 모발의 영양 공급에 영향을 주어서 모발 성장에 장애를 초래한다. 또한, 호르몬의 대사에 이상이 생겼을 때 모발의 발생과 성장 및 탈모에 영향을 준다.

(6) 화학 약제의 사용

현대의 많은 여성은 아름다움을 위하여 자신의 모발에 많은 변화를 추구한다. 따라서 염색이나 탈색, 퍼머넌트, 매직 등을 하므로 화학 약제에 의한 모발 손상을 입고 있다. 이러한 영향으로 간충물질 유실로 인해 건성 모발이 되기 쉬우며 지모가 증가하여 손상된다.

5) 모발과 식품과의 관계

인체에 존재하고 있는 모든 털은 혈관을 통하여 생성에 필요한 영양분을 공급받으며, 혈관의 영양분들은 음식물을 통하여 얻어진다. 그러나 혈액의 불안정한 혈액순환이 모두 탈모로 이어지는 것은 아니며, 탈모 현상을 가속화 시킬 수 있다. 모발은 하루에 평균 0.2~0.3mm씩 자라나므로 모발관리를 매일 꾸준하게 하면서 모발의 성장을 돕는 식품을 충분히 섭취할 때 아름다운 모발을 가질 수 있다. 모발에 좋은 음식 역시 자연식의 균형 잡힌 음식이며, 인스턴트식품이나 기름진 음식 등은 두피와 모발의 성장에 저해 요인으로 작용한다. 즉 염분, 지방분, 당분을 제한하면서 우유, 달걀, 소간 등 고단백질 음식과 오이, 해조류처럼 비타민과 무기질을 많이 함유한 음식을 섭취하는데 있어 섭취 방법 및 소화기관의 건강 상태 등이 우선시되어야 하며, 무엇보다도 균형 잡힌 식습관이 매우 중요하다. 또한, 적당한 물의 섭취는 인체 노폐물의 체외 배설과 함께 혈액과 조직액의 인체순환을 도와 신진대사 기능을 촉진시켜 준다.

(1) 모발 성장에 좋은 음식

모발에 대해서 신진대사 기능 및 성장에 관련이 있는 갑상선 호르몬의 생성을 도와주는 주된 영양인은 요오드 성분으로 인해 모발의 건조화 현상을 막고 윤기를 부여한다. 체내에 대한 해조류의 작용은 부족하기 쉬운 칼슘의 섭취로 균형 있는 영양분의 섭취에 도움을 준다. 모발의 건강에 도움을 주는 음식에는 검은콩, 검정 찹쌀, 검은깨, 두부 등과 같은 식물성 단백질이며 녹황색 채소, 미역, 다시마, 김 등의 해조류가 있다.

(2) 모발 성장에 나쁜 음식

동물성 지방이 많은 기름진 음식의 섭취는 혈관이상을 가져와 혈액순환 장애를 유발하며, 피지선의 비대 및 그에 따른 피지량의 증가로 인해 모공을 막아 균을 번식시키고 피지의 작용에 의한 지루성 탈모 및 지루성 피부염을 유발한다. 또한, 식품에 다량 함유되어 있는 각종 첨가 색소 및 첨가제, 그리고 불포화 지방산 등은 다양한 성인병의 유발 및 질병을 가져올 수 있는 원인으로 작용할 수 있다. 단음식의 섭취는 인슐린 호르몬 분비를 높여 남성호르몬의 수치를 증가시키며, 혈중포도당의 축적으로 인한 세포 내 영양분 공급을 저해한다. 짜고 매운 자극적인 음식은 두피 자극 및 소화기계통의 자극으로 인하여 신진대사 기능의 둔화 등이 나타날 수 있으며, 그로 인하여 두피 문제점을 유발할 수 있다. 또한, 인스턴트식품의 섭취는 대부분이 영양분 균형을 잃은 어느 한쪽으로 치우친 편식 스타일의 영양분 섭취가 많다. 또한, 커피, 담배, 술 등은 신진대사 기능 이상과 함께 모발의 이상 현상을 가져온다.

6) 비타민

(1) 비타민의 기능

비타민은 건강 유지와 성장을 촉진시키기 위하여, 체내에서 영양소들이 제대로 이용될 수 있게 조효소의 역할을 수행하는 영양소로서, 신체 조직의 성장과 회복 및 정상적인 생리작용을 돕는 필수적인 물질이다. 비타민은 에너지 급원이 되거나 신체 조직을 구성하지는 않으나 동물 체내에서는 합성되지 않고 외부에서 섭취해야 한다.

비타민(Vitamin)은 피부의 기능상 중요한 것으로 특히 미용상 피부를 건강하게 유지하는 데 없어서는 안 되는 것이다.

＊ 체내에서 비타민의 작용

① 성장을 촉진시키며 생리대사에 보조 역할을 담당한다.
② 질병 예방 및 치료 능력을 증진시킨다.
③ 소화기관의 정상적인 작용을 도모하며 무기질의 미용을 돕는다.
④ 에너지를 생산하는 영양소의 대사를 촉진시킨다.
⑤ 신경의 안정을 도우며, 질병에 대한 저항력을 증진시킨다.

(2) 비타민의 종류

비타민에는 물에 녹는 성질을 가진 수용성 비타민과 지방에 녹을 수 있는 지용성 비타민으로 크게 나뉜다.

수용성 비타민에는 비타민 B복합체(B_1, B_2, 니아신, B_6, B_{12}, 엽산, 판토텐산) 및 비타민 C 등이 있다. 지용성 비타민에는 비타민 A, D, E, K, F, U 등이 있다.

① 수용성 비타민

수용성 비타민은 물에 잘 녹으며 과잉으로 섭취되더라도 몸에 축적되지 않고 쉽게 배설고, 체내에 저장되지 않으므로 항상 필요량을 식사로부터 계속해서 섭취하여야 한다. 수용성 비타민으로서는 비타민 C와 비타민 B군(vitamin B complex)이 대표적이다. 이들은 대개 체내의 효소 반응에 관여하며 여러 가지 효소의 비타민이 결핍되면 다른 것이 이용되지 못한다. 수용성 비타민은 체내에 저장되지 않으므로 항상 필요량을 음식에 의하여 공급받아야 한다.

② 지용성 비타민

지용성 비타민은 소화, 흡수, 운반과 저장 등 모든 과정이 지질에 의존하여 이루어진다. 지용성 비타민은 액체 상태로 체내에 저장되어 있기 때문에 지나치게 많은 양을 섭취하면 부작용을 일으킬 가능성이 있다. 지용성 비타민은 지질에 용해되는 것으로 비타민 A, D, E, 및 K는 지방과 함께 체내로 소화, 흡수 및 운반되어 간이나 지방 조직에 저장된다. 그러므로 지방의 섭취가 부족하면 지용성 비타민의 흡수도 방해를 받으므로 주의해야 한다.

(3) 모발과 Vitamin류

vitamin은 단백질, 지질, 탄수화물과 같은 영양소와 함께 체내에서 필요한 것으로 비교적 미량으로 동물의 영양을 지배하고, 부족되면 결핍증을 일으키는 유기 화합물(organic compound)이다. vitamin은 효소로서의 역할과 동물의 정상 성장 및 신체 유지, 생식 등에 필요로 하며, vitamin 자체만으로는 에너지를 발생하거나 세포를 구성하는 물질이 아니다. 또한, vitamin은 식품 속에 미량 함유되어 있으며 신체 내에서 합성되지 않으므로 외부로부터 공급해야 한다. vitamin은 피부를 건강하게 하고, 비듬과 탈모를 방지하기 때문에 모발의 건강에는 특히 vitamin A, D가 필요하다. 이러한 현상은 모발 및 두피에도 동시에 나타나기 때문에 두피, 모발관리에 있어 시술 전 고객의 건강 상태 체크 시에 필요한 부분이다.

Vitamin A : 머리카락의 주성분인 케라틴의 형성을 돕는다. 지용성 비타민인 비타민 A는 두피의 각질화와 관련이 있는 비타민으로 부족 시 피지분비가 감소하고 땀샘의 기능이 떨어져 각질층이 두꺼워지며, 피부의 유분 부족으로 두피 건성화가 나타난다. 피부의 윤기가 없어지고, 모발이 건성으로 변하며, 부서지거나 빠지기 쉽게 되며, 심각한 경우에는 모공 주변이 각화되는 모공각화증이 발생되며, 과다할 경우 탈모현상이 발생하며, 야맹증이 나타난다.

비타민 A는 모발이 건조해지고 부스러지는 것을 방지하여 주는 역할을 하므로 cream에 배합하여 건조성 두피나 비듬이 많은 고객에게 적당량을 사용한다. 모발의 건조를 방지하기 위하여 부추, 호박, 풋고추, 당근, 동물의 간, 치즈, 우유 등을 충분히 섭취하여야 한다.

Vitamin B : 수용성 비타민으로 피지 분비 및 피부염 등 피부에 중요한 작용을 하여 매우 깊은 관계가 있다. 특히 비타민 B_6가 부족하면 피지의 과다 분비로 인해 지루성 두피와 지루성 탈모 현상 등을 유발한다. 부족하면 두피 건조증으로 인한 비듬을 발생한다. 이러한 원인 때문에 육모제 및 지성 두피용 관리 제품에는 대부분이 비타민 B_6가 Tonic 성분에 혼합되어 치료제 및 관리제로 사용되고 있다. 또한, 단백질 대사 및 아미노산 대사에 있어 절대적으로 필요한 비타민이기 때문에 모발에 있어서 매우 중요한 비타민류이다.

비타민 B_1 – 두피에 열이 생겨 각질층이 헐면 비듬이 생기므로 이를 예방하기 위해서는 밀의 배아, 효모, 돼지고기, 마른새우, 콩, 샐러리, 표고버섯, 현미 등을 충분하게 섭취하여야 한다.

비타민 B_2 – 미용 vitamin이라고도 하며 부족하게 되면 피부, 모발의 신진대사가 나빠진다. 간, 효모, 우유, 달걀, 육류, 채소에 함유되어 있으며 대표적인 식품은 우유이다.

Vitamin C : 수용성 비타민은 미용과 관련하여 피부의 미백작용 및 노화 현상, 항산화작용과 관련이 깊은 비타민이다. 부족 시 괴혈병 및 모발의 성장에도 영향을 주며 염증 억제, 면역력 강화 관여하는 특징이 있다. 비타민 C는 스트레스를 예방하는 비타민으로 스트레스로 인한 백모 현상을 억제하며, 정신적인 쇼크와 스트레스는 모발을 희게 만드는 원인이 되므로 흰머리를 예방하기 위해서는 신선한 채소나 과일을 충분하게 섭취해야 한다. 비타민 C는 식품 가공 및 조리 시에 쉽게 산화되고 파괴되므로 주의하여야 한다.

Vitamin D : 지용성 비타민으로 피지의 프로비타민 D와 자외선 조사에 의해 생성되는 비타민이다. 칼슘의 장내 흡수를 도와주는 작용을 하며, 부족 시 골다공증의 유발 확률을 높인다. 모발에 있어서는 모발 재생과 관련이 많다. 탈모 후 손상된 머리카락을 재생시키는데 효과가 있으며 두피의 혈액순환을 도와 모발을 윤택하게 한다. 따라서 vitamin과 미네랄을 포함한 파슬리(parsley), 소송엽, 딸기, 시금치 등의 채소류도 많이 섭취할 필요가 있다.

Vitamin E : 지용성 비타민으로 말초혈관의 확장과 관련이 있어 육모제 성분으로 주로 사용되며, 이는 육모 효과에 대하여 기본인 혈액순환에 맞추어졌다고 볼 수 있다. 또한, 항산화 작용이 뛰어나 제품의 유지 및 생체 내의 항산화 작용을 하고 있어 두피 건강에 매우 중요한 비타민이다. 노화를 방지하는 비타민으로 머리 말초혈관의 활동을 촉진해 혈액순환을 도와 간접적인 모발 성장에 관여한다. 식물성 기름, 녹황색 채소, 난황, 간유에 많다.

모발에 영향을 미치는 비타민

비타민	작용	권장식품
비타민 A (레티놀)	모발의 건조를 막는다. 부족하면 모공 각화증을 유발하여 탈모가 촉진된다.	장어, 당근, 달걀노른자, 우유, 소간, 돼지간, 달걀노른자, 시금치, 호박, 버터, 마아가린
비타민 B_1 (티아민)	비듬을 방지한다. 부족하면 두피 건조증으로 인한 비듬을 발생한다.	돼지고기, 콩류, 참깨, 현미, 마늘, 소간, 돼지간
비타민 C (아스코르브산)	비듬을 방지한다. 부족하면 두피 건조증으로 인한 비듬을 발생한다.	딸기, 레몬, 토마토, 피망, 녹황색 채소, 푸른잎 채소
비타민 D (칼시페롤)	탈모 후 모발의 재생에 탁월한 효과가 있다. 두피의 혈액순환을 도와 모발을 윤택하게 한다.	소간, 돼지간, 닭간, 버터, 달걀노른자, 표고버섯
비타민 E (토코페롤)	간접적인 모발 성장에 관여한다.	땅콩, 치즈, 시금치, 콩류, 참깨, 당근, 간
비타민 F (리놀레산)	부족하면 두피가 건조하고 모발의 손상이 쉽다.	돼지 간, 장어, 현미, 녹황색 채소, 감자, 참깨

7) 무기질

(1) 무기질의 기능

무기질은 적은 양을 필요로 하지만 인체를 정상적으로 구성하고 체내의 대사 작용을 원활히 하는 중요한 영양소이다. 균형 잡힌 식생활이란 인체가 요구하는 모든 영양소가 들어 있는 각 식품군 간의 균형을 이루며 다양한 선택으로 적당량의 음식을 섭취하여야 한다.

모든 영양소를 완전하게 포함하는 식품은 없으므로 어느 한 식품군에만 편중하여 섭취하지 말고 육류, 곡류, 채소 및 과일류, 유제품 등을 균형 있게 섭취하는 습관은 평소에 길러야 한다. 무기질은 칼슘(Ca), 칼륨(K), 나트륨(Na), 마그네슘(Mg), 아연(Zn), 망간(Mn), 철(Fe), 요오드(I), 요소(Cl) 등을 비롯한 20여 가지가 있으며, 그중 특히 모발의 영양과 관계가 깊은 무기질로는 요오드(I), 철(Fe), 칼슘(Ca), 그리고 아연(Zn)이 있다. 무기질은 혈액의 삼투압과 관계가 깊으며, 피부의 수분량을 일정하게 유지하는 데 필요하다. 인체 내에서 여러 가지 생리적 활동에 참여하고 있다. 미량으로 충분하지만 없어서는 안 되며 따라서 이들 무기염류의 섭취가 부족하면 각종 '결핍증'을 유발한다. 예를 들어 칼슘은 뼈의 구성 성분이며 근육운동에 관여하기 때문에 또 나트륨은 우리 몸의 삼투압이나 pH를 조절하는 성분으로 부족하면 신경에 이상이 생기고, 망간은 효소의 기능을 도와주는 역할을 하는 무기염류로서 부족할 경우 불임을 초래하기도 한다. 헤모글로빈의 성분인 철이나, 적혈구를 만드는데 필요한 구리, 코발트 등의 섭취가 부족하면 빈혈이 생길 수 있다.

모발에 영향을 미치는 무기질

무기질	작용	권장식품
요오드(I) 철(Fe) 칼슘(Ca)	두피의 신진대사 작용을 촉진하여 모발의 성장에 도움을 준다.	해조류, 어패류, 양파, 쇠고기, 새우, 달걀노른자, 감, 당밀, 우유, 생선, 굴, 조개, 해조류
아연(An)	흰머리 예방 및 모발의 생장을 촉진한다.	간, 시금치, 콩류, 낙화생

(2) 무기질의 분류

모발에는 미역과 다시마 등 해조류가 좋은 것으로 알려져 있다. 모발의 영양과 관계가 깊은 해조류 속에 풍부한 요오드(I), 철(Fe), 칼슘(Ca) 등은 두피의 신진 대사를 원활하게 하는 효과가 있으며, 특히 요오드는 갑상선 호르몬의 분비를 촉진시켜 모발의 성장을 도와준다. 미네랄 요오드, 비타민 등의 영양소가 풍부하게 함유된 해조류는 모발의 성장뿐만 아니라 모발의 원료를 전달하는데 필수적인 혈액순환에 도움을 준다.

① 유황 - 모발을 구성하는 주성분으로 유황(S)을 함유하는 단백질의 섭취량이 부족하면, 모발의 노화가 빨리 오므로 두발의 노화를 예방하기 위하여 콩, 닭고기, 쇠고기, 생선, 계란, 우유 등을 충분하게 섭취하여야 한다.

② 아연 - 모발을 튼튼하게 하여 모발의 생장을 촉진하고 윤기나게 만들어 주고 특히 흰머리 예방에 도움이 되므로 쇠고기, 생선, 간, 조개, 시금치, 해바라기씨 등을 충분하게 섭취하여야 한다. 아연이 결핍되면 모발 및 손톱 성장의 둔화를 초래한다.

③ 요오드(아이오딘) - 모발의 발모를 원활하게 해주는 역할을 하므로 발모를 위하여 해조류 특히, 다시마 등을 충분하게 섭취하여야 한다. 갑상선 호르몬의 분비를 촉진시켜, 모발의 성장을 도와주고 있다.

8) 물

수분의 중요한 역할은 물질을 용해시켜 화학적 반응의 장으로 만들어 영양소의 흡수, 운반, 노폐물의 배설과 체온조절 기능이다. 체온은 열생산과 열발산의 평형에 의해 일정하게 유지된다. 수분은 체온을 조절하는 데 크게 관여하고 있다. 공기와 더불어 생물이 살아가는 데 없어서는 안 될 중요한 물질이다.

9) 섬유소

섬유소는 물과 친하면 수용성 섬유소, 친하지 않으면 비수용성 섬유소라고 한다.

(1) 수용성 섬유소

식품 속에 존재하는 섬유소의 본래 성질은 우리 몸에 섬유소를 소화시킬 만한 소화효소가 없기 때문에 불소화성이지만, 모든 식이성 섬유소가 완전히 소화되지 않고 그대로 배설되는 것은 아니다. 섬유소 중 수용성 섬유소는 장내에서 미생물에 의해 소화될 수 있으며, 또한 발효가 되는 경우도 있어 이 과정이 제대로 일어난다면 약 섬유소 1g당 3kcal의 열량을 낸다. 또한, 물과 결합해 겔을 형성해서 장 내부에서 당이나 콜레스테롤의 흡수를 억제하는 기능이 있다.

물을 흡수하여 젤리 상태로 되어 위를 팽창시켜 포만감을 느끼게 한다.
음식물의 흡수를 지연시킨다.
혈장의 콜레스테롤 수치도 낮추어 주는 역할을 한다.
귀리, 보리, 완두, 감자, 사과, 오렌지, 포도, 딸기, 다시마, 미역 등에 많이 들어 있다.

(2) 불용성 섬유소

불용성 섬유소는 스폰지 형태로, 거친 질감으로 장 내부를 자극시켜 장의 운동을 촉진시켜 배변 활동을 빠르게 하며, 통밀, 옥수수, 땅콩껍질, 곡류의 겨층, 과일 껍질, 근대, 아욱, 무, 고사리 등에 많이 들어 있다.

CHAPTER 05

모발과 호르몬의 관계

1. 모발과 관련된 호르몬

인체의 다양한 종류의 호르몬은 크게 펩티드호르몬, 아민호르몬, 스테로이드호르몬으로 구분되어지며, 사람의 몸 안의 기관에서는 다양한 호르몬이 분비되고 있으며 그 호르몬들은 효소처럼 고유의 기능으로, 인체에 대해 서로 상호 보완적으로 작용하는 것으로 인체 대사 과정에 중요한 작용을 한다. 사람 몸 안에서 생성되는 각 호르몬은 양은 많진 않으나 어떤 한 가지의 호르몬이라도 부족하거나 과다하게 되면 대사 과정에 이상이 생겨 건강을 유지하기 어렵고 심한 경우에는 생명까지 위협을 받을 수 있다. 다음과 같은 호르몬은 모발의 성장 및 탈모와 관련이 깊은 것으로 특정 호르몬의 과다분비 및 분비 이상은 두피 트러블 및 모발 성장의 이상 등의 현상으로 나타날 수 있다. 모발에 대한 호르몬들의 작용은 서로 관련성을 가짐으로써 몸 전체의 기능이 원활하게 하며, 모발 전체의 기능도 원활하게 유지되는 것이다.

1) 뇌하수체 호르몬

뇌하수체는 인체에 흐르는 호르몬의 분비를 조율하는 호르몬으로 다른 내분비계의 호르몬을 정상화시킴으로써 다른 내분비계의 호르몬이 모발에 미치는 기능과 마찬가지로 모발 성장에 간접적으로 관여를 한다. 뇌하수체 전엽, 중엽, 후엽으로 나누어진다. 뇌하수체에서 분비되는 호르몬 중에서 모발에 영향을 미치는 것은 뇌하수체 전엽에서 분비되는 호르몬으로 뇌하수체 기능 감소증이 있을 때 모발 성장이 감소되기도 하며 뇌하수체의 이상이 있으면 탈모가 일어나기도 한다. 뇌하수체 전엽호르몬은 성장호르몬 (GH), 갑상선 자극 호르몬(TSH), 부신피질 자극호르몬(ACTH), 성선을 자극하는 호르몬 등이 내분비계를 자극하여 호르몬의 분비를 조절하는 중요한 기능을 한다.

2) 갑상선 호르몬

갑상선 생성과 조절은 뇌하수체 전엽에서 분비되는 갑상선 자극 호르몬의 작용으로 이루어지며 갑상선은 목 부위에 있으며 갑상선 호르몬의 주요 기능은 사람의 몸을 이루는 세포의 신진대사를 촉진시키는 것이다. 모발의 비정상적인 발육과 동시에 관리에 있어서도 효과적인 면이 매우 힘든 것으로 주로 눈썹산의 바깥쪽인 두상의 측두부에서 많이 작용한다. 이러한 현상은 모발 및 두피의 문제가 쉽게 발생하지 않는 부위인 두상의 측두부에서 발생하므로 문제 부위가 생성되었을 때는 관리에 있어서도 상당한 노력과 시간이 뒤따라야 한다. 모발의 발육에 관계하는 갑상선 호르몬 기능이 쇠퇴해지면 모발은 유연하며 가늘어지고 퇴화된다. 갑상선은 티록신이라는 호르몬을 분비하여 부신을 자극하고, 부신호르몬인 코티솔을 분비시키며 모낭 활동을 촉진해 휴지기에서 성장기로 전환을 유도한다. 즉 모발의 길이를 증가시키고 전신의 털 모두 성장 촉진 효과가 있다. 갑상선 제거술을 받으면 모발 성장 속도가 다소 느려지고 모발의 직경이 다소 줄어들며 몸의 털과 모발의 성장 억제 효과가 있다. 갑상선 호르몬은 뇌하수체 전엽에서 분비되는 갑상선 자극호르몬에 조절되어지는 데 갑상선 호르몬 분비가 촉진되면 모발의 생장이 좋아지지만 과잉 분비되면 바세도우씨(Basedow's) 병이 유발되고 티록신이 결핍되면 크레아틴(creatine)병이 생긴다. 갑장선 기능 저하증 환자에서 겨드랑이 털과 음모가 적어지는 경향이 많다. 갑상선 호르몬의 생리작용의 기전은 비만, 탈모, 손톱 발육, 불안 방지, 피부 윤기 등을 촉진시키며, 갑상선 호르몬을 생성하는 영양소는 요오드(I)로서, 요오드가 많이 함유되어 있는 해조류를 섭취 하는 것도 모발의 건강에 도움이 된다.

바세도우씨병	갑상선이 전체적으로 고르게 부어서 호르몬이 대량으로 분비되기 때문에 일어나는 질환으로 남녀의 발생 비율은 1:4 정도로 여성이 많고 20~30대가 많다. 갑상선 호르몬의 분비가 지나치게 과다할 경우 바세도우씨병(Basedow's disease)을 유발하게 되어 머리 전체에서 탈모증이 일어나며 빠지는 머리는 성장기모보다는 휴지기모로 성장기모가 성장하기 힘들다.

크레아틴병	선천성 갑상선 발육부전으로 발병하는 갑상선 기능 저하증으로 신체의 발육이 늦어지며 기초대사가 떨어져 피부가 건조해진다. 갑상선 기능 저하증은 갑상선에 티록신 분비도 줄어들어 크레아틴병을 유발하며 무력감이나 기능이 저하됨에 따라 머리 전체에 탈모를 일으킨다. 갑상선 기능저하로 인한 모발의 연모화나 탈모는 측두부에 집중되어 나타난다.

3) 부신피질 호르몬

신장 윗부분에 존재하고 있는 부신 부위에서 분비되는 호르몬으로 수분의 균형 유지 및 당분의 대사, 면역에 관여한다. 부신은 바깥쪽을 피질, 안쪽을 수질이라 하며, 성호르몬과 같은 작용을 하는 호르몬을 분비한다. 당질 코르티코이드(glucocorticoids), 염류 코르티코이드(mineralocoricoids), 부신성 안드로겐(adrenal androgen)등 3종류의 호르몬이 분비되고 있으며, 수분의 균형유지 및 당분의 대사, 면역에 관여한다. 여성의 경우 부신피질의 기능이 정상일 경우에는 아무 부작용이 없으나 부신피질의 기능이 비정상적으로 촉진되어 안드로겐의 분비가 과다하게 되면 여성의 경우, 모발의 탈모증이나 음모와 체모가 증가하며 여성의 얼굴에서 작게나마 수염이 나거나 체모가 짙어지는 경향은 부신피질의 기능의 항진에 의한 것으로 볼 수 있다. 부신피질 호르몬에서 분비되는 코타솔은 원형탈모, 건선 피부염을 유발되기도 한다. 부신피질에서 소량의 남성호르몬이 만들어 지기도 하여 여성의 경우 과다 분비로 남성화와 다모증이 나타나기도 한다.

4) 성 호르몬

남성 호르몬은 고환과 부신피질에서 만들어지며 남성 호르몬의 경우는 탈모증에서 가장 중요한 호르몬으로 과잉 분비 시 탈모가 진행되며 대표적인 남성 호르몬으로는 안드로겐(androgen)과 테스토스테론(testosterone)이 있다. 골격이 커지면서 남자다운 외모가 형성되고 남자의 제 2차 성징 등이 나타난다. 일반적으로 남성의 고환에서 만들어지는 남성 호르몬은 수염이나 흉모에 관계되고, 부신피질에서 만들어지는 남성 호르몬은 팔의 털, 음모, 성모 등에 관계된다. 턱수염과 코밑수염의 성장은 촉진시키지만 이마와 정수리 부위의 털에 대해서는 성장을 억제한다. 지나친 남성 호르몬의 분비 촉진은 피지의 분비를 왕성하게 하여 지루성 탈모의 원인이 된다. 에스트로겐(estrogen)과 프로게스테론(progesteron)과 같은 여성호르몬 중 모발과 가장 관련 있는 호르몬은 에스트로겐이다. 에스트로겐은 난소에서 분비되는 여성 호르몬으로, 모낭의 활동 시작을 지연시키고 성장기 모발의 성장 속도를 늦추며 성장 기간을 연장시키는 동시에 남성호르몬인 테스토스테론과 반대로 모발 성장을 촉진시킨다. 성 호르몬의 결핍으로 인한 증세는 모발이 거칠어지며 빠지기 쉽고 피부 노화가 촉진된다. 일반적으로 여성 호르몬의 작용은 눈썹을 기준으로 하여 위쪽의 모발 생장을 촉진시키며, 눈썹 아래의 털에 대해서는 발육을 억제하는 효과가 있다. 따라서 여성 호르몬 결핍 시 모발이 거칠어지며 빠지기 쉽고, 피부노화가 촉진되는 현상이 나타난다. 안드로겐과 에스트로겐의 밸런스가 무너지면 체모가 나지 않거나 다모증이 되기 쉽다.

남성 호르몬의 양	관련 부위 모발
고농도의 남성 호르몬	전두부, 두정부, 수염, 가슴털, 코털
저농도의 남성 호르몬	액와부위 털
남성 호르몬과 관련 없는 모발	후두부, 다리 털, 눈썹, 속눈썹

프로게스테론은 임신 기간 중 중요한 작용을 하는 호르몬으로, 모발 성장에 대한 직접적인 영향은 경미하며 머리털에 대해서는 성장 억제 효과가 있으나 몸의 털에 대해서는 성장 촉진 효과가 있다. 코티솔은 스테로이드 계통의 호르몬으로 부신에서 만들어지며 인체 내에서 스트레스를 받으면 분비되는 스트레스 호르몬이다. 코티솔은 모발의 휴지기에서 성장기로의 이행을 방해하며, 머리털과 몸의 털 모두 성장 억제 효과가 있다.

남성 호르몬(Testosterone)이 5 알파 리덕터스 효소에 의해서 DHT로 전환된다. → DHT 가 안드로젠 수용체(Androgen Receptors)에 결합한다. → DHT가 탈모를 증가시키고 점점 모낭을 축소시킨다. → 축소된 모낭이 결국에는 쓸모없게 되어 영구적인 탈모가 일어나게 된다.

2. 탈모

탈모는 정상적으로 모발이 존재해야 할 부위에 모발이 없는 상태를 말하며, 탈모란 모발의 주기가 3~6년의 수명을 다하지 못하고 모발이 빠지는 현상을 말하며, 탈모에는 생리적으로 서서히 빠지는 자연 탈모 이외에 병적으로 빠지는 이상 탈모가 있다. 모발을 잡아당기면 저항 없이 쉽게 빠지는데, 이들 가운데는 퇴화기와 휴지기에 들어 있는 자연 탈모와 어떠한 원인으로 이상 탈모하는 것이 있다. 성장기에 있는 건강한 모발은 모근 부분이 크고, 하부에 하얀 부착물이 붙어 있는 곤봉 모양이지만 이상 탈모의 모구는 곤봉상이 아니라 위축되거나 변형되어 있어 판별이 가능하다. 탈모의 경향도 내부적 요인과 외부적 요인으로 나눌 수 있다. 외부적 요인으로는 지나치게 압력을 가하는 경우, 외부에 의한 상처로 인한 경우, 장기간의 모자 착용, 비위생적인 두피관리, 외부 환경, 부적절한 모발 제품 사용으로 인한 경우 등이 있다. 내부적인 요인은 질병, 장티푸스, 간염, 전염병 질환, 호르몬의 유전적 요인, 과도한 스트레스, 영양장애, 신경성 질병 등으로 인하여 모발의 생리적 주기가 변하여 탈모증이 유발된다.

1) 탈모의 종류

(1) 자연 탈모

자연스러운 생리현상으로 정상적인 모발의 모주기 기간을 통해 탈락하는 모발로 1일 탈모는 40~100본 정도이다. 따라서 1일 100개 이하인 경우 일반적으로 자연 탈모의 범주 안에 속한다. 자연 탈모의 모발의 굵기는 기존의 모발 굵기와 거의 같으며 성장 기간도 기존 탈락모와 비슷한 기간을 유지한다. 모발 각각의 헤어 사이클이 달라서 한 모공에서는 빠지고 또 다른 한 모공에서는 생겨나고 해서 전체적으로는 대동소이한 정도의 모발수를 유지하고 있다. 이와 같이 자연적인 교대로 빠지는 모발을 생리적 자연 탈모라 한다.

(2) 이상 탈모

인체의 비정상적인 현상 및 두피가 청결치 못하거나 외부적인 요인 등으로 인하여 모발의 성장주기가 짧아지거나 혹은 성장주기에 변화가 생겨 필요 이상으로 하루 탈모량이 많이 늘어나거나 모발이 가늘게 생성되는 현상과 더불어 모발의 색상이 점차 연한 갈색 톤으로 변화되는 등의 정신적 육체적 생리 이상이나 병적인 원인으로 탈락하는 모발을 말한다. 이상 탈모의 경우 하루 탈모량은 일반적으로 1일 탈모량은 약 120~200본 정도이다. 그러나 질병이나 원형탈모 등으로 어느 날 갑자기 탈모량이 늘어나는 경우가 있다.

2) 탈모의 원인

탈모의 원인에는 선천적인 발육장애, 모모세포의 파괴소실, 모간의 파괴로 인한 외상이나 진균(두부백선) 등이 있다. 또한, 이중 모낭의 기능 이상이 원인인 경우는 성장기 탈모와 휴지기 탈모로 다시 구분되어지는데 성장기 탈모는 항암제 등의 약제, 방사선, 압박 등의 강한 자극이 모모세포에 가해졌을 때 발행하는데, 성장기는 중단되고 다수의 모발이 탈락된다. 또한, 휴지기 탈모는 모모세포의 상해가 가벼운 경우이며 모주기가 촉진되어 성장기 모발이 급속히 휴지기로 이행하여 탈모된다.

(1) 호르몬의 영향

남성의 호르몬인 테스토스테론이 5-알파 리덕타아제(5RD)라는 효소에 의하여 디하이드로 테스토스테론(DHT)으로 전환됨으로써 발생한다. 남성들의 두피에서 DHT의 수치가 높게 나타나며 DHT가 모낭세포의 단백합성을 지연시켜 모낭의 생장기를 단축시키고 휴지기를 길게 하여 성장주기를 거듭할수록 모발의 크기가 점점 작아진다. DHT로 인해 위축된 모낭은 거의 눈에 띄지 않는 미세하고 무색의 가는 털을 생산한다. 탈모가 일어나는 부분에는 5-알파 리덕타아제 효소의 활성이 높다. 여성들은 남성들에 비해서 5-알파 리덕타아제 효소를 절반 정도 가지고 있는 반면에 아로마타아제라는 효소를 많이 가지고 있다. 아로마타아제는 특히 앞머리의 모발선 근처에 많이 분포하고 있다. 아로마타아제는 DHT의 생성을 억제하고 있어 여성들의 탈모 유형이 남성과 다르게 나타난다. 여성에서 노장층이나 폐경기에 여성 호르몬인 에스트로겐의 감소가 모발의 성장에 영향을 미쳐 탈모를 촉진한다. 모발과 관계가 있는 것은 뇌하수체, 갑상선, 부신피질, 성선 등에서 분비되는 호르몬이다. 갑상선 호르몬은 모발의 발육에 밀접한 관련이 있다. 갑상선 기능이 약화되면 모발은 유연하며 가늘어지고 퇴화한다. 거꾸로 갑상선의 기능이 촉진되면 발육이 양호하게 된다. 그러나

지나치게 촉진되면 탈모가 일어날 수도 있다. 사람의 체모는 남성 호르몬과 관계되어 있지만 모발은 여성 호르몬과 관계되어 있기 때문에 이것이 부족하면 세포의 작용이 약해진다. 남성 호르몬인 안드로겐 수용체의 지나친 분비로 인해서 탈모가 발생한다.

① 남성 호르몬 : 남성 호르몬은 남성다움을 나타내고 제 기능을 촉진하는 호르몬이지만 모발에 대해서는 피지 분비를 촉진하므로 지루성으로 되기 쉽고 과잉 피지가 모근을 해쳐서 지루성 탈모의 원인이 된다.

② 여성 호르몬 : 여성으로서 체모가 많아지거나 수염이 나는 것은 부신 피질의 기능 촉진에서 오는 것이라 볼 수 있다.

(2) 임신과 출산

임신을 하면 태아의 영양 공급을 위해 전신 쇠약한 증세가 나타나고 내분비 호르몬의 변화가 생기는데 이 때문에 머리카락이 빠질 수 있다. 임신을 하면 보통 여성 호르몬의 증가로 휴지기의 모발이 빠지지 않다가 출산을 하고 탈모가 생기는 것은 여성 호르몬이 감소되면서 휴지기의 모발이 한꺼번에 빠져 탈모가 생겨나며 사람마다 차이가 있지만 탈모의 비율은 전체의 25~45%정도 된다. 탈모는 보통 2~6개월가량 지속되다가 특별한 치료 없이 회복되기도 한다.

(3) 과도한 스트레스

정신적이나 육체적으로 스트레스가 쌓이면 자율신경 실조증을 초래하여 모발의 발육을 저해한다. 자율신경의 부조는 혈액의 순환에도 영향을 주어 두부의 혈행장애와 연결된다. 두부에 혈액이 잘 공급되지 않으면 피부나 모발에 영양이 충분히 보급되지 못해 탈모가 일어나게 된다. 보통 심한 스트레스를 받으면 2~4개월이 지나서 머리카락이 빠지기 시작하며 심한 경우는 하루에 120~400개 이상 빠지기도 한다. 신체적인 경우는 수술 혹은 마취, 심한 다이어트, 급성 신체적 증상(심한 출혈, 고열), 출산 등이 해당한다. 복잡한 현대는 과중한 업무 스트레스와 심리적 원인으로 탈모를 가중시키며, 후진국보다는 선진국이 탈모 수가 많고 젊은 사람들에게서도 많이 증가하는 추세이다.

(4) 유전적인 요인

안드로겐성 탈모증은 탈모 유전자를 가지고 있어야 발생한다. 사람의 염색체는 한 쌍의 성염색체(XX또는 XY)와 22쌍의 상염색체로 구성되어 있는데 탈모를 일으키는 유전자는 상염색체성 유전을 하는 것으로 알려져 있다. 따라서 탈모 유전자는 부모 중 어느 쪽에서도 유전될 수 있다. 탈모 유전자는 우성 유전이므로 한 쌍의 유전자 중 한 개만 가지고 있어도 발현이 가능하다. 그러나 탈모의 유전 인자를 가지고 있다고 해서 모두다 대머리가 되는 것은 아니다. 어떤 유전 인자를 가지고 있을 때 실제로 그것이 발생하는 것을 표현성이라고 하는데, 탈모가 실제로 발생하는 표현성은 호르몬과 나이, 그리고 스트레스 등의 요인과 관련이 깊다. 탈모증은 특히 남자인 경우 그 유전력이 매우 강하므로, 남성을 통해서는 우성으로, 여성을 통해서 열성으로 유전된다. 부모 중 한쪽만 탈모된 경우라도 남성은 탈모 확률이 매우 높지만 여성은 양친 모두 유전자를 가지고 있는 경우 나타날 수 있지만 매우 희박하다. 여기서 중요한 것은 탈모증을 야기하는 체질 및 형태이지 그 자체가 아니라는 점이다. 그러므로 자기가 유전자를 가지고 있더라도 그 증상이 나타나지 않게 항상 두발의 컨디션에 주의하고 전문 관리를 통해 피부 세포 등을 활성화해 나가는 노력을 한다면 탈모증을 예방 · 개선할 수 있다.

(5) 지루성피부염

비듬이 피지선에서 나오는 피지와 혼합되어 지루가 되며, 이것이 모공을 막아 모근의 영양장애와 위축작용을 일으킴으로써 탈모가 일어나게 된다. 남성 호르몬은 모발을 가늘게 하고 피지선을 비대 시켜 피지의 분비를 증가시킨다. 그래서 대머리가 진행되는 사람은 비듬이 많이 생기며 하루만 머리를 감지 않아도 머리가 끈적거리게 된다. 지루성 비듬 등은 빨리 치료하지 않으면 모공을 막아 두피가 숨을 쉴 수 없게 되어 탈모뿐 아니라 염증이 수반될 때는 더욱 심해지고 피부병도 일으킬 수 있는 원인이 된다. 남성 호르몬이 피지선을 비대 시켜 피지 분비를 증가시키고 비듬이 피지와 혼합되어 지루성이 되고 모공을 막으면 모근에 영양 공급이 어려워져 모근이 위축되고 머리카락이 가늘어지면서 탈모가 유발된다.

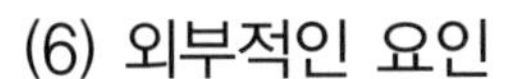

(6) 외부적인 요인

탈모 모발은 불용성 단백질로 구성되어 있어 특히 열과 알칼리에 약하다. 모발은 열에 쉽게 변화하기 때문에 마른 머리에 드라이를 장시간 사용하는 것은 좋지 않다. 화상, 염증, 외상 등의 상처를 입었거나 퍼머, 염색, 탈색, 스타일링 등의 모발미용 시술 시 제품의 화학 성분에 의해 모유두가 손상을 입든지 머리를 계속해서 강하게 묶거나 물리적인 자극에 의해서 모유두와 맞물림이 약해졌을 때 모발의 생장이 어렵게 된다. 지방질 위주의 식습관이나 과도한 음주, 흡연 등으로 모근의 영양 공급을 억제하고 과다한 피지 분비로 세균 번식이 용이하게 되며, 잦은 퍼머넌트 · 염색 · 드라이 등 화학 약품과 공해는 두피를 오염시키고 모근을 위축시켜 탈모를 유발시킨다.

(7) 식생활

심한 다이어트를 함으로 인해 모발의 윤기를 잃는 경우, 비정상적인 식사 습관, 심한 편식, 매우 중한 질병에 걸려 독한 약을 복용함으로 인한 소화흡수 장애 등으로 영양부족을 일으켜 모발의 생장과 건강에 영향을 주어 탈모의 진행을 촉진하는 요인이 된다. 심한 다이어트나 편식으로 인해 영양 상태가 부족하면 모발에 충분한 영양분을 제공하지 못하여 탈모가 된다. 또한, 술과 담배는 혈관을 수축시키고 모발에 지속적인 빈혈 상태를 제공하여 탈모가 된다.

(8) 기타 원인

- 모낭 조직 등의 신진대사기능 저하
- 두피 생리기능의 저하
- 두피 긴장에 의한 국소 혈류 장애, 영양부족, 약물에 의한 부작용
- 매독, 종양, 염증성 탈모
- 칠정상(스트레스), 습열, 어혈, 기혈허약, 간신 부족

① 두피의 혈액 순환 장애 : 우리 몸의 산소와 영양분의 통로이자 노폐물의 배출로인 혈행이 좋지 못하면 모근의 에너지 대사가 원활하지 못하여 탈모를 가속시키며, 두피의 압박에 의해 두피의 혈액순환이 나빠지고 공기순환이 되지 않아 모근에 영양을 충분히 공급하지 못하게 되어, 모발의 성장이 원활하지 않아 탈모를 유발시킬 수 있다.

② 질병 : 뇌하수체 기능 저하 또는 갑상선 질환 등 호르몬의 이상이나 자가 면역 질환에 의해 원형 탈모증을 유발하기도 한다.

③ 발열 : 내인성, 혹은 세균 감염, 갑상선 질환이나 약물 복용에 의한 발열은 모근의 손상으로 탈모가 유발된다.

④ 빈혈 : 영양 결핍과 혈행장애 등과 마찬가지로 영양 공급의 역할을 하는 혈액이 부족하면 탈모를 유발시키며 특히 여성에게 많이 나타난다.

탈모 예방 및 관리
스트레스 해소를 위한 명상 등 정신적 건강 방법을 찾는다.
지나친 육체적 과로는 피한다.
단 것, 기름진 것, 주류와 커피를 자제한다.
두발 용품은 과다 사용하지 않는다.
샴푸할 때는 손가락 지문 부분으로 두피를 마사지한다.
린스를 할 때는 두피에 닿지 않게 머리카락에만 한다.
샴푸, 린스 후 깨끗하게 헹군다.
모근이 약해지므로 머리를 세게 묶거나 땋지 않는다.
머리로 가는 혈행 촉진을 돕기 위해 목이나 어깨의 경직을 자주 풀어준다.

(9) 탈모의 전조 증상과 자각 증상

다음 증상이 나타나기 시작하면 탈모가 진행되고 있다고 봐야 하며 자각 증상을 느낀다면 반드시 머리를 매일 감아 두피를 청결히 해야 하며 두피 마사지나 음식을 가려 먹는 등 탈모의 진행을 막아야 한다. 또한, 두피관리는 예방 차원에서 전조 증상이 보이기 전부터 시작하는 것이 좋다.

① 전조 증상

머리카락이 가늘어진다.	팔, 다리 가슴 등에 털이 많아진다.
모발에 윤기가 없다.	수염이 억세어진다.
두피가 자주 가렵다.	머리에 기름기가 많아진다.
방에 떨어진 머리카락이 많이 발견된다.	두피와 모발이 지저분해진다.

② 자각 증상

두피가 건조해진다.
두피가 가렵다.
두피에 피지와 노폐물이 증가한다.
빠지는 모발의 굵기가 비슷하지 않고 가는 모발이 점점 증가한다.
빠지는 모발의 양이 증가하고 줄어들지 않는다.
양 이마 라인이 점점 약해지기 시작한다.
갑자기 비듬의 양이 많아진다.
유난히 정수리 부분의 머리카락이 많이 빠진다.

3. 탈모증의 병원 치료

탈모증의 병원 치료 방법으로는 자가 모발 이식과 약물 치료 방법이 있다. 일반적으로 가장 좋은 치료는 약물 치료 미녹시딜(Minoxidil), 피나스테리드(Finasteride)이고 스트레스나 심리적 위축으로 인해 우울증이나 불안 증상을 동반하는 경우는 정신과 치료를 요한다.

1) 병원 모발관리

병원에서 해주는 모발관리는 크게 탈모 방지 과정과 탈모 치료 과정의 코스와 지루성 피부염 코스, 그리고 두피를 세정 및 영양 공급 코스, 손상된 모발관리 코스 등으로 나눌 수 있다. 모발 관리는 각 코스별로 다양하게 구성되어 있지만 크게 5가지의 과정으로 나뉜다.

(1) 세정 과정

약산성 샴푸나 약용 샴푸를 사용하여 머리를 감는 과정이며, 스캘프 펀치(scalp punch)라는 기계를 이용하여 두피의 각질과 모공 내 노폐물 등을 깨끗하게 제거

(2) 두피 자극과 두피 연화 과정

고주파와 두피 지압을 사용해 두피를 자극하는 것으로, 이 과정은 혈류를 돕고, 두피의 케라틴을 연화시켜 앞으로 투여될 약의 흡수를 효과적으로 하기 위한 것

(3) 약 투여 과정

각 질환에 맞는 공인된 약을 투여하는 과정으로 이 과정이 효과를 나타내는데 가장 중요

(4) 진정작용

모발 레이저나 고주파 마사지를 이용하여 염증을 진정시키고, 상처 회복을 촉진시키며 모발 성장을 돕는 과정

(5) 종합적인 마무리 과정

두피에 영양을 공급하고 머리카락도 영양을 공급하여 튼튼한 머리카락을 만들어내는 마무리 과정을 거쳐 모발관리

2) 병원 치료 방법

(1) 자가 모발 이식(Hair Transplantation)

바로미오가 1804년 동물실험을 통해 털이 있는 피부의 이식이 가능함을 밝혔고 이후 사람에게 적용하여 탈모를 목적으로 털이 있는 피부를 이식하기 시작하였다. 모발 이식술의 역사는 1939년에 일본의 피부과 의사 '오쿠다'가 인체 각 부위에서 발생한 탈모증의 치료에 직경 2~4mm 펀치를 이용하여 수술을 시작한 것이 모발 이식술의 효시라 할 수 있다. 수술 방법은 머리카락 옮겨심기, 머리 피부 이식하기, 머리 피부의 조직을 확장시키는 것 등 다양하다. 한 가지 주의할 것은 탈모가 계속 진행 중인 사람은 수술을 받지 말아야 한다. 탈모 추이를 지켜봐서 탈모 현상이 한창 진행됐을 때보다 둔화됐을 때 하는 것이 좋다. 그렇지 않으면 수술 자체가 하나의 스트레스로 작용해 탈모가 진행될 수 있다. 자가 모발 이식은 탈모 환자의 탈모된 부분에 다른 부근의 모근을 이식해 주는 수술로 이 부위의 모발을 탈모 부위에 이식하더라도 공여부의 원래 성질, 즉 남성 호르몬의 영향을 받지 않고 탈모가 일어나지 않는 성질을 그대

로 가지고 있기 때문에 영구적으로 빠지지 않고 성장을 계속하는 것이다. 빠른 치료 효과를 보기를 원하는 고객에게는 피나스테리드(Finasteride)와 병행하여 시술되고 자가 모발 이식은 펀치법(Punch method)과 미니그래프트법(Minigraft Method), 마이크로 그래프트법(Micrograft Method), 단일모 식모(單一毛植毛)가 있다.

① 펀치법(Punch method)

펀치법(원주 식모법)은 펀치를 이용해서 구멍을 뚫어 이식하는 방법으로 뒷머리에서 직경 4mm의 펀치로 10개 이상의 모발을 이식하는 방법으로 이 방법은 1959년에 처음 개발되었고, 펀치법의 단점은 펀치로 두피를 찍기 때문에 모발이 뭉쳐져서 나기 쉬우며 우둘투둘한 흉터가 남아서 외관상으로 부자연스러운 단점이 있다.

② 미니그래프트법(Minigraft method)

펀치법의 단점을 개선하기 위해 직경 2mm의 펀치로 3~4개의 모발을 이식하는 방법으로 1980년대에 주로 시술되던 방법이며 펀치법보다는 흉터가 적게 남지만 외관상으로 외관상 칫솔 모양과 같은 흔적을 남기게 되며 특히 동양인에게 부자연스럽다는 단점이 있다. 서양에서 이 미니그래프트가 널리 쓰이는 이유는 머리카락이 가늘고 모낭이 휘어 있기 때문이다.

③ 마이크로 그래프트법(Micrograft method)

마이크로 크래프트법은 모발을 두세 개씩 이식하는 방법이다.

④ 단일모 식모술

단일모 식모술은 후두부의 두피를 절개하여 모근을 하나씩 분리하여 탈모 부위에 모발을 한 가닥씩 이식하는 방법으로 모발이 경모에 속하고 모근이 굵은 동양인들에게 적합한 방법이다. 털을 심는 방향과 각도까지 조절할 수 있고 한 가닥씩 심어주기 때문에 흉터가 남지 않고 외관상 자연스럽다는 장점이 있다. 단점은 모근을 분리하는 숙련된 기술이 필요하며, 시간과 비용이 많이 소요되고 모발도 군데군데 빠지는 결과를 초래하기도 한다. 또한, 모낭을 분리하는 과정에서 모낭이 송상될 가능성이 있기 때문에 이식 후 생존율이 중요 변수이며 자라난 모발이 파상모 형태로 자라는 경우도 있다. 그러나 모공 하나에 한 가닥씩 자라는 눈썹, 속눈썹, 수염, 음모 등은 단일모 이식술이 적합한 방법이다.

⑤ 모낭 단위 이식술

건강한 두피에서는 모낭 하나에서 한 개의 모발만 나오는 것이 아니라 2~4개까지 나올 수 있다. 즉 모낭은 한 주머니 안에 한 개에서 많게는 네 개까지의 모발의 모낭을 통째로 이식하는 것을 모낭 단위 이식이라고 하는데, 모발 한 개씩 이식하는 단일모 이식에 비해 보다 많은 모발을 얻을 수 있다. 그러나 모낭 분리 과정에서 섬세하게 해야 하므로 미세 현미경으로 10~20배 정도 확대시킨 상태에서 정확하게 분리가 되어야 가능하다. '단일 모낭 이식술' 은 모판에서 모를 분리하는 모내기와 같은 원리. 모낭을 손상시키지 않고 두피에 이식해 생착률이 90% 이상으로 매우 높다. 모발 이식을 할 때 중요한 것은 제한된 수의 모발을 효과적으로 이식하여 숱이 많아 보이게 하고 자연스러움을 연출해야 되므로 심미안과 시술 경험이 풍부한 전문의에게 받는 것이 중요하다.

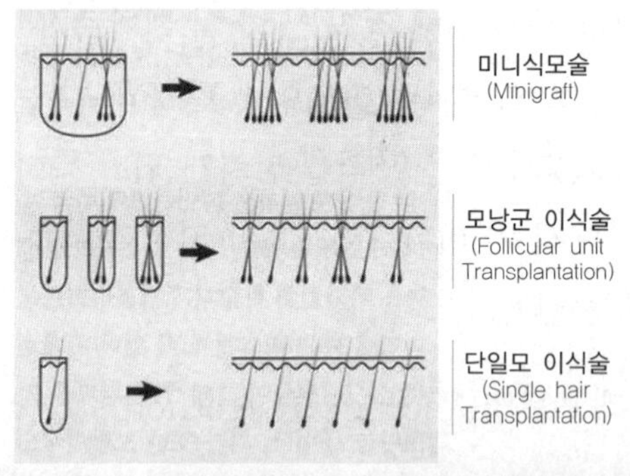

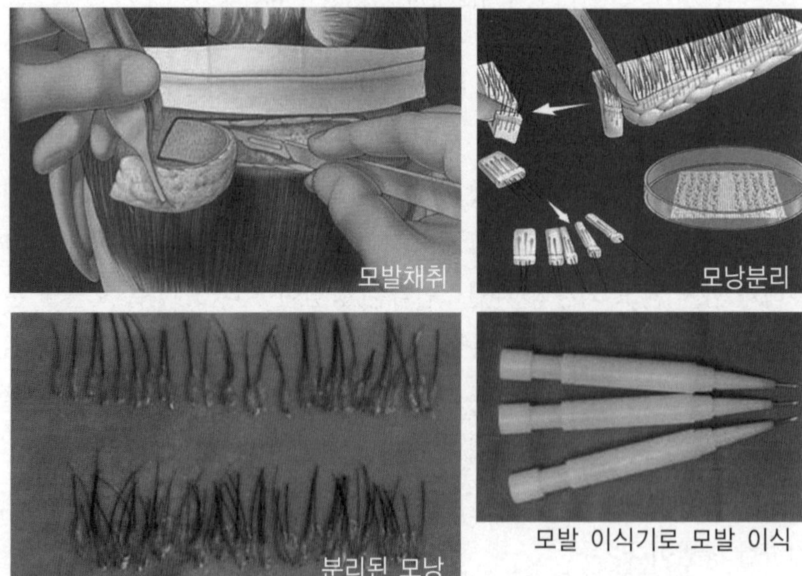

모발 이식기로 모발 이식

식모술 순서	
1	탈모의 원인 및 상태 등에 대해 전문의와 상담을 한다.
2	본인의 형편에 따라 수술 일정을 잡는다.
3	필요에 따라 간단한 혈액 검사를 실시한다. 장년층의 경우 고혈압 등의 성인병 유무를 파악하기 위해 전신 질환을 체크하기도 한다.
4	경우에 따라 수술 효과를 높이기 위해 두피 스케일링 등 모발관리를 하기도 한다.
5	이식할 모발을 후두부위 공여부에서 원추형으로 절개하여 채취한다. (폭은 1.2~1.5cm, 길이는 15cm)
6	모발 채취한 공여 부위는 봉합한다.
7	채취한 이식 단편을 단일모로 분리한다.
8	식모할 부위를 디자인하고 이식할 부위에 국소 마취한다.
9	모발 이식기로 헤어라인에 맞춰서 모발을 심는다.
10	모근의 분리와 식모가 동시에 진행되며 분리된 모근은 식모침에 장치되어 두피에 들어가는 바늘의 길이가 조절되며 일률적으로 식모한다.
11	수술 3~5후부터 수술 부위에 물을 닿아도 된다.
12	수술 7일 후부터 정상적으로 머리를 감을 수 있다.
13	2주 후 떼어낸 후두부의 공여부의 봉합실을 뽑는다.
14	더 이상의 탈모의 진행을 막기 위해 약을 복용하고 모발관리를 한다.

(2) 인조모 식모술

인공 식모는 폴리에틸렌으로 만들어진 인공 모발을 한 올 한 올 두피에 심는 것으로 1970년대에 전 세계에서 유행하였으나 심어 놓은 인공모발은 역시 이물질이기 때문에 이물질 반응이 나타나는 경우가 많고 인공 모발이 빠진 자리에 두피의 섬유화가 심하게 되어 흉터가 생길 수 있다. 대머리가 광범위한 경우, 자가 모발 이식을 한 후 남은 곳을 처리할 때 주로 이용된다. 시술이 간편하고 이식하는 모발에 제한이 없다는 점, 이식 후 바로 모발을 얻을 수 있다는 장점들이 있다. 하지만 머리카락이 자라지 않아 주변의 머리가 자라면 헤어스타일을 꾸미는데 어려움이 많다. 또 인조 모발 자체가 자기 모발이 아니어서 1년에 10～20%가 빠져버린다. 매년 일정량의 인조 모발을 보충해서 심어줘야 하는 불편함이 따르는 것이다.

(3) 두피 축소술

두피 축소술은 머리꼭대기인 '두정부' 부위에 대머리가 있을 때 유용한 방법이다. 두피의 신축성을 이용해 넓어진 두피를 일부분 절개하여 꿰매는 시술을 하여 정수리 부분의 두피를 앞쪽으로 당기는 시술로 탈모 범위를 감소시키는 방법이다. 흉터가 남는 단점은 있어도 식모술보다는 자연스럽다는 장점이 있다. 대머리 부위가 넓을 때 모발 이식술과 병행하면 모발 이식 개수를 많이 줄일 수 있고 효과도 더욱 높일 수 있다. 모발이 있는 부위의 피부를 늘린 다음에 대머리 부위를 오려내고 그곳에 늘어난 정상적인 두피를 덮은 방법인 것이다. 단지 한꺼번에 너무 많은 부위를 오려내고 바짝 꿰매면 나중에 머리 피부가 처지면서 부자연스러워 보이기 쉽다.

(4) 두피 피판술

이 수술은 자신의 머리 피부를 신경조직과 혈관까지 고스란히 살리면서 옮겨야 하는 정교함을 요한다. 모발이 많은 곳에서 없는 곳으로 모발과 함께 두피를 옮기는 것이다. 보통 앞머리 탈모증이 있는 경우 옆머리의 두피를 앞쪽으로 이동시켜 준다. 잔디를 옮겨 심는 원리와 같다. 이 시술법은 머리카락이 있는 부위가 그대로 옮겨지니까 머리카락의 밀도가 높아 빽빽하게 보일 수 있다. 또 살아 있는 조직이 바로 옮겨가기 때문에 머리카락이 빠질 염려가 없다.

(5) 냉동치료법

원형탈모증의 치료 중 원형탈모 부위에 냉동치료법을 시술하기도 하는데, 면봉에 액화 질소를 묻혀 탈모 부위에 바르거나, 스프레이로 1~2초 정도 살짝 분사하는 방법이며, 한번 치료에 2~3차례 반복하여 1주일 간격으로 시술한다. 탈모 부위 면적이 넓지 않은 경우에 효과가 좋으며 부작용이 거의 없고 통증이 없다.

(6) 조직 확장기를 이용한 두피 재건술

두피 피판술은 유연한 두피를 가진 사람에게 적합하다면 조직 확장기(두피 확장기)를 이용한 두피 피판술은 두피가 유연하지 않은 사람에게 해당하는 수술법이다. 이

방법을 이용하면 20~30% 가량의 두피 확장 효과를 얻을 수 있다. 확장기간은 4~10주 정도 걸린다. 조직 확장기를 이용한 두피 재건술은 정상적으로 털이 난 부위의 조직을 두피에 조직 확장기를 삽입하여 먼저 모발이 있는 두피 아래에 두피 확장기(실리콘 백)를 집어넣는다. 그리고 1주일에 1, 2회 실리콘 주머니 안에 물(생리 식염수)을 주입한다. 그러면 실리콘 주머니의 부피가 커지면서 모발이 있는 곳의 피부가 늘어난다. 두피가 충분히 확장되면 수술로 실리콘 주머니를 제거한다. 그런 다음 탈모된 부위를 덮어주는 시술조직 확장기가 성형외과 영역에서 사용되면서 탈모 부위에 성공적으로 시술되고 있는 방법이다.

(7) 레이저를 이용한 모발 이식술

모발이 억세고 굵은 동양인에게는 단일모 이식술, 모발이 부드럽고 가느다란 서양인에게는 복수모 이식술이 효과적이며, 모발을 이식하는 경우의 생착률은 80% 정도이지만 레이저를 사용하게 되면 생착률을 더욱 높일 수 있다. 모근이 이식될 곳에 자그마한 구멍을 낼 때 레이저를 이용하면 수술을 하는 도중 출혈과 수술 후의 부작용 역시 적으며 일정한 깊이로 구멍을 낼 수 있다는 장점이 있다.

(8) 주사요법과 면역요법

부신피질 호르몬제인 '트리암시놀론액'을 탈모 부위에 직접 주사하는 주사요법은 보통 2~3주에 한 번씩 주사를 맞는다. 하지만 이 방법은 발모 효과는 좋지만 오랜 기간 맞았을 때 고혈압, 백내장, 위궤양 등의 부작용이 심한 것으로 알려져 있다.

면역요법은 우리 몸의 면역 기능을 높여 탈모 증상을 억제하는 원리가 응용된 치료법이다. 면역요법으로는 'DPCP(Diphenylcyclopropheneone) 면역요법'이 가장 많이 사용되는데 면역요법은 알레르기성 접촉 피부염을 일으키면서 모근을 자극해 모발 성장을 유도한다. 면역 증강제를 1만 배로 희석시킨 액체를 치료 부위에 발라 항체를 증강시키며, 치료 기간은 증세에 따라 3~6개월 정도 걸린다.

3) 약물치료 방법

현재까지 병원에서 탈모증 치료제로 가장 많이 사용되는 의약품으로는 미녹시딜과(Minoxidil)과 피나스테리드(Finasteride)가 있다. 미녹시딜과 피나스테리드는 남성형 탈모증 치료제로 사용되며, 탈모 방지 의약품으로서 미국 FDA의 승인을 받은 치료제이기도 하다. 이러한 약물요법은 탈모 초기나 모근이 튼튼한 경우 주로 처방되며 완전히 탈모가 진행된 환자에게는 만족할 만한 결과를 얻기 어렵다. 약물요법은 대체로 6개월 이상 시도해야 효과를 알 수 있다. 따라서 지속적으로 약을 사용하는 동안에만 효과가 유지되기 때문에 불편이 따르고, 약물 사용을 중단하면 그동안 빠지지 않았던 모발까지 한꺼번에 빠져 탈모증을 악화시키기도 한다.

① 미녹시딜

미녹시딜은 두피 도포용으로 남성형 탈모증에 사용되며 처음부터 탈모 치료제로 개발된 것이 아니라 고혈압 경구치료제로 개발된 약물이다. 고혈압 환자에게 혈관이완 작용을 하는 고혈압 치료제로 사용하던 중, 모낭 주변부의 혈관을 확장시켜 모낭으로 가는 혈액의 양을 증가시켜서 모발의 성장을 촉진하고 탈모를 치료하는 효과를 지니고 있는 것으로 알려져 국소 도포용 발모제로 개발되었다. 하지만 미녹시딜은 혈류를 증가시켜 모모세포를 활성화시켜 탈모 진행을 더디게 하고 모발은 자라게는 하지만 굵은 털이 길게 자라는 효과를 기대하기는 어렵다. 미녹시딜은 도포 직후에 효과가 나타나는 것이 아니기 때문에 꾸준히 사용해야 효과가 있으며 도포를 중단하면 이전 상태로 돌아간다. 미녹시딜 사용의 부작용으로는 약을 바르는 동안 가려움증, 비듬, 붉은 반점 등의 두피 자극 증상, 알레르기성 접촉 피부염 등을 보일 수 있다. 3%와 5%로 두 가지 농도로 구분되어 있어 두피 상태와 조건에 따라 처방되며 여성들에게 많이 사용되고 있다. 미녹시딜은 탈모 부위에 바르는 약으로, 의사의 처방 없이 약국에서 살 수 있다. 국내에서는 한미약품의 '목시딜', 현대약품의 '마이녹실' 등의 미녹시딜 제제가 승인을 받아 판매되고 있다.

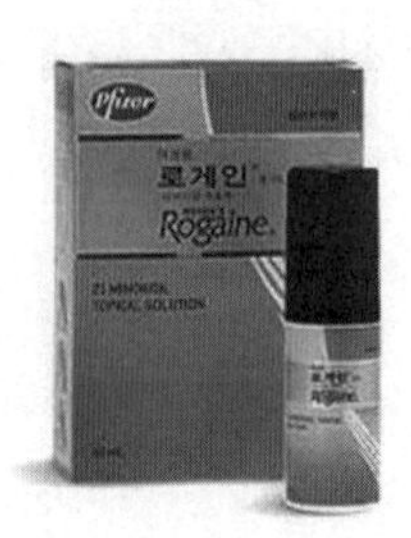

미녹시딜

② 트리코민

트리코민은 구리를 포함하는 탈모 방지 제품으로 1997년 미국 FDA에서 임상 2단계까지 통과한 제품으로 바르는 약과 샴푸의 형태로 판매되고 있다.

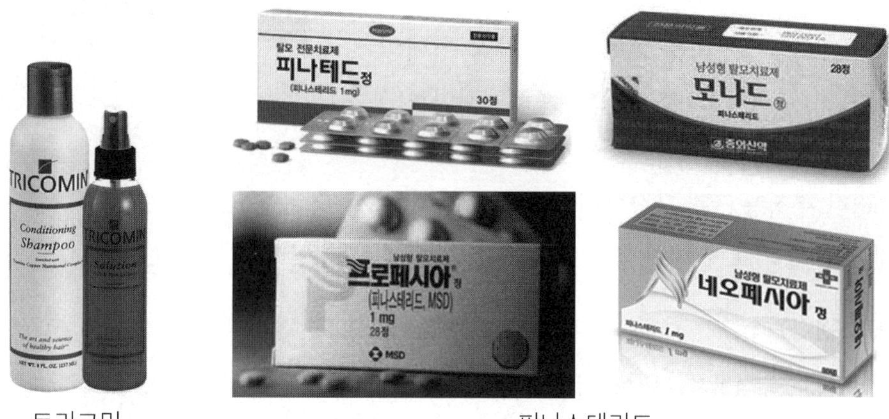

트리코민 피나스테리드

③ 피나스테리드

피나스테리드는 남성형 탈모증과 전립선 비대증을 치료하는 약제 성분명이며 원래 양성 전립선 비대증을 치료하기 위해 개발되었으나, 연구 과정에서 모발의 성장을 촉진시킬 수 있다는 점이 밝혀지면서 탈모 치료제로 쓰이게 되었다. 탈모 진행을 막고 새로운 머리카락이 나게 한다. 5α 리덕타제효소가 테스토스테론과 만나면 탈모를 일으키는 디히드로테스토스테론(DHT)으로 변하는데, 피나스테리드 성분은 5α 리덕타제효소를 억제하여 DHT의 농도를 감소시킴으로써 탈모를 억제한다. 가임기 여성의 경우 손으로 만지게 되면 경피 흡수를 통한 기형아 출산 및 태아 발육 등에 영향을 끼칠 가능성이 있어 여성 탈모 환자는 복용을 금해야 하며, 이런 부작용이 생길 수 있으므로 남성은 약을 복용 후에는 손을 깨끗이 씻는다. 프로페시아는 남성형 탈모 치료제로 성분은 피나스테라이드 1mg이며, 의사의 진단과 처방으로 구입할 수 있는 전문의약품으로 경구 복용약으로 하루에 한 번 복용한다. 프로페시아를 복용하면 모발이 자라면서 점차 굵어지는 것이 아니고 모발이 빠지고 새로 날 때 굵어지기 때문에 적어도 6~12개월은 복용해야 효과가 나타난다.

④ 두타스테라이드

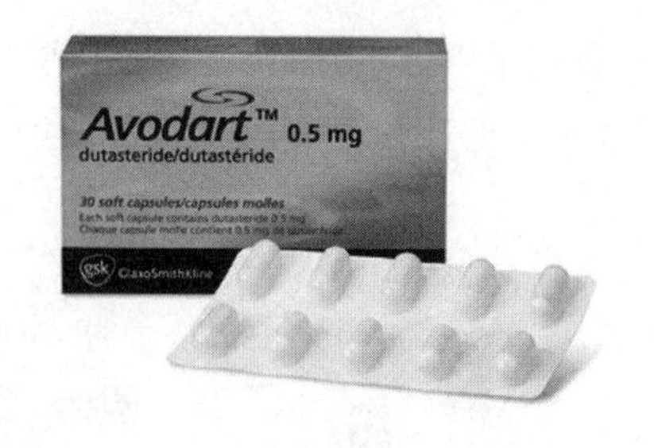

testosterone을 DHT으로 전환하는 5알파 환원효소를 억제하는 약으로 두타스테라이드의 작용은 프로페시아와 비슷하지만 두타스테라이드는 DHT를 생산하는 효소는 두 가지 형태의 효소를 모두 억제할 수 있으며 프로페시아보다 20~30% 더 억제할 수 있다고 발표되었다.

그러나 부작용으로 간질환이 있는 경우는 간에 치명적인 영향을 끼칠 수 있고, 아직까지 탈모의 치료에 대한 임상 자료가 많지 않은 상태이다.

⑤ OND-1

신약 발모제 'OND-1'이 미국 식품의약국, FDA의 임상시험 승인을 획득했다. 신약 물질 OND-1은 면역 억제제로 사용되는 사이클로스포린 A 유도체 물질로, 그동안 발모제로의 개발 가능성이 제기돼 왔으나 강한 독성과 면역 억제력 등으로 승인이 지연돼 왔으나, 이 물질을 인체에 사용할 수 있도록 분자 변형을 통해, 독성은 낮추고 발모 효과는 개선시켜 FDA의 임상시험 승인을 받게 되었다.

약물요법	
육모제	머리에 자극을 주는 성분으로 약을 발라 머리의 혈액순환을 도와주며 머리카락에 영양을 공급해준다. 주요 성분으로 센브리, 멘톨, 칼타리스정기, D-판토테닐 알코올 등이 있다.
발모제	모낭상피와 말초혈관에 작용해 피부의 혈류를 늘려 모발의 성장을 활성화시킨다. 약 4개월 정도를 사용해야 50%의 효과가 있다. 그러나 사용을 멈추면 오히려 증세가 악화되는 단점이 있다.
주사치료	탈모를 치료하는 메조테라피는 약물을 두피에 주입함으로써 약물이 모낭에 직접 작용하는 시술로 모근을 건강하게 하고 모발의 성장을 돕는다. 약물치료와 함께 메조테라피를 시행하면 더 효과적으로 탈모를 치료할 수 있는데, 처음 한 달은 매주 1회씩 2~3개월째에는 2주에 1회, 이후 한 달에 한 번씩 시술을 받으면 효과를 볼 수 있다.

4) 기능의학 검사의 종류

미네랄 불균형은 잘못된 식습관, 스트레스, 약품, 환경오염 등으로 발생되며, 기능의학의 임상은 몸에서 부족한 필수적인 미네랄, 효소 및 기타 영양소와 몸에 지나치게 많은 중금속, 영양소, 기타 물질들을 분석하는데서 시작된다. 이것을 분석하기 위한 탈모와 연관된 검사는 모발 중금속 검사, 세포 환경 검사, 타액 호르몬 검사 등이 기능의학의 일부로써 많이 도입되어 있다. 이러한 다양한 검사를 시행하면 그에 따른 검사 소견을 적절히 해석하고 적절한 영양물질을 처방하는 것이 기능의학의 전체적인 내용이며, 각종 검사 소견을 통해 이를 읽어 내는 결과 해석 능력이 중요하다. 일반적으로 탈모는 탈모와 연관된 중금속 수은의 증가로 필수 미네랄인 망간, 구리, 아연, 철 등이 감소되므로 굴, 육류, 콩, 녹색 채소를 섭취하는 것이 효과적이다.

① HTM(Hair Toxic Mineral)

모발 미네랄 검사는 중금속 오염과 미네랄 불균형을 파악하여 중금속 오염과 미네랄 불균형을 교정해주는 치료를 한다. 산업화로 인한 생활환경이 중금속에 노출되어 있다. 작업 환경(용접, 소각장, 페인트, 인쇄) 중금속 함유 제품(잉크, 염색, 매니큐어), 음식물 섭취(농산물, 어류, 견과류) 등으로 인하여 중금속 사용량이 증가되고 있다. 모발 미네랄 검사 방법은 채취하여 중금속 농도를 측정하는 방법으로서, 검체 채취가 용이하여 소아에게도 적용하기 간편하고 국내 검사기관이 있어 검사하기가 쉽다는 것이 장점이며, 머리카락이 보통 1개월에 약 1cm씩 자라기 때문에 모근 부위에서 3~4cm 정도의 머리카락을 잘라서 분석을 해보면 최근 3~4개월 동안의 본인의 식생활이나 주변 환경오염에 의한 중금속 흡수 상태를 알아내는 것이 가능하다고 할 수 있다. 이러한 과학적인 검사 결과를 토대로 내 몸 안에 축적된 유해 중금속과 길항작용을 하는 영양 미네랄을 투여하여, 유해 중금속을 제거하고 내 몸을 건강한 상태로 개선시킬 수 있다. 모발검사는 혈액이나 소변에 비하여 10~50배 이상의 체내에 축적된 미네랄의 상태와 유해 중금속의 오염 상태를 정확히 알아낼 수 있으며, 1년에 2회 정기적인 모발검사를 받으면 나와 가족의 6개월간의 체내 영양 상태 변화를 정확하게 파악할 수 있다.

정확한 결과를 위해 주의할 사항
채취 부위-후두 표피에 가깝게 3~5cm를 자른다.
3~5 군데에서 채취하여 표시가 나지 않게 해야 한다.
검사할 모발 무게 60mg 정도이다.
스텐레스 가위 사용하여 검사 결과에 외부 물질이 반영되지 않아야 한다.
염색 및 파마 6주~8주 후에 채취해야 더 정확한 검사 결과를 얻을 수 있다.

② ECS(Electro Chemical Screening)

세포를 둘러싸고 있는 우리 몸의 환경이 세포에 가장 밀접한 영향을 미치는 인자이기 때문에 세포 환경 검사를 통하여 질병의 유무를 판단하는 검사가 아닌 건강의 기본인 세포의 환경을 검사함으로써 개인의 호르몬 균형, 영양 상태, 독소 노출 상태, 중금속 축적 상태, 스트레스 등의 감정 상태를 알아보는 통합적인 검사이다. 세포 환경 검사에서 가장 중요한 개념은 사람마다의 특성을 고려하는 개별성, 즉 대사 형태를 중요시하여 기능을 발휘하는 약물과 달리 부족한 영양소나 미네랄을 보충하여 체내의 대사를 정상화시키는 작용을 한다. 영양요법은 단독요법보다는 여러 미네랄의 상호작용을 고려한 개념이 중요하며, 환자 개인별 맞춤 영양 치료와 산화 스트레스의 교정을 통한 증상 개선, 질병 예방 및 건강 증진에 효과적으로 적용할 수 있다.

③ SHA(Salivary Hormone Analysis)

타액 내 호르몬 검사는 세포 내 호르몬 양을 알려주는데, 부신호르몬(코티졸, DHEA), 여성호르몬(프로케스테론, 에스트라디올), 남성호르몬(테스토스테론) 등을 분석하여 호르몬의 불균형을 평가한다. 부신에서 나오는 호르몬인 코티졸을 측정하는데 가장 좋은 방법은 타액검사로 하루에 여러 차례 코티졸을 측정해 보는 것이다. 코티졸이 하루 중 가장 높을 때인 오전 6:00~8:00 사이(잠에서 깨어난 후 1시간 이내), 오전 11:00~12:00 사이, 오후 4:00~6:00 사이, 그리고 취침 전(오후 10:00~12:00 사이), 작은 튜브를 가지고 휴대하여 지정된 시간에 타액을 채취해서 뚜껑을 닫아서 하루에 4번 코티졸 레벨을 측정한다. 이 검사로 하루 동안 코티졸 레벨이 어떻게 변하는지 알아볼 수 있다.

5) 한방에서 쓰이는 약재

① 하수오

하수오는 고구마와 비슷한 잎을 가진 덩굴 식물로 그 뿌리가 약재로 쓰인다. 탈모 치료나 예방을 위한 약재로는 적하수오를 사용하며, 기와 혈의 순환과 조절 기능을 향상시키는 효과가 있어 빈혈로 인한 탈모나 출산 전후의 탈모에 좋다. 특히 흰머리를 검게 만드는 효능이 있어서 탈모와 백발 증상에 많이 쓰이는 약재이다. 하수오를 넣어 끓인 물을 하루에 한두 컵 정도 마시면 탈모 예방과 치료에 효과적이다.

② 숙지황

숙지황은 혈을 보하고 몸이 허약한 사람에게 특히 효과가 좋으며, 머리카락을 검게 만든다고 해서 탈모에 효능이 탁월한 약재이다. 혈의 손실로 인한 탈모에 좋은 효과를 발휘하는 지황은 자연 그대로의 것을 생지황, 말린 것을 건지황, 아홉 번 쪄서 햇볕에 말린 것을 숙지황이라고 한다. 여성의 경우, 빈혈이나 변비가 탈모의 원인이 되는데, 이 경우 빈혈이나 변비가 개선되어 탈모증에 효과적이다. 숙지황은 위가 약할 경우 몸에 맞지 않을 수 있으니 며칠간 마셔본 후 소화장애나 설사 등의 증세가 없을 경우에 계속해서 마시도록 한다.

③ 구기자

구기자는 머리카락을 검고 윤기 있게 만들어 주는 효능이 있다. 구기자를 넣고 달인 물을 하루에 세 번 마시면 탈모를 예방할 수 있고, 탈모증 완화에도 효과가 있다.

④ 당귀

당귀는 엽산과 비타민 B_{12} 성분이 풍부해 빈혈 증세를 완화시키고, 혈의 손실로 인한 탈모증 개선에 효과가 있다. 당귀 소량을 물에 넣고 끓여서 매일 수시로 차 마시듯이 마시면 보혈에 효과적이다.

⑤ 인삼

인삼을 오랫동안 복용하면 오장의 양기가 좋아지고 혈액순환이 원활해지며, 양방에서도 인삼은 내분비선의 작용을 활발하게 해서 머리카락이 나는 것을 촉진시킨다고 한다. 일반적으로 인삼을 집에서 손쉽게 먹는 방법은 수삼을 생으로 씹어 먹거나 물에 오랜 시간 다려서 수시로 마시는 방법이 있다.

수승화강이 잘되는 상태	수승화강이 안 되는 상태
입 안에 단침이 고인다.	입술이 타고 손발이 차갑다.
머리가 맑고 시원하며 마음이 편안해진다.	머리가 아프고 설사 변비가 있다.
아랫배가 따뜻해지고 힘이 생긴다.	가슴이 두근거리고 불안해진다.
내장의 기능이 왕성해진다.	목이 뻣뻣해지고 어깨가 결린다.
피로하지 않고 몸에 힘이 넘친다.	항상 피곤하고 소화가 잘 안 된다.

⑥ 수승화강(水昇火降)의 원리

몸이 최적의 건강 상태를 유지하면 수기는 위로 올라가 머리에 머물고 화기는 아래로 내려가 복부에 모인다. 이를 단학에서는 수승화강(水昇火降)의 원리라고 한다. '수승화강' 은 수기는 올라가고 화기는 내려오는 우주의 원리이다. 즉 수승화강(물은 올라가고 불은 내려오는 것)이란 태양의 따뜻한 기운은 아래로 내려오고 물(수증기)은 위로 올라가는 것을 말한다. 이러한 이론을 한의학에서는 인체에 적용하여 차가운 기운을 상체로 올리고 뜨거운 기운을 하체로 내리는 것을 중요한 목표로 삼는다. '잠을 잘 때 머리는 시원하게 하고 발은 따뜻하게 하라,' 라는 말이나 반신욕(半身浴)도 이와 관련이 있다. 자연의 이치를 인체에 그대로 적용을 해서 따뜻한 기운이 내려오지를 못하면 질병이 생기기 때문에 차가운 기운은 상체로 올려 보내야 하고 뜨거운 기운은 하체로 내려 보내야 치유가 된다고 보는 원리이다.

6) 그 밖에 대응 방법

가발은 주로 탈모 진행이 많이 된 사람들의 경우에 사용하고 습해지거나 벗겨지는 등의 위험성이 있지만 두피에 큰 손상을 주지 않고 미관상 빠른 효과를 보여 많이 사용되고 있다. 가발을 착용하면서 약물치료의 경우는 젊은 남성들과 여성들이 많이 찾고 있으며 탈모 진행이 많이 되신 분들도 지속적으로 사용하는 경우가 있다.

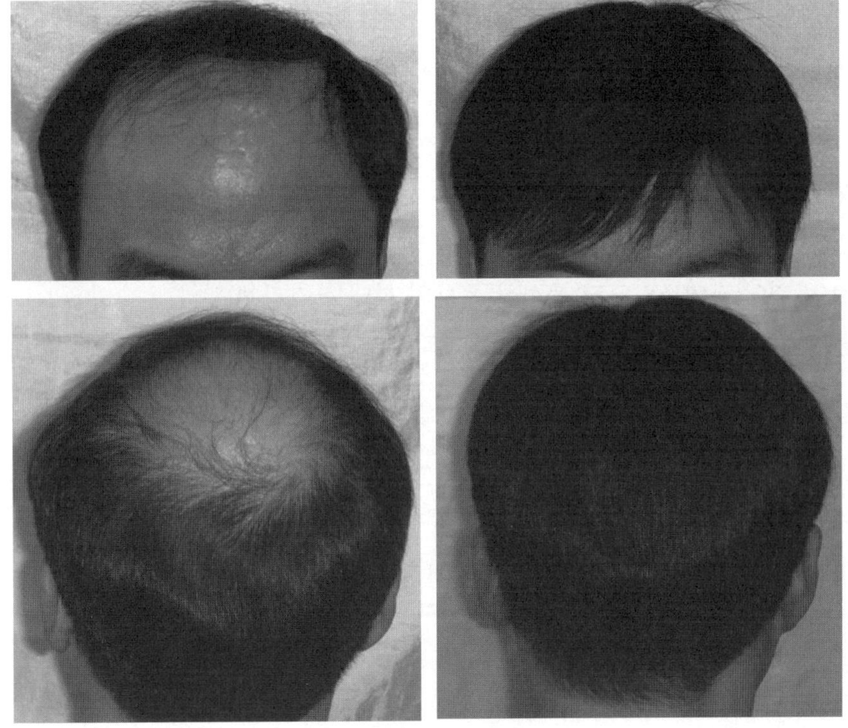

가발 착용 전과 후 모습

7) 모발 이식을 적용할 수 있는 경우

① 남성형

초기에서 어느 정도 진행된 경우에는 다른 탈모 치료로는 한계가 있기 때문에 모발 이식 수술을 고려해야 한다. 남성호르몬의 영향으로 탈모가 진행되기 시작하는데 초기에 이마와 두피 사이의 경계선이 점차 뒤로 후퇴하며 이마가 넓어지지만 호르몬의 영향을 덜 받는 머리 뒷부분은 빠지지 않는다. 이때 모발 이식 수술로 좋은 결과를 기대할 수 있으나 수술 후에도 복용약 등 다른 탈모 치료를 함께 시행해야 만족스러운 결과를 얻을 수 있다.

② 여성형

여성의 경우에는 굵은 머리털이 연모화의 상태에서 진행을 멈추는 것이 특징이다. 즉 모발이 다량으로 연모화되고 빠지게 되어 숱 자체가 적어진다. 여성형 대머리의

경우 남성형 대머리에 비해 진행을 막을 확실한 방법이 없고, 탈모가 많이 진행되어 두피가 훤히 드러나 보일 때는 모발 이식도 가능하다.

③ 무모증

음모가 생기지 않았거나 부족한 경우로서 모발 이식으로 만족스러운 결과를 얻을 수 있다. 머리와 달리 피부가 얇기 때문에 모발의 방향과 이식 높이 모발의 분포 형태 등을 잘 맞춰야 자연스럽고도 풍성한 음모의 형태로 자라게 된다.

④ 눈썹, 속눈썹

눈썹이나 속눈썹의 모발이 부족하거나 형태가 불완전한 경우에 시행하는데 모발 이식 수술 중 가장 어려운 수술이라 할 수 있다. 정확히 수술하고 수술 후 관리를 제대로 받으면 만족스러운 결과를 얻을 수 있다. 그러나 머리털을 이식했기 때문에 심은 모발이 계속 자라게 된다. 따라서 눈썹 이식 후에 주기적으로 잘라주고 손질을 해주어야 한다.

⑤ 수염

수염은 남성의 성질 중 하나로서 수염이 적은 것을 고민하는 사람도 모발 이식술로 교정할 수 있다. 사실 수염 모발 이식을 원하는 사람은 많지 않으나 수술 자국이나 부분적인 흉터가 있을 때 이를 가리기 위해 수염 부위에 모발을 이식하는 경우가 많다.

⑥ 반흔성 탈모

두피에 생긴 흉터로 인하여 탈모 부위가 생긴 경우에도 모발 이식을 시행할 수 있는데 흉터가 많이 두꺼운 경우는 먼저 주사나 레이저로 적절히 치료 후에 모발 이식을 함으로써 좋은 결과를 얻을 수 있다.

⑦ 넓은 이마 또는 부자연스러운 헤어라인의 교정

원래 이마가 넓거나 M자형 헤어라인인 경우에 모발 이식을 하여 자연스런 헤어라인을 얻을 수 있다.

CHAPTER 06

탈모의 유형

1. 탈모의 종류

탈모의 다양한 원인은 모모세포가 파괴되어 소실되거나 모간이 파괴되거나 모낭의 기능 이상 등이 있다. 탈모의 발생에는 남성형 탈모는 유전적 원인과 남성호르몬인 안드로겐(androgen)이 중요한 인자로 생각되고 있으며, 여성형 탈모에서도 일부는 남성형 탈모와 같은 경로로 일어나는 것으로 추정되고 있으나 임상적으로 그 양상에 두드러진 차이가 있다. 원형 탈모증은 자가 면역 질환으로 생각되고 있으며, 휴지기 탈모증은 내분비 질환, 영양 결핍, 약물 사용, 출산, 발열, 수술 등의 심한 신체적, 정신적 스트레스 후 발생하는 일시적인 탈모로 모발의 일부가 생장 기간을 다 채우지 못하고 휴지기 상태로 이행하여 탈락되어 발생한다. 모낭의 기능 이상이 원인인 경우는 성장기 탈모와 휴지기 탈모로 다시 구분되는데 성장기 탈모는 항암제 등의 약제, 방사선, 압박 등의 강한 자극이 모모세포에 가해졌을 때 발행하는데, 성장기는 중단되고 다수의 모발이 탈락된다. 또한, 휴지기 탈모는 모모세포의 상해가 가벼운 경우이며 모주기가 촉진되어 성장기 모발이 급속히 휴지기로 이행하여 탈모된다. 탈모의 종류는 다음과 같다.

1) 남성형 탈모증(장년성 탈모증)

남성형 탈모증의 증상은 20대 후반 또는 30대의 장년 남자의 전두부 및 두정부에 탈모가 시작되어 점차적으로 확대되며 개인에 따라 어느 정도의 차이는 있으나, 전두부 및 두정부의 모발이 소실되지만 측두부나 후두부의 모발은 빠지지 않고 남아 있는 것이 보통이다. 원인은 다양하고 복잡하지만 그중에 유전적 소인, 남성호르몬, 나이 등이 중요한 요인이며 그 밖에 국소혈액순환장애, 정신적 스트레스, 영양의 불균형, 과다한 지루 등이 작용한다. 이런 증세는 모낭에 대한 안드로겐의 작용이라고 할 정도로 남성호르몬의 역할이 중요하다. 남성호르몬인 테스토스테론(Testosteron)은 부신피질 및 성선에서 합성되어 분비되는 대표적인 남성호르몬(안드로겐)의 하나로 남성 기능의 2차 성징에 작용하는 호르몬이다. 안드로겐이 많아지면 자연히 DHT가 늘어나고 DHT가 늘어나면서 테스토스테론(Testosterone)이 5-alpha reductase란 활성효소를 만나면 DHT(Di hydro testosterone, DHT)로 전환이 되는데, 이 변형된 남성호르몬인 DHT를 안드로겐 리셉터(Androgen receptor)가 받아들이면서 남성형 탈모가 진행되고, 전립선도 확대되기 시작하는데, 그 분포에 따라 5-alpha reductase는 2종류의 동종 효소가 있으며 두 가지 모두 testosteron을 DHT로 변화시키는 호르몬이다.

제1 Type 남성형 탈모 원인	5-alpha reductase가 두피와 피지선에서 과활성화되어 탈모가 되는 Type
제2 Type 남성형 탈모 원인	5-alpha reductase가 두피와 전립선에서 과활성화되어 탈모가 되는 Type

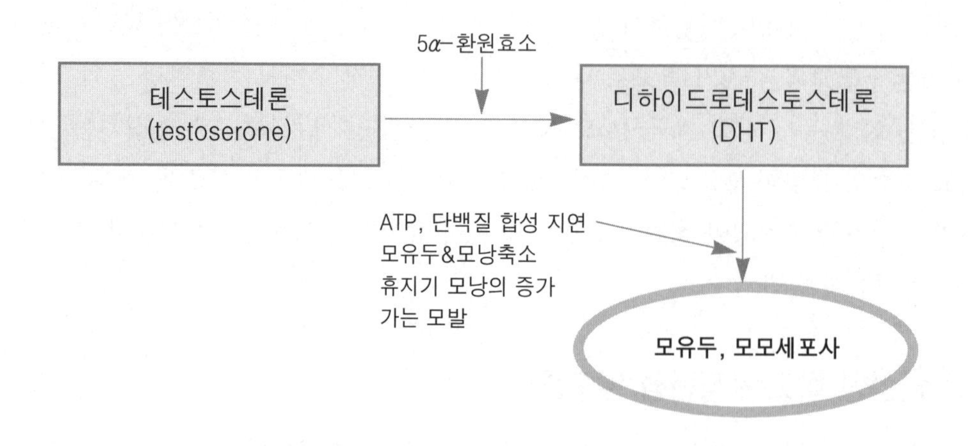

1단계 : 남성호르몬이 5-alpha reductase 효소에 의해서 DHT로 전환
2단계 : DHT가 안드로겐 수용체에 결합
3단계 : DHT가 탈모를 증가시키고 점점 모낭을 축소시킴
4단계 : 모낭이 점점 축소되어 영구적인 탈모 발생

신체에 털이 갑자기 많이 자란다면, 동시에 빠지는 머리카락이 많아 지는데 이는 모발 생장 주기 중 성장기는 짧아지고 휴지기를 길어지게 하여 모발이 점점 가늘어지고 길게 자라지 못하고 탈모되어 버린다. 전체 모발 중 휴지기 상태의 모발을 생장기로 유도함으로써 휴지기 모발의 비율을 낮추고 예방 대책으로 건강한 모발이 자랄 수 있게 신체 관리를 한다.

※ 남성형 탈모 예방법

- 피지선을 자극하는 자극적인 음식이나 당분의 섭취를 피한다.
- 탈모를 가중시킬 수 있는 두피 불결을 해결하기 위해 항상 두피 청결에 신경을 쓴다.
- 정기적 관리를 통하여 모발과 두피에 영양을 공급한다.
- 두피를 지나치게 자극하지 않는다(잦은 염색, 스타일링제 사용 등).
- 적당한 운동을 통하여 육체적, 정신적 스트레스를 해소한다.
- 탈모 초기에 관리를 하여 탈모의 시기를 늦추어 준다.

| 남성 탈모 유형

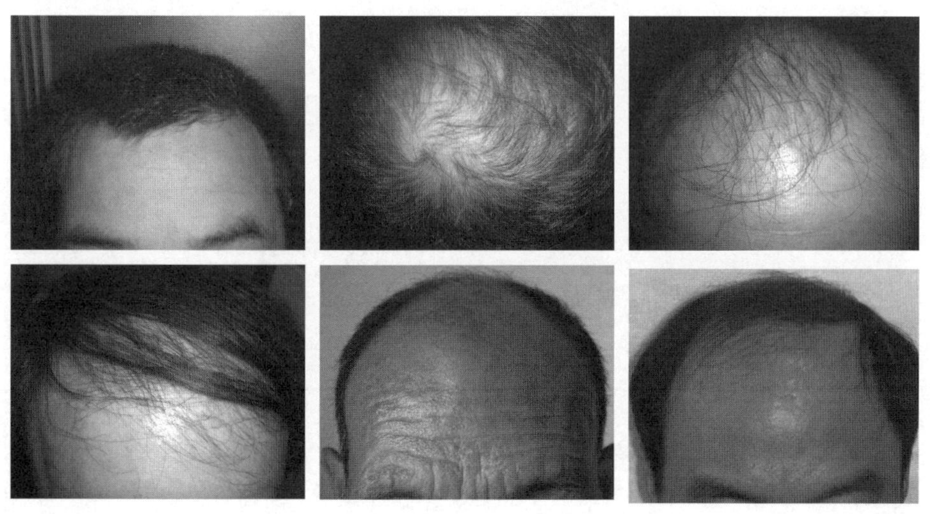

2) 여성형 탈모증

여성들은 탈모를 유발시키는 남성호르몬인 안드로겐보다 여성호르몬인 에스트로겐을 더 많이 갖고 있어 남성들처럼 완전한 대머리가 되지는 않는다. 단지 모발이 다량

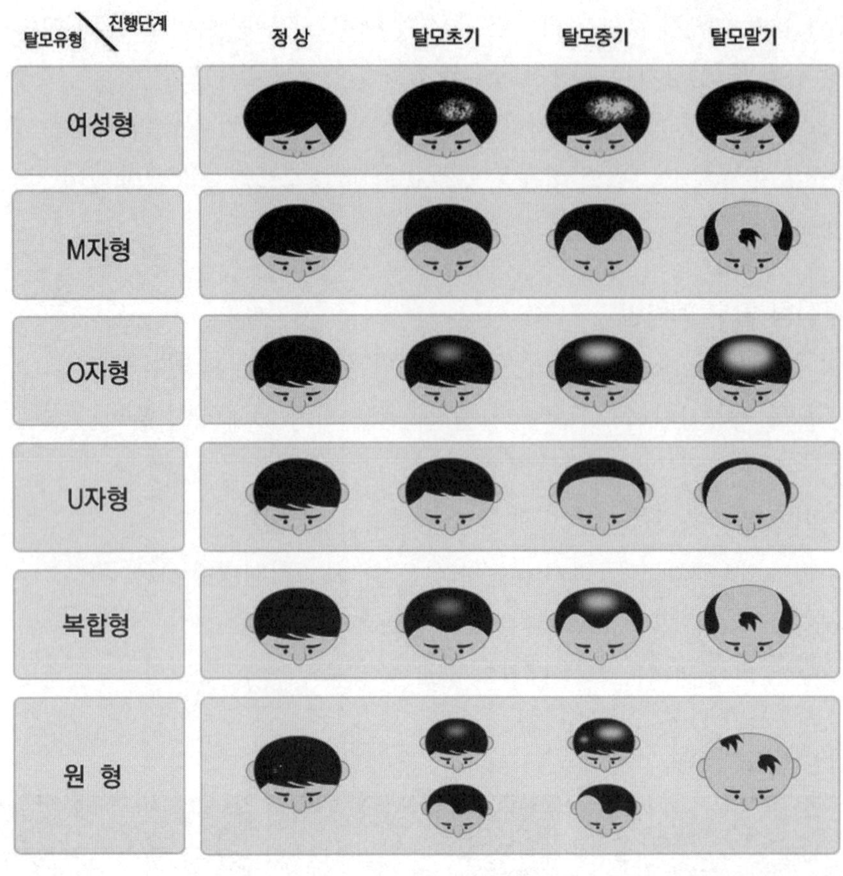

탈모의 유형

으로 빠지게 되어 숱 자체가 적어질 뿐이다. 즉 남성형 대머리는 굵은 머리털이 잔털로 연모화되어 끝내는 이 연모마저 빠지게 되는데, 여성의 경우에는 굵은 머리털이 연모화의 상태에서 진행을 멈춰서 두피가 보이는 것이 특징이며 헤어라인의 경계는 벗어나지 않는다. 일반적으로 25세에서 30세부터 나타나면서 가르마 부위가 머리숱이 없어지는 것을 느끼면서 알게 되고 중년 이후에 증상이 뚜렷해지는 경향이 있다. 여성 탈모도 유전적 요인에 의해서도 나타날 수 있으나 그보다는 환경에 의해 발생하는 경우가 더 많다. 최근에는 여성들의 사회활동의 증가 및 생활습관, 식습관의 서구화 등의 요인도 탈모를 유발하는 요인으로 작용된다. 현대 여성의 모발은 가늘고 약하며, 나이보다 빠른 흰머리, 탈모, 지모, 부스러진 머리카락의 트러블도 많아졌다. 여성형 탈모증의 예방과 치료를 위해서는 무리한 다이어트와 피임약의 남용을 피하고, 전반적인 건강을 유지할 수 있도록 해야 한다.

※ 여성형 탈모증의 원인

- 유전적인 요인
- 잘못된 샴푸법이나 샴푸제의 선택 등으로 인한 모발 및 두피의 손상
- 잦은 펌이나 염색으로 인한 두피 손상
- 과도한 스트레스(원형 탈모증)
- 피임약의 남용
- 항우울제나 항생제 등의 장기 복용
- 관절염의 증세 및 갑상선 질환
- 폐경으로 인한 호르몬 밸런스의 이상
- 무리한 다이어트로 인한 영양 불균형 및 인체 대사기능 저하(철과 단백질 부족)

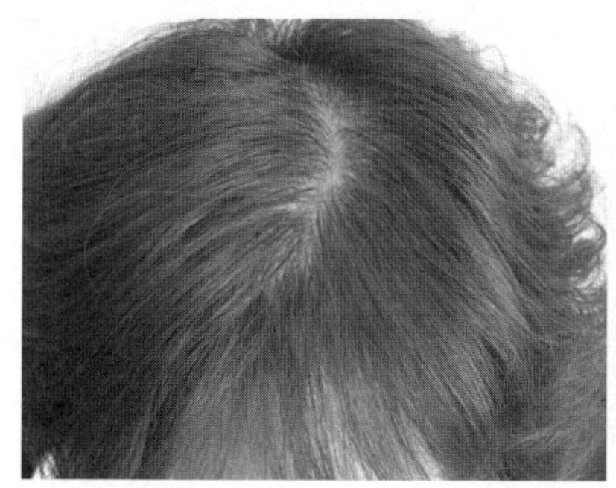

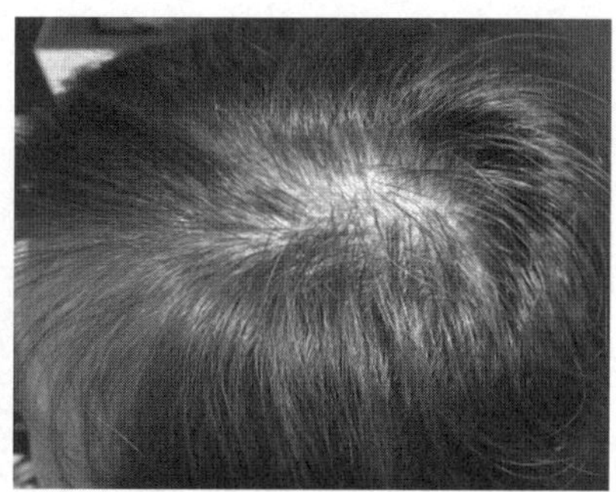

여성탈모증의 경우 지루성피부염, 조모증, 여드름, 생리불순 등이 동반되기도 하며 철분 결핍이나 다낭성 난소증후군이 동반되는 경우가 있어 치료 전 충분한 사전검사가 필요하다.

3) 원형 탈모

동전 모양으로 작게 탈모가 생겼다가 저절로 회복이 되는 경우도 있으나, 심한 경우 모발이 모두 빠질 수도 있고, 머리털뿐만 아니라 눈썹이나 그 외 몸의 털이 다 빠질 수도 있다. 몸을 보호하는 면역세포들이 어떠한 원인에 의하여 우리 몸에 정상적으로 존재하는 모근세포를 이물질로 인식하여 공격하게 됨으로써 모근이 빠지면서 탈모가 나타나는 질환이다. 탈모 부위가 원형으로 모발이 나와 있는 곳과의 경계가 명확하다. 단발 또는 다발로 발생하며 손톱 크기에서부터 손바닥 크기까지 다양하며 다른

원인의 탈모증과 다르게 초기에 급속히 진행될 수 있어서 세심한 관찰이 필요하다. 탈모 부위의 피부는 매끄럽지만 탈모된 부위가 전체적으로 예민한 편이며, 모낭의 위축 등으로 인해 말랑말랑한 상태를 띠고 있다. 다발이 융합해 전 탈모로 미치는 것을 악성 원형 탈모증이라고 한다. 원형 탈모의 관리법으로 스트레스를 최소화시키고, 정신적 안정감을 주기 위한 관리법을 병행하며 재발의 위험성으로부터 보호해주기 위한 예방차원의 관리를 해야 한다. 원형 탈모의 치료는 탈모 부위에 주사요법이 주로 사용되거나, 부신피질 호르몬제를 바르며 심한 경우에는 경구투여를 하기도 하며 면역치료, 냉동치료, 두피 마사지와 발모제를 도포하는 방법이 있다.

원형 탈모 1기	동전 모양의 작지만 뚜렷한 탈모반이 나타남
원형 탈모 2기	탈모 형태가 뱀이 구불구불하게 기어가는 느낌의 탈모 나타남
원형 탈모 3기	전두성 탈모증으로 눈썹과 체모는 존재하나 머리 전체가 빠지는 형태
원형 탈모 4기	전신 탈모로 전신의 모든 털이 다 빠지게 되는 형태

※ 원형 탈모증의 형태

- 단발형 원형 탈모증 : 병소(病巢)가 독립적인 한 곳에 존재하고 탈모반 부위와 정상 부위와의 경계가 명확한 특징이 있으며 자연적인 개선효과는 뛰어나나 재발의 위험성이 높으며 다발형으로 악화될 수도 있음
- 다발형 원형 탈모증 : 여러 곳에 병소가 있어서 그것들이 일부에서 융합되어 둥근 원형의 형태를 띠는 것이 아니라 불규칙한 원형의 형태를 띠고 있는 유형
- 다발융합형 원형 탈모증 : 여러 곳에 다수의 병소가 있어서 그것들이 일부에서 융합한 형태
- 전두(全頭) 원형 탈모증 : 두상 전체에서 탈모 현상이 나타나는 유형으로 가는 연모가 존재하거나 전혀 없는 상태
- 전신성 탈모증 : 모발뿐만 아니라 몸에 존재하는 눈썹, 속눈썹, 겨드랑이 털, 음모 등의 체모까지 탈모 된 경우
- 사행성 탈모 : 양쪽 귀 부위를 중심으로 후두부나 측두부에서부터 빠지기 시작하는데 폭이 좁고 길이가 길게 연결되어 있는 구불구불한 형태로 탈모가 된 경우

| 원형 탈모 사진

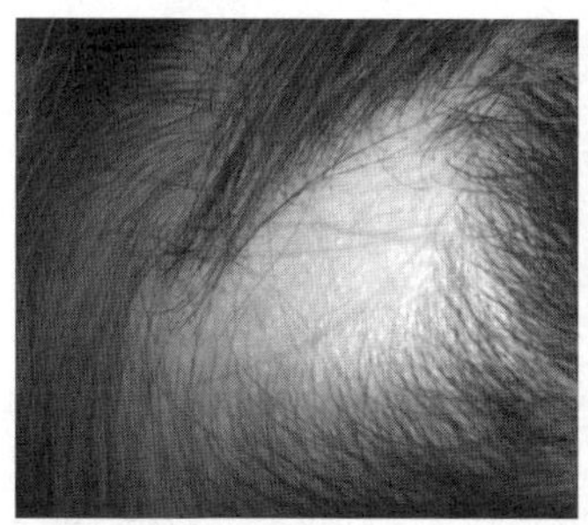
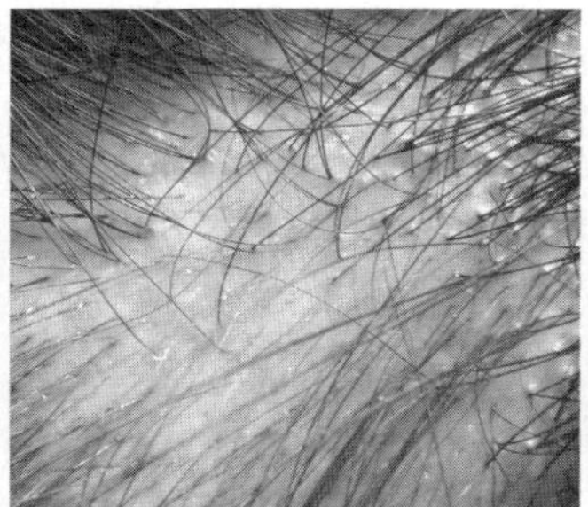
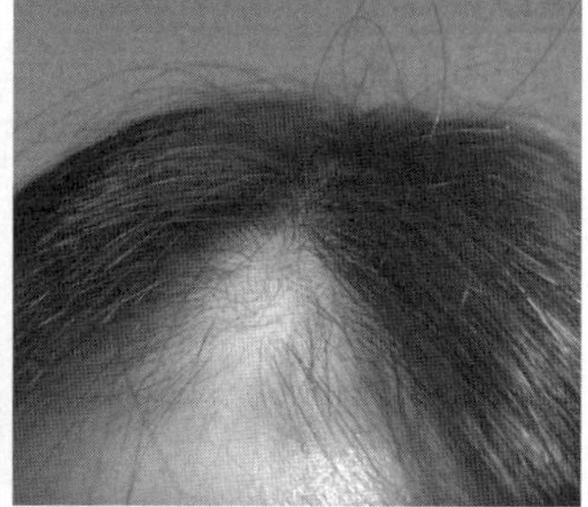

4) 산후 탈모증

산후 탈모증은 아이를 임신한 경우에는 여성호르몬의 증가로 인하여 모낭의 성장을 촉진시켜 여성의 몸에 있는 털들은 성장기가 지연되고 임신 말기나 분만 후에 시작되지만 대부분 휴지기 탈모로 다시 회복된다. 정상적인 경우라면 퇴행기와 휴지기를 지나 빠지는 모발이 하루에 50~100개 정도가 되어야 하는데, 임신 중의 호르몬 변화로 그보다 훨씬 적은 양이 빠지고, 대신 아이를 출산하면 모낭이 휴지기 상태로 동시에 넘어가면서 급격한 탈모가 유발된다. 이렇게 성장기가 지연되었던 모발들이 모두 한꺼번에 퇴행기와 휴지기의 모발이 많아져 결국 출산 후 2~5개월 동안 평소보다 2배 이상의 모발이 빠지게 되는 것이다. 탈모의 위치는 머리 앞쪽 3분의 1부분에서 주로 빠지며 전체의 25~45%정도 된다. 이런 현상은 약 6개월 정도가 지나 정상적으로 되돌아오지만 출산과 동반된 출혈 혹은 빈혈, 산후 조리를 잘못하거나 출산 후에 계속되는 육아와 업무 등의 스트레스를 받게 되는 경우에는 자연적인 탈모량보다 아주 많이 탈모되면서 정상으로 되돌아오는데 시간이 더 걸리거나 또는 임신 전처럼 되돌아오지 않는 경우도 있다.

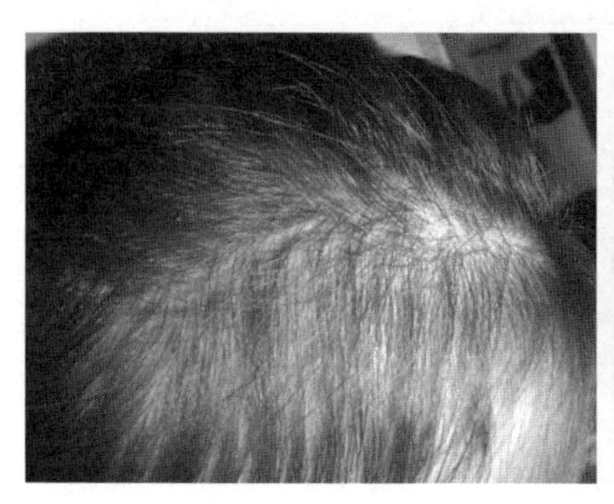
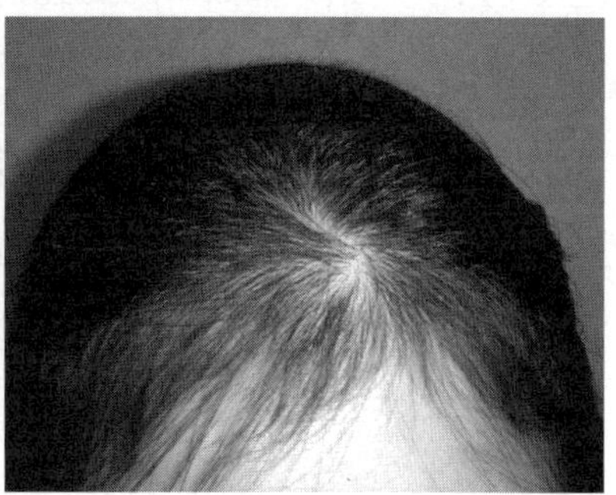

5) 지루성 탈모증

진균의 일종인 Pytirosporum ovale이 악화 인자로 작용하며 피지선의 기능이 왕성하여 피지의 분비가 많아져서 염증과 비듬이 결부되어 있다. 두피에 심한 지루성 인설과 지루피부염의 징후가 동반하여 탈모가 발생하게 되는 것으로서 지루성 탈모증은 피지선이 너무 비대해 져서 그로 인해 두피에 피지가 너무 많아서 늘 머리가 가렵고 머리를 감을 때에 머리카락이 빠지는 것을 말한다. 염증이 생기게 되면 두피가 빨개지며, 모낭 주위가 붉게 부풀어 오르거나 곪게 되고, 가렵고, 두피를 만지면 통증을 느끼기도 한다. 이런 염증이 모낭에도 악영향을 주어 탈모도 유발시킨다. 비듬이 피지선에서 나오는 피지와 혼합되어 지루가 되며, 이것이 모공을 막아 모근의 영양장애와 위축작용을 일으킴으로써 머리카락이 빠지게 된다는 것이다. 지루성 탈모증은 머리가 빠지는 등의 두피 밖에서 나타나는 질환이지만, 근본적인 원인이 우리 몸속에서 작용하는 메커니즘의 불균형으로 일어난다고 보기 때문이다. 피지선에서의 과다한 피지분비와 두피 불결은 두피로의 피지분비를 막아 피지의 모근 내 역류를 유발하며, 그로 인해 모낭과 모발의 결속력이 저하되어 성장기에 있는 모발이 손쉽게 탈락하는 현상이 나타난다. 지루성 탈모의 예방 및 관리는 피지분비의 정상화와 산화된 피지에 의한 모낭 속 세균(모낭충)의 기생 방지 및 두피 청결 부분이 중요하다. 식생활에서 균형있는 영양을 섭취하고 두피관리를 잘하지 않으면 재발의 가능성과 악화의 가능성이 있으므로 철저한 관리가 필요하다.

※ 지루성 탈모의 원인

- 두피 유형에 맞지 않은 샴푸에 의한 두피 불결과 그에 따른 모공 막힘 현상
- 과다한 스트레스로 인한 남성호르몬의 자극과 피지선의 비대
- 동물성 지방의 과다 섭취 및 식생활 불균형
- 여성 질환에 따른 호르몬 분비 이상
- 부적절한 두피 마사지와 과다한 스타일링제의 사용
- 환경오염으로 인한 모공 막힘 현상과 피지분비 이상

6) 스트레스성 탈모

스트레스로 인한 인체의 이상이 탈모를 유발하는 요인에 플러스 알파로 탈모증에 영향을 미친다. 스트레스를 받으면 자율신경의 균형이 무너지게 되는데, 자율신경의 긴장을 관할하는 교감신경이 이완을 관할하는 부교감신경의 작용보다 강해지게 된다. 그 결과 혈관이 수축되고 혈행이 악화되어 젊은 대머리, 젊은 백발이 된다. 즉 모발 영양공급의 장애 및 영양 결핍 현상들을 가져와 결과적으로 모발의 연모화 현상을 촉진시키거나 심각한 경우 모모세포의 세포분열을 관장하며 모발의 모주기를 조절하는 자율신경에 영향을 미친다. 최근에는 탈모 연령층이 점점 낮아져 10대 전후의 소아에게도 나타난다. 머리가 맑지 않고 몽롱하거나, 이유 없이 짜증이 잦고 늘 피로를 호소하는 등의 신체 증상을 동반한다. 스트레스에 의한 탈모는 무엇보다도 본인의 스스로의 의지가 필요하므로 매사에 긍정적으로 대처해야 한다.

7) 외상성 탈모증

외부에서의 자극이 원인인 물리적인 힘에 의하여 강제적으로 탈모되는 것을 의미하며 탈모 유형으로는 견인성 탈모증, 발모벽, 압박성 탈모증이 여기에 속한다.

(1) 견인(결발)성 탈모증

모근부에 일정 강도 이상의 힘이 가해져 생기는 탈모증의 일종으로 모근의 손상이 올 수 있으며, 또한 심각한 경우 부분적인 영구 탈모 현상이 나타날 수 있다. 선천적인 경우보다는 후천적 성향이 크게 작용하며, 이 같은 현상은 여성의 업스타일 혹은 묶음머리 스타일에서 나타나는 것으로 장시간 묶는 스타일 형태는 모발의 탈락과 두피 혈행장애를 일으키는 요인으로 작용할 수 있다. 견인성 탈모의 경우 일시적으로 탈모현상이 나타나는 것보다는 장기간에 걸쳐 서서히 나타나므로 일반적으로는 본인이 느끼지 못하는 것이 특징이다.

(2) 발모벽(trichoti lomania)

자신도 모르는 사이에 자신의 모발을 잡아당겨 탈락시키는 비정상적인 버릇으로 모발을 뽑는 정신증이다. 주로 10세 이하의 우울증이 있는 여자어린이에게서 볼 수 있다.

(3) 압박성 탈모증(pressure alopecia)

두피가 외부 혹은 내부로부터 압박되어 혈액과 영양이 정상적으로 공급되지 못해 생기는 탈모증상으로 오랫동안 누워있는 영아의 후두부나 수술 후 같은 위치로 누워 있는 환자에게서 볼 수 있다.

8) 선천성 탈모증

출생 시에는 털이 나 있는데, 생후 2~3개월 안에 빠지는 경우가 많다. 피부의 발생 장애로 땀샘이 없어서 땀이 나오지 않거나, 손톱 발톱이나 이도 결손되는 일이 있다. 치료법은 없고 일찍 가발을 사용한다.

9) 내분비 이상에 의한 탈모증

내분비(호르몬)는 모주기와 털의 형태에 영향을 미친다. 모발주기의 장애로서는 성장기의 활동을 방해하고 휴지기의 기간을 연장시키는 작용으로 인하여 탈모 증세가 나타나게 된다.

(1) 하수체 기능 저하

하수체의 기능이 떨어져서 발생하는 탈모 현상이다. 모발은 물론이고 겨드랑이 털이나 음모가 빠져버리는 수도 있다.

(2) 갑상선기능저하

갑상선의 기능이 떨어져서 발생하는 탈모 현상으로 눈썹의 수가 적어지는 것이 특징 중의 하나이며, 머리에서 시작하여 체모의 수도 점차 줄어들게 된다.

(3) 부갑상선의 기능 저하

부갑상선의 기능이 떨어져서 오는 탈모 현상으로 머리숱이 전반적으로 줄어들고 머리카락이 건조하면서도 쉽게 빠져 버리는 것이 특징이다.

(4) 갑상선 기능 항진

갑상선의 기능이 항진되어 나타나는 탈모 현상으로 이 경우의 탈모는 가끔 원형 탈모증으로 진행된다.

(5) 당뇨병으로 인한 탈모

당뇨 조절이 제대로 이루어지지 않아 나타나는 탈모 현상이다.

10) 영양불량으로 인한 탈모

모발은 인체 중에서도 가장 분열이 극심한 곳이다. 그런 만큼 항상 많은 영양을 필요로 하고 있다. 영양불량을 일으키면 모모세포가 위축되고 모 주기도 짧아져 탈모를 일으킨다. 이때 영양 상태가 좋아지면 탈모 증세도 나아지는 것이 대부분인데 만약 개선되지 않으면 완전 탈모의 위험성도 있다.

11) 약물에 의한 탈모증

약물과 같은 화학물질이 털의 생성 발육 과정에 영향을 끼쳐 모발이 정상적으로 성장하는 것을 저해하여 탈모현상이 나타날 수 있다. 약물의 작용을 받고 10~12일 정도가 지난 뒤부터 탈모가 나타나기 시작한다. 이때 원인이 되는 약물 사용을 멈추게 되면 원래의 상태로 되돌아가 것이 일반적인 특징이다. 이 탈모 증상은 약물의 종류에 따라 조금씩 달라진다.

① 항암제는 세포의 분열 증식을 억제하는 작용이 모모세포에까지 미쳐 급격한 탈모증세가 발생하게 된다.

② 항응고제는 모유두에 있는 혈관의 혈액 성분에 변화를 초래하여 털로 가는 영양장애를 일으켜 탈모 증세를 가져온다.

③ 털의 성분인 케라틴 콜레스테롤 등에 변화를 가져오는 비타민 A 과잉은 성장기 모발을 더 빨리 휴지기로 이행시켜 탈모의 원인이 된다.

④ 피임약을 복용 중일 때는 임신 기간과 같이 잘 빠지지 않지만 약물을 중단했을 경우에는 산후 탈모와 같이 약 36개월간 지속적으로 빠지게 된다.

12) 피부병변은 발견할 수 없으나 병적인 피부에서의 탈모증

(1) 염증에 의한 탈모증

최근 점차 증가 추세에 있는 것이 아토피성 피부염에 의한 탈모 현상이다. 탈모된 주의의 두피가 빨갛게 거칠어져 있음을 발견할 수 있다. 염증에 의한 탈모증은 원형 탈모증과도 조금은 비슷하지만 탈모된 부위의 경계가 분명하지를 않고 모공에는 꺽어진 머리카락이 있으며, 이는 하의스다스트나 진드기 등이 주요 원인 중의 하나라고 보고 있다. 또한, 전신성 에리테마토데스(홍반성 낭창), 피부근염 등 교원병에 의해서 피부의 홍반, 탈모, 관절, 근육의 동통 등의 증상을 나타내는 여성에 흔한 난치병으로 머리카락이 쉽게 빠진다.

(2) 감염에 의한 탈모증

한센병, 매독이나 백선 등의 감염병에 의해서도 탈모 증세가 나타난다. 매독일 때의 탈모는 제2기로 진입했음을 나타내는 증세이고, 백선은 모포 속의 털을 균이 파괴하여, 한센병은 뇌종성침윤이 모포를 침입하여 탈모가 진행된다.

(3) 종양에 의한 탈모증

두피에 양성이나 악성의 종양이 발생하면 종양세포의 침투로 인해 모포가 파괴된 뒤 중독성 변화로 탈모 증세가 나타날 수 있다. 또한, 모포성무틴 침착증이라는 병이 악성 임파종에 합병될 수 있으며, 이것은 모포벽이나 지선에 점액물질의 침착되어 탈모 증세를 발생시키는 것이다. 유방암에서도 탈모(신생물 탈모증) 증세가 나타난다. 마치 원형 탈모증과 그 증세가 비슷하나 조직 검사를 해보면 그 부분으로 암이 전이된 사실을 알 수 있다. 종양에 의한 탈모 현상이 나타났을 대는 원인이 되는 병을 치료하는 것이 급선무이다.

13) 반흔성 탈모증

겉으로 보아 반흔이 있고 여기에 탈모가 동반되고 있는 경우를 반흔성 탈모라고 한다. 케스트르독창, 종기, 탈모성 모포성 대상포진 등의 감염종에 의해 반흔과 탈모가 일어나는 감염에 의한 것과 원반상 홍반성 낭창(discoid lupus erythema tosus), 편평대선, 강피증 등으로 일어나는 특수 질환이 있다. 이밖에 산과 알칼리의 자극으로 인한 화학적인 원인에 의한 탈모와 열탕이나 대량의 방사선을 쪼이면 반흔과 함께 탈모되는 물리적 원인에 의한 탈모가 있다.

2. 모발의 구조의 병리 현상

모발 구조의 병리적 현상은 다음과 같이 나눌 수 있다.

외적인 병리 현상으로 물리적인 현상(압력, 당김, 고무줄, 머리핀, 마찰, 금속성 제품, 빗질, 베게 등에 의해 손상)이며, 환경적 요인(태양, 자외선, 환경오염, 온도 과열, 건조 등에 의한 손상)이다. 화학적 현상 과다 농축제품, 중화제(과산화수소), 알칼리에 의한 손상, 시간 초과와 잔류한 화학물질 등에 의한 손상)이며, 병적인 현상(박테리아, 기생균, 미생물, 비위생적인 환경)등이 있다. 내적인 병리 현상으로는 감염, 비타민 결핍, 약물중독, 경구피임약 과다 사용, 스트레스, 신경과민, 출산 전후, 다이어트, 편식, 호르몬, 내분비 계통의 질환 등이 있다.

1) 염전모(pili torti)

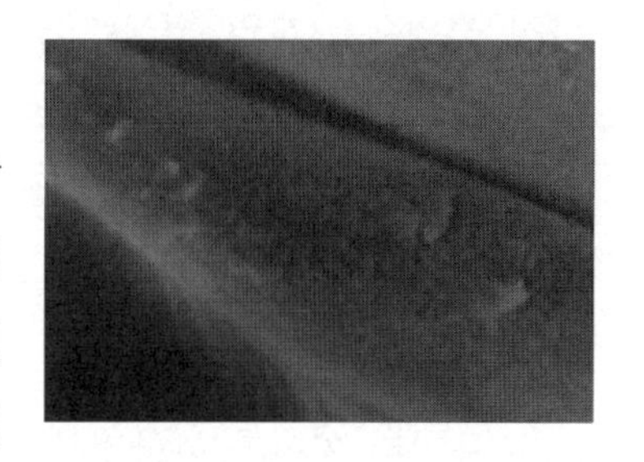

선천성, 가족성으로 주로 나타나며, 모발의 세로 방향으로 나사 모양으로 털이 비틀어져 꼬인 상태로서 모간은 가는 부분과 굵은 부분, 색은 엷은 부분과 진한 부분으로 나타난다. 육안적으로 부분적인 탈모 현상이 나타나며 모발은 짧고 쉽게 부러져 부분적인 탈모를 보이며 반짝반짝 빛나는 양상을 볼 수 있다. 주로 유아기나 소아기에서 두발, 눈썹, 속눈썹이 모발은 장축에 따라 나사 모양으로 꼬이며 편평하게 침범되며 사춘기에 호전된다. 선천성인 경우엔 상염색체성 우성으로 유전되며, 후천성인 경우엔 다른 피부 및 정신이상을 동반한 여러 증후군과 연관되어 나타날 수 있으며, 유전적인 원인이 많지만 오랫동안 병상에 누워 있는 환자들 중에 발견되기도 한다. 외부의 물리적 충격을 최대한 줄여야 한다.

2) 연주모(monilethrix)

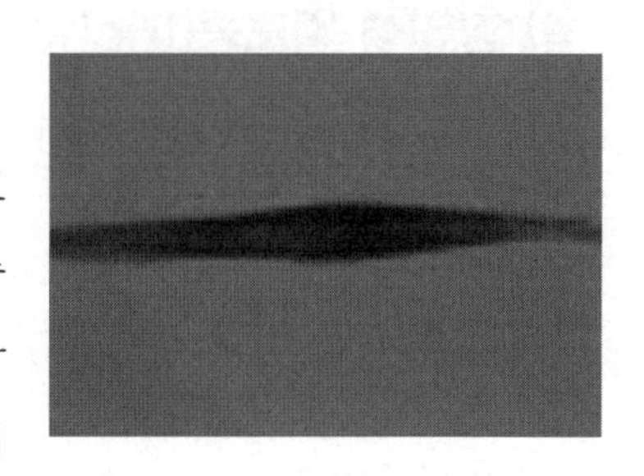

모발 형성의 이상으로 모간의 두께가 고르지 않고 결절 모양을 보이며 잘 부러진다. 모낭의 과다 각화증으로 인하여 두피는 꺼칠꺼칠하고 건조해 보인다. 상염색체성 우성으로 유전되는 선천성 질환으로 두피 모발에 다발성 결절들이 형성되고 결절들 사이는 위축이 되거나, 모간에 약 1mm 주기로 팽대부와 협부가 교대로 나타나 마치 진주목걸이 또는 염주 모양의 모발이 형성된다. 생후 3개월에 발생하여 유아 및 소아기에 현저하게 나타나고, 두피뿐만 아니라 눈썹, 음부, 액와 부위에도 침범할 수 있다. 간혹 사춘기에 자연적으로 호전되는 경향이 있으나 평생 좋아지지 않는 수도 있다. 부신호르몬제, etretinate 전신요법으로 효과가 있다는 보고도 있다.

3) 결절성 열모증(trichorrhexis nodosa)

모간에 불규칙한 간격으로 배열된 작은 백색 결절들이 있으며, 이 결절들의 외관을 현미경으로 보면 모발이 부러져서 많은 가닥으로 갈라진 모양이 2개의 빗자루를 양끝으로 붙여 놓은 것 같다. 이 질환은 주로 두발에 나타나나 수염, 음모, 액와부 및 가슴의 털에서도 볼 수 있다. 선천성인 경우에는 전신에 분포된 모발에서 발생되고, 후천성인 경우에는 자학 증세가 있는 정신 질환, 소양감이 심한 피부 질환이 있어 긁거나 문지르며 털을 꼬는 물리적 원인과 화학적 물질들의 손상으로 발생하는 경우 및 모발 각질의 유전적 결함으로 모발이 취약하여 발생하는 경우가 있다. 임상적으로 빈모증, 탈모증을 초래하므로 모발 외상을 피하고 소양증을 치료해야 한다. 선천적으로 나타나지만 후천적으로도 과도한 세발이나 빗질에 의해서도 생길 수 있다. 그러므로 모발이 부스러지는 손상을 방지해 주어야 하기에 라롤린, 프로테인, 아미노산, 아몬드가 함유된 재활성 트리트먼트를 해주어야 한다.

4) 함입성 열모증(trichorrhexis invaginata)

대나무 모양의 털이라고도 하며, 각화를 시작하는 모낭의 부위에서 원위부의 털이 근위부의 털로 말려들어가 결절이 형성되어 모간이 중첩되어 대나무처럼 보인다. 모피질 내에서의 황화수소기가 황결합으로 치환되는 것이 결핍되어 모피질이 부드러워지고 부드러워진 모피질이 손상되어 합입되는 것이다. 상염색체성 열성으로 유전적되며 여아나 소아기의 여자들에게 잘 발생하며 임상적으로 모발이 부러지고 수가 적어진다. 사춘기나 성인기 초기에 자연 치유된다.

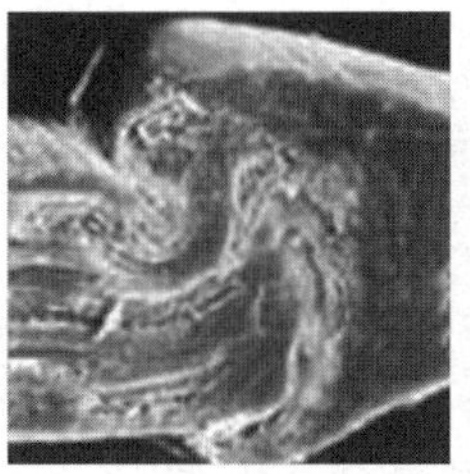

5) 백륜모(pill annulati, ringed hair)

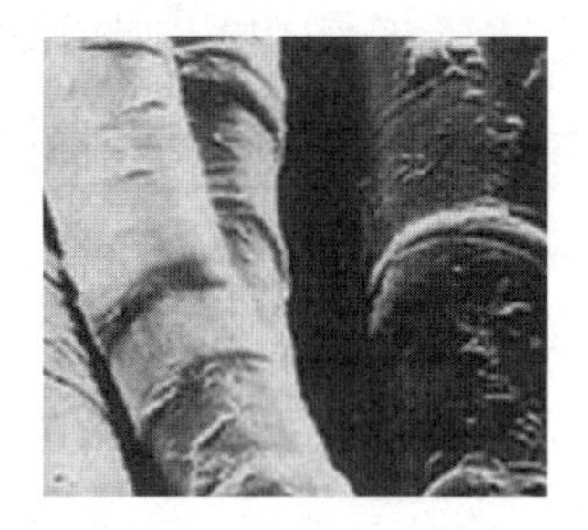

이 질환은 보기 드문 선천성 질환으로, 원인은 불확실하나 가족으로 발생되고 상염색체성 우성으로 유전되기도 하며 옅은 색깔의 모발을 지닌 사람에서 나타난다. 모간 피질의 각질형성에 이상이 있어 모간의 직경은 일정하나 장축에 따라 불규칙하게 기포가 형성되는 선천성 질환으로 모발 내에 고리 모양이 나타난다. 이것은 모간의 모수질과 모피질 내에 비정상적으로 공기가 함유되어 빛의 반사 차이에 의해 흑색과 백색의 띠가 교대로 나타나기 때문이다. 모발의 성장은 정상이어서 정상 길이의 모발까지 자랄 수 있고, 특별한 치료법은 없으며 계속 유지되는 것으로 알려져 있다.

6) 양털 모양 모발(wooly hair)

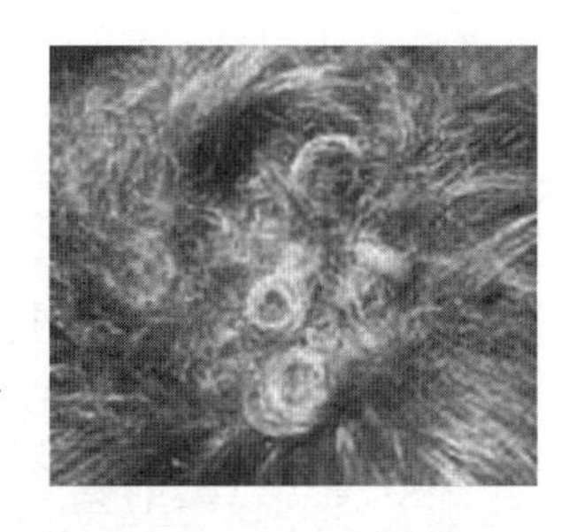

양털같이 끝이 가는 곱슬머리가 두피에 부분적 또는 전체적으로 밀집되며 출생 시에 나타나나 아동기에 가장 심하며 보통 12cm 이상 자라지 못하지만 어른이 되면 어느 정도 호전되는 질환이다. 양털 모양의 모발은 한 타래로 뭉쳐지는 경향이 있어 빗질이 힘들다. 상염색체 우성 또는 열성 유전을 하는 경우와 양털 모양의 모발이 두부의 일부에 국한적으로 나타나는 양모 모반(wooly hair nevus)이 있다. 다른 피부질환은 동반되지 않으나 염전모나 결절성 열모증과 동반되기도 한다.

7) 모원주

두피의 모간을 둘러싸는 단단한 회백색의 각질성 부착물로 모발을 둘러싸고 있으며 모발을 따라 자유로이 움직일 수도 있다. 육안으로는 머릿니의 알과 같은 서캐와 비슷한 형상을 하고 있다. 주로 긴 머리를 묶는 습관과 관련이 있으며, 건선이나 태선 혹은 지루성 피부염과 동반되기도 한다. 남아보다 여아에게서 호발되며 최근 국내 연구에서 정상 여아의 70%에서 모원주가 관찰되고 있다고 보고한 바 있다.

8) 수발가성 모낭염

피부에서 나온 모발이 다시 구부러져서 피부를 찌르는 증상으로서 염증을 유발하고, 눈썹에서 많이 볼 수 있으며, 또한 흑인 남자가 면도를 할 때 악화된다. 치료는 면도를 피하여야 하며, retinoic acid를 국소 도포하여 효과가 있었다는 보고가 있다.

9) 모발 모공각화증

모낭유두(follicular infundibulum)의 과각화증으로 모낭공이 부분적으로 폐쇄되어 휴지기 털이 빠지지 못하기 때문에 모낭이 솜털의 뭉치가 있는 깔대기 모양의 각질 전(horny plug)으로 채워져 있다. 노인의 코와 이마에서 주로 나타나며, 어깨와 등에 나타날 때는 면포와 같은 작은 흑점으로 보인다. 치료는 제모제 왁스를 사용한다.

10) 조모증(hirsutism)

조모증과 다모증(hypertrichosis)은 동의어로 사용되며 모발이 비정상적인 과도한 성장을 의미하며, 모발의 분포는 인종에 따라 차이가 많다. 예를 들어 라틴계, 유태인, 웨일즈 지방의 여자들은 일본이나 인도의 여자들보다 털이 많으며, 갈색 머리의 여자들은 금발의 여자들보다 얼굴, 가슴에 털이 더 많은 경향이 있다. 따라서 개인에 있어서 조모증 여부를 판단하는데 있어 인종적인 특징이 중요한 요인이 된다. 종류로도 원인 불명의 조모증, 국소성 조모증, 유전성 조모증, 내분비성 조모증, 외인성 조모증이 있다.

(1) 원인 불명의 조모증(idiopathic hirsutism)

특별한 외적 원인이나, 분명한 내분비 인자와 관계없이 생긴 조모증을 의미하며, 유전적인 성향이 있다.

(2) 국소성 조모증(localized hypertrichosis)

여러 색소성 모반, 만성 염증, 만성 외상, 스테로이드제제나 androgen제제의 국소도포, 국한성 점액수종(localized myxodema) 등에서 볼 수 있다.

(3) 유전성 조모증(genetic hirsutism)

선천성 기형과 함께 조모증이 나타나는 것이다. 상염색체 우성이 유전되면서 전신에 많은 솜털이 나고 치아의 기형 및 치육 섬유종(gingival fibromatosis)이 동반되는 선천성 취모 다모증(congenital hypertrochosis lanuginosa)과 심한 다모증, 대리석 모양의 피부, 안면 청색증, 성기와 유두 및 배꼽의 형성 부전, 정신박약증, 이상한 울음소리 등이 동반되는 cornelia delange 증후군이 있다.

(4) 내분비성 조모증(endocrlnopathic birsutism)

분명한 남성화 징후(masculinization)를 보이고, 하루 배설뇨 중 17-ketosteroid 양이 20mg 이상되는 경우에 내분비성 조모증이라고 할 수 있다. 부신, 난소 및 뇌하수체의 질환으로 생길 수 있다. 부신성 조모증은 선천성 부신 비대, 성인 부신-생식기 증후군(adult adrenogenital syndrome) 부신의 선종이나 암에서 생길 수 있다. 난소성 조모증은 steinleventhal 증후군, 난소의 전이암(krikenberg tumor), arrhenoblastoma, theca cell tumor, cystadenoma 등에서 나타난다. 뇌하수체성 조모증(cushing)은 증후군 선단 거대증(acromegaly)에서 볼 수 있다.

(5) 외인성 조모증(iatrogenlc hirsutism)

약제로 인한 다모증이며 다모증을 일으킬 수 있는 약제로는 dilantin, minoxidil, corticosteroids, hexachlorobenzene, testoserone 등이 있다. 여자에 있어서 testosterone은 용량보다 testosterone에 대한 감수성이 좌우된다.

11) 발진성 연모낭증(eruptive vellus hair cysts)

진피 내에 층을 이루는 각질과 연모를 채워진 낭종을 보이는 질환이다. 임상적으로 자각 증상이 없는 지속성 색소 침착성 구진으로 가슴에 자주 나타나며 팔에도 나타날 수 있다. 색소침착이 없는 증례도 보고된 바 있다.

12) 액와 모발진균증(trichomycosis sxillaris)

겨드랑이 및 치골부의 모발에 여러 색깔의 소 결절이 생기는 질환이다. 이 결절들은 산재하여 모간에 견고하게 붙어 있으며, 황색 내지 적색, 혹은 흑색을 띤다. 땀을 많이 흘리는 사람에게는 흔히 볼 수 있으며, 치료는 병변 부위의 털을 면도하고 외용 항생제를 사용한다.

13) 모발케스트

모근부에서 표피에 가까운 모낭 내의 모근초 부분이 각화하여 모발의 성장과 같이 밀려 나가는 것이며, 일반적으로 건성피부인 사람에게 많으며 모간부에 하얀 꼬치상의 결절을 만들고 건성피부인 사람에게 많으며, 모발을 뽑았을 때 모간부에 하얀 결절을 만들고 손가락으로 쭉 밀면 움직여 이동한다. 두피에 오일 트리트먼트를 하면 방지가 된다.

14) 서캐(nit)

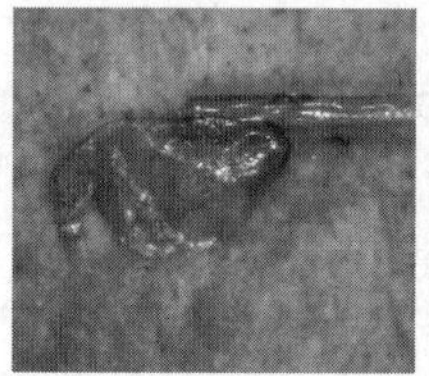
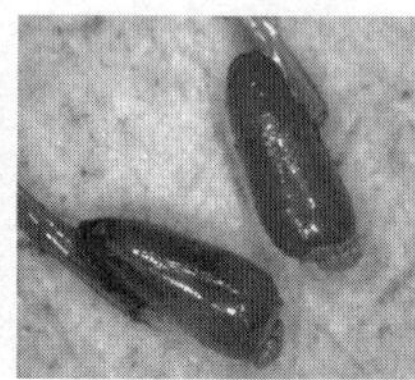

황백색, 타원형이고 한쪽 끝에 뚜껑이 있다. 크기는 약 0.8~0.3mm이며, 머리카락 또는 의복 섬유에 시멘트 같은 물질로 단단히 붙어 있다. 7~8일 후에 부화한 제1령 자충(nymph)은 흡혈한 후 2~4일 후 탈피하여 제2기, 제3기 약충 시기를 지낸다. 알에서 최종 약충 시기를 거쳐 성충이 되기까지 12~28일이 필요하며, 성충은 약 1개월 생존한다.

15) 모발 이(head louse)

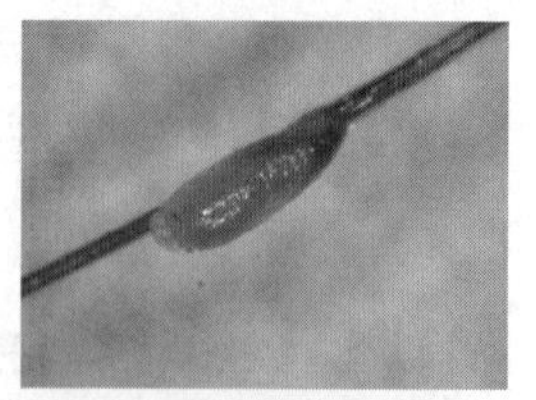
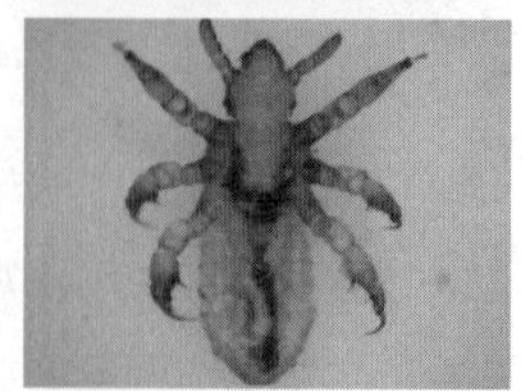
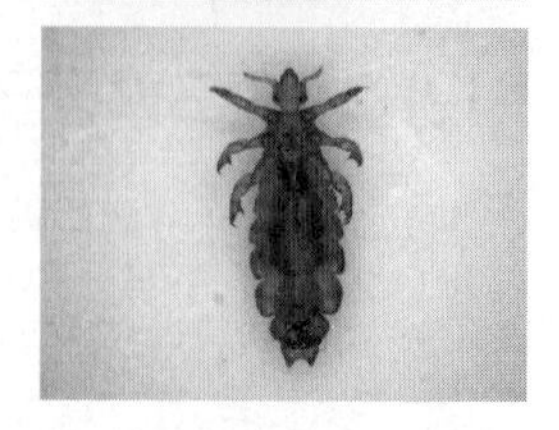

이과(Pediculidae)에는 이(Pediculus humanus)와 머릿니(Pediculus humanus humanus)의 2종만이 있지만 인간생활에 깊은 관계가 있어서 중요하다. 머릿니는 사람의 불결한 머리털에 기생하는데, 알은 머리털의 기부 가까이에 분비물을 분비하여 고착시킨다. 암컷은 1일 3~10알, 일생에 약 300개의 알을 낳고 유충기는 약 10일이다. 머릿니는 주로 사람의 머리에 기생하며 생활한다. 사람과 사람, 그리고 모자, 머리빗, 수건, 침구, 스카프, 의복 등 신체에 직접 접하는 물건들을 공동으로 사용하는 곳에서 쉽게 전파된다. 장발의 경우가 단발의 경우보다 머릿니의 발생이 훨씬 높다.

16) 사모

사모는 모발에 하얀 서캐 같은 것이 부착된 것으로 일종의 곰팡이이므로 역성비누로 씻으면 효과가 있다.

17) 모발 발거증

정신적인 요인, 습관성, 꼬거나 잡아당기는 것, 편집증상, 강박관념 때문이며, 관리는 감정상의 원인 치료가 필요하며 사회생활을 할 수 있도록 도와주고 장갑, 모자 등을 착용한다.

18) 화상모

열기구에 의해 손상된 모발의 형태가 수분을 흡수한 것 같이 보이나 부풀어져 있는 상태이며 관리는 비타민 E, 비타민 B, 요오드, 단백질 성분이 함유된 음식이 좋으며 콜라, 커피, 초콜릿, 햄, 베이컨을 피하는 것이 좋다.

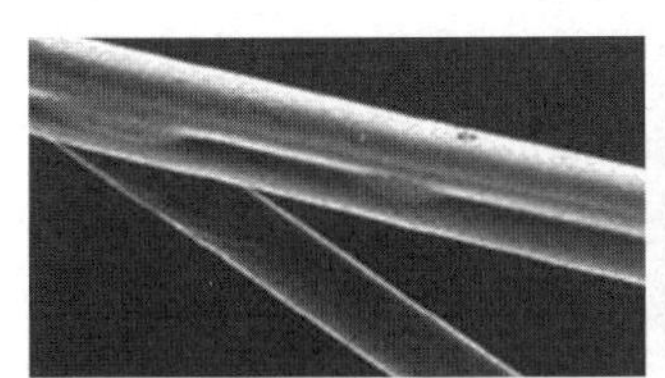
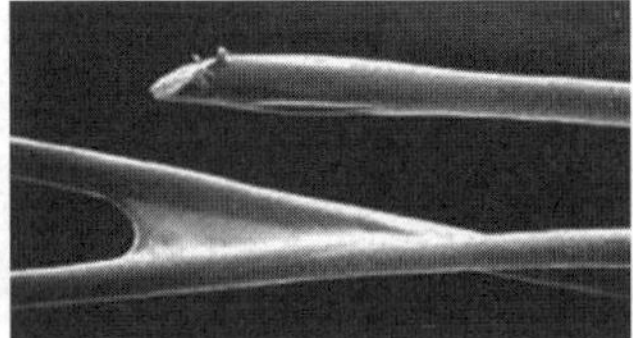

헤어스프레이를 뿌린 모발

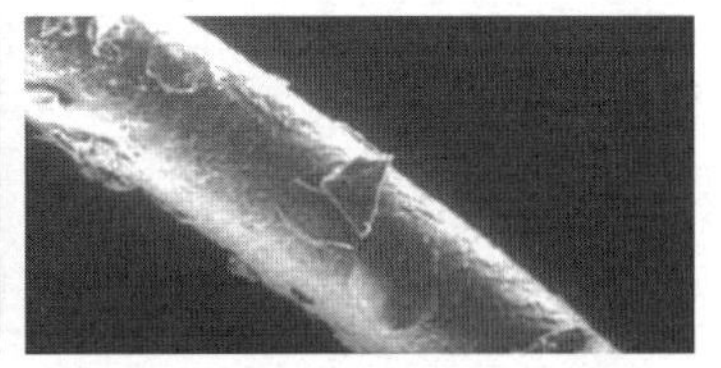

모발에 오염물이 묻어 있는 상태

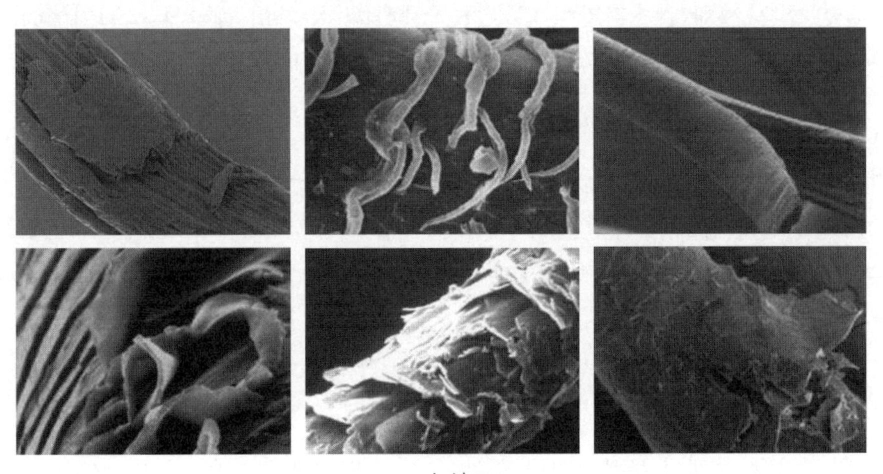

손상모

3. 모낭과 관련된 질환

1) 모낭염(foliculitis)

모낭의 염증으로 이는 미생물 감염뿐 아니라 화학물질로 인한 자극이나 물리적 손상도 원인이 된다. 모낭 구조는 피부 표면부터 진피 깊숙이까지 계속되어 있어 염증은 표재성으로 존재하기도 하고 또는 심부 깊은 곳까지 침범하기도 한다. 표재성 농포성 모낭염은 모낭의 누두부에 발생한 얇은 농포로 구성된 모낭의 염증으로 황색 포도상구균(Staphylococcus aureus)에 의해 발생한다. 터지기 쉬운 황백색의 동그란 돔 모양의 농포가 털 구멍에 일치하여 발생하며, 여러 개가 모여 있다. 대개 수일 내에 낫지만 가끔 만성으로 이행되기도 한다. 작은 농포가 모공개구부 가까이에 발생하며 가렵고 통증이 있다. 가피가 형성되지만 적당한 치료를 했을 때 상처 없이 치유된다. 심재성 모낭염은 작은 표재성 농포를 통하여 더 깊고 더 큰 농양과 연결되어 있다. 코털을 뽑거나 겨드랑이 털이나 수염을 면도하거나, 석유 혹은 파라핀을 국소 도포함으로써 발생한다. 이때는 점차로 심부로 확대되어 절종증을 일으키거나 반흔과 탈모를 일으키게 된다. 모낭염을 진단할 때는 세균성 모낭염을 비세균성 모낭염과 감별하는 것이 중요하다.

(1) 그람 음성균에 의한 모낭염

여드름 혹은 주사 치료 시 장기간 항생제 투여의 합병증으로 그람 음성균에 의해 표재성 농포 혹은 심재성 소결절이 갑자기 발생한다. 환자의 대부분은 남자이며 피지 분비가 과다한 사람에게 호발한다. 증상은 다수의 황색 농포가 얼굴의 중앙 부위인 입술, 턱, 비구순구(nasolabial fold), 그리고 뺨에 발생하여 주변으로 확산된다. 심상성 여드름의 농포와는 달리 농포 내에서 면포는 발견되지 않는다. 일부 환자에서는 큰 염증성 결절과 농포가 발생한다. 병변 부위에 소양증이 흔히 나타난다. 원인은 장기간의 항생제 투여로 피부와 비공점막의 그람양성 상주균이 억제되고 그람음성균으로 대치되는 생태학적 불균형이 발생한다.

(2) 녹농균 모낭염

뜨거운 목욕통 속에서 목욕하거나 또는 공중 수영장에서 수영 후 1~4시간 내에 가려운 반점, 구진, 소수포 또는 농포성 병변이 털 부위에 나타난다. 대부분 겨울에 발생하고 몸통, 겨드랑이, 둔부, 상완에 생기며, 귀와 목도 아프고 두통, 발열, 불쾌감이 동반되기도 한다. 이 질환은 1~2주 이내에 치료하지 않더라도 좋아지나 초산으로 습포하면 좋다.

(3) 말라쎄지아 모낭염

가슴, 등, 상완, 목, 드물게 안면에 작은 모낭성 구진, 농포가 생긴다. 소양감이 흔하며 면포가 없고, 발진이 주로 체간에 있는 점이 여드름과 감별점이나 두 질환이 공존할 수도 있다. 심한 일광 노출 후, 경구 스테로이드 투여, 면역 억제요법, AIDS환자에서 합병증으로 나타나기도 한다. 모낭 속에서 효모균이 발견되므로, 국소 항진균제요법에 잘 반응한다. 그러나 대부분의 환자에서 간헐적인 치료를 하지 않으면 병소와 소양감이 재발하므로 예방책이 필요하다.

(4) 독발성 모낭염

탈모를 동반하는 모낭 심부의 만성 염증으로 두피에 주로 발생하지만 드물게 액와부에도 발생할 수 있다. 초기에는 모낭성 농포와 구진이 모여서 발생하지만 점차 화농화, 습진화되어 가피가 형성되고 모발이 빠진다. 주변부는 새로운 모낭성 구진들이 형성되고 중앙부는 반흔과 탈모가 형성된다. 원인은 모낭 감염에 대한 비정상적인 반응으로 생각되며, 농루관을 형성하고 포도상구균이 가장 흔히 발견된다. 치료는 광범위 항생제의 내복과 국소 도포를 하며 만성 시에는 부신피질 호르몬제의 국소 도포 및 병변 내 주입이 도움이 된다. 약물치료에 불응하는 경우 외과적 치료와 제모(epilation)가 이용된다.

(5) 농양성 천굴성 두부 모낭 주위염

많은 모공과 모공 주위의 염증 반응으로 결절을 형성하는 두피의 드문 만성 염증성 질환이다. 결절이 화농화되어서 조직을 침범하고 상호 교통을 형성한다. 켈로이드 형성과 탈모가 있는 반흔이 나타나지만, seropurulent 배농이 무기한으로 계속될 수도 있다. 원발진은 큰 면포로서, 그 주위에 이물에 대한 조직의 반응 때문에 농양이 형성된다. 이 질환의 결과는 응괴성 여드름과 화농성 한선염과 아주 유사하므로 심상성 좌창의 변형으로 생각되거나 면역학적 이상반응으로 발생되기도 한다.

(6) 천공성 모낭염

상지의 신축부, 둔부, 대퇴부를 침범하는 직경 2~8mm로 무증상의 홍색 모공성 구진이며, 모낭 구진에서 작은 흰색 각전을 제거하여 작은 출형 분화구가 남게 된다. 치료는 비타민 A를 매일 20만 unit, 각질용해제 도포(두피 클렌징 전용 샴푸제), 국소 부신피질 호르몬제를 사용하지만 만족할 만한 효과는 적다.

(7) 호산구성 농포성 모낭염

호산구는 혈액 백혈구 세포의 일종으로서 기생충 질환과 알레르기 질환을 비롯한 여러 질환에서 증가하게 되어 심한 호산구 침윤을 보이는 군집된 모낭성 농포가 나타나는 질환이다. 흔히 소양감과 말초혈액의 호산구 증다증이 동반되고, 호전과 악화를 반복하는 만성 경과를 취한다. 병변이 지루성 부위에 호발하며 인설과 가피가 모낭성 구진과 함께 관찰되므로 피지선과 관계있다고 하지만 뚜렷한 원인은 모른다. 이 질환은 20~40세 남자의 얼굴, 체간, 상지에 호발한다. 드물게 모낭이 없는 손, 발바닥에 발생되는 경우가 있는데 이런 경우 호산구성 농포성 피부염이라고 한다. 병변은 처음에 모낭성 구진과 농포가 있는 환상의 판으로 시작하며 점차 주변으로 퍼지면서 중앙부는 깨끗해진다. 소양감을 동반하며 호전과 재발을 반복하는데 재발할 경우 호산구 증다증이 흔히 동반된다.

(8) 가성 모낭염

안쪽으로 성장하는 모발에 의해 턱수염 부위와 목덜미 부위에 발생한다. 이러한 모낭염에서 구진과 농포는 모낭 옆에 위치하고 모낭 내에는 존재하지 않는다. 턱수염을 기르거나 화학적 탈모제 또는 개인 소유의 다양한 면도기의 사용으로 치료할 수 있다.

(9) kyrle 병

이 질환은 모공 질환으로 모공 내에 각질 원추체를 형성하여 진피 내로 돌출하며 제거했을 때 함몰을 보인다. 이 구진은 산재되어 있으나 융합되어 소용돌이 모양의 반점을 이루기도 한다. 하지 두부, 경부에 호발하여 특히 하지에서 가끔 융합된 사마귀 형태의 판이 보인다.

이 질환은 특히 당뇨병, 간장 질환 및 신장질환에 부수되어 나타난다. 상염색체 열성 유전으로서 비정상적인 탄수화물 신진대사나 비정상적인 비타민 A 신진대사가 원인으로 생각되어 왔다.

(10) menkes dinky hair 증후군

장으로부터 copper 흡수장애로 근육, 신경, 피부 및 여러 대사에 이상을 초래하는 질환동(copper)이다. 모발의 변화가 특징적이며 출생 시에는 정상적인 모발 형태를 가지나 수주 내 모발은 약해지고 탈색되어 광택이 소실된다. 현미경으로 관찰하면 염전모(pilitorti), 연주모(monilethrix), 결절성 열모증(trichorrhexis nodosa)이 관찰된다.

(11) 안면 모낭성 홍색흑피증

모낭을 침범하는 홍반성 침착 질환으로 적갈색의 경계가 뚜렷한 대칭 형태이다.

(12) 모낭충

모낭충 크기 : 0.1 ~ 0.3mm

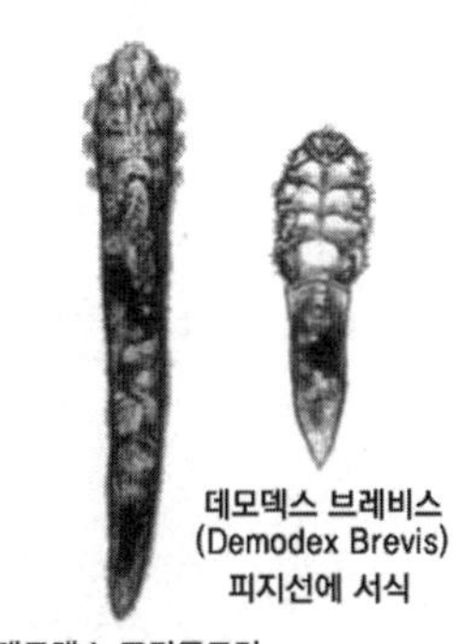

데모덱스 브레비스 (Demodex Brevis) 피지선에 서식

데모덱스 포리큘로럼 (Demodex Folliculorum) 모근에 서식

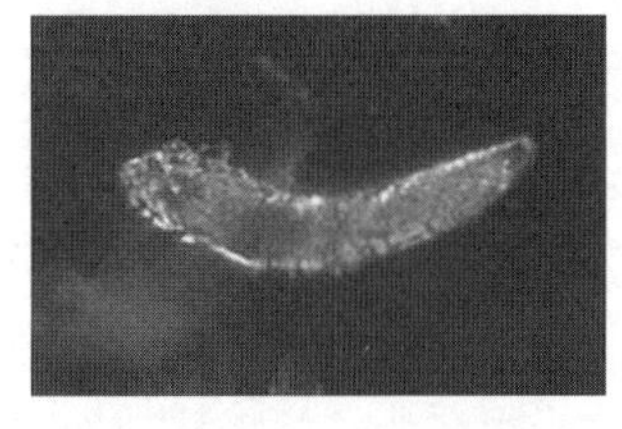

모낭충(Demodex)은 여드름 진드기라고도 하며 진드기류 기생충의 한 일종으로 가축이나 사람의 눈꺼풀이나 코 주위, 외이도(外耳道), 머리 등의 피지선(皮脂腺)과 모낭에 기생하는데, 모낭과 피지선을 뚫고 들어가 피지와 노폐물로 영양분을 섭취한다. 또한, 피부 2~3mm 속 진피층에 살며 진피층의 조직인 콜라겐과 엘라스틴을 갉아 먹으며, 진피층의 모세혈관을 갉아 먹어 파괴하기도 한다. 이 일정한 수 이상으로 존재할 경우 모낭에 심각한 피해를 일으키지만 모낭충이 존재한다고 해서 모두 탈모를 유발시키는 것이 아니라 일정 수 이상의 모낭충이 존재하는 경우 탈모가 발생할 가능성이 높다. 개나 돼지의 경우에는 탈모와 피부 발적(發赤)을 일으키며, 특히 개의 모낭 안에는 200여 마리씩 기생하여 모낭충증을 일으킨다. 가축 이외의 포유류에도 기생하여 해를 끼친다. 모낭충이 탈모에 미치는 영향에 대한 견해로는 현재까지 크게 다음과 같은 네 가지로 나누어서 살펴볼 수 있다.

① 리파아제(Lipase)

모낭충은 피지를 먹고 살며 필수적인 영양을 빼앗아 먹는다. 모낭충이 리파아제(지질 분해효소)를 분비하여 피지와 모근의 지질 성분을 분해시켜 영양분으로 사용하므로 모근에 손상을 주어 탈모를 발생시킨다. 또한, 과도한 양의 피지를 가진 두피는 모낭충이 군락을 이루기 좋은 환경인 것이다.

② 염증 유발

모낭충의 존재는 모낭염과 관계가 있는데 이것은 모주기를 단축시킨다. 모낭충의 분비물과 사체로 인한 오염, 그리고 피부 밖 불순물을 피지 속으로 전이시켜 염증을 유발하고 가려움증이 동반된다.

③ 모근 손상

모낭충은 모근벽을 갉아 먹으면서 모근을 약화시키고 모낭 속을 반복적으로 출입하여 모발과 피부 사이에 공간을 형성하여 모근이 약해지므로 뿌리가 흔들리고 모발이 모낭에 꼭 붙지 않게 되어 모발이 쉽게 탈락된다.

④ 면역 기능

모낭충이 단순히 약한 면역 체계를 가진 숙주에 존재하는 것이 아니라, 모낭충이 면역 기능을 약화시키고 염증을 유발하며 두피(피부)에 트러블을 유발시킨다.

CHAPTER 07

두피관리

1. 두피관리의 정의

두피관리란 두피를 청결히 하고 비듬이나 가려움증을 방지하며 두피를 보호하여 탈모를 방지하고 육모 촉진까지도 포함하며, 두피의 청결은 물론 건강을 위한 다양한 시술로 샴푸나 두피스켈링, 트리트먼트를 포함하여 기타 의료기기로 두피의 문제를 치료하는 것을 말한다. 두피에 잔류하고 있는 이물질, 즉 샴푸로도 세정되지 않고 샴푸를 해도 두피에 잔류되고 있는 잔류물을 스켈링이나 기자재를 이용해 두피의 성장을 막는 장애 요인을 제거해주는 것을 말한다. 또한, 모발이 건강하게 자랄 수 있도록 약해진 모근에 영양을 공급하거나, 문제성 두피를 치료함으로써 더욱 건강하고 아름다운 모발이 자랄 수 있도록 그 환경을 조성해 주는 것을 말한다. 두피 타입은 크게 정상두피, 건성두피, 지성두피, 복합성 두피, 비듬성 두피 등으로 구분하는데, 이러한 구분은 기본적으로 피지량과 수분량 두 가지 요소를 기준으로 한다. 그밖에 두피의 상태와 특성에 따라 민감성 두피, 탈모, 염증성 두피로 나눈다. 노화각질이나 분비된 피지, 땀의 성분 등 두피의 더러움과 오염물이 모공을 막아버리면 피부 호흡이 방해되어 두피의 생리기능이 저해된다. 이로 인하여 두피의 혈액순환이 원활하지 못하면 모근이 충분한 영양을 공급 받지 못해 모발 성장이 약화되어 모발이 빠지거나 비듬이 생기는 원인이 된다. 건조하고 거친 모발인 경우에 두피 세정과 두피 마사지로 두피를 직접 자극하여 혈액순환을 돕게 되면 두피의 모유두에 있는 혈관이 산소를 원활히 운반하고 노폐물을 배출시키므로 모근에 충분한 영양이 공급되어 모발을 건강하게 한다. 두피의 상태는 개인별로 다르므로 두피 상태에 따라 조치가 필요하다.

1) 두피관리의 목적

두피도 피부의 한 부분으로 세포분열 과정을 통한 일정한 각화 주기가 존재한다. 하지만 내 · 외적 요인으로 인해 그 각화 주기의 변화와 두피의 불청결 등으로 모공이 막혀 두피 트러블을 일으키는데, 이런 문제점들은 모발의 정상적인 성장을 저해시켜 탈모 현상을 초래한다. 특히 유분과 노화 각질이 두피 표면에 노폐물로 막을 형성하기 때문에 철저한 두피 세정이 필요하며, 어깨 마사지와 두피 마사지는 두피를 자극하여 혈액순환 및 혈관이 산소를 운반하고 영양 공급하는데 도움을 준다. 따라서 올바른 두피관리를 통해 건강한 두피 및 모발을 유지하는 것이 두피관리의 목적이다.

혈액순환을 촉진시키고 긴장을 완화시키며, 두피 림프샘의 작용을 활성화시켜서 모발의 성장과 건강을 유지시켜 준다.
탈모와 비듬의 치료를 돕는다.
두피가 건조해지지 않게 해주며, 피지가 지나치게 많이 분비되지 않도록 예방하는 데에 도움을 준다.
두피와 모발의 상태에 따라 적당한 유분을 공급하고 모발에 광택을 준다.
모발의 생성과 성장을 돕는다.

2) 두피관리의 효과

두피관리는 두피 내 노화된 각질이나 피지 산화물 등을 두피 스케일링을 이용해 제거해줌으로써 각화 주기를 정상화시키고 모공 내 제품 침투력도 높여 두피 신진대사 기능이 향상되는 효과가 있다. 또한, 전문적인 두피관리 시 행하는 마사지를 통해 혈액순환을 촉진시켜 최종적으로는 모발을 건강하게 유지시켜 문제성 두피와 탈모를 사전에 예방할 수 있게 된다.

자유로운 헤어 스타일 창조	각화주기의 정상화
두피 신진대사 기능 향상	문제성 두피 예방 및 관리
두피 유 · 수분 조절	제품의 침투력 높임
올바른 모발 트리트먼트 효과	문제성 두피 예방
원활한 혈액순환	탈모 예방 효과

3) 두피관리의 필요성

인체의 피부조직은 세포분열 과정을 통하여 새로운 세포가 묵은 세포를 위쪽으로 밀어 올리며, 인체 내의 독소와 노폐물 등을 밖으로 배출하고, 외부 공격으로부터 인체 및 모발을 보호한다. 두피세포의 이러한 과정은 일정한 주기를 통하여 이루어지지만 외적, 내적 요인으로 인하여 이상 현상이 나타날 경우 각화 주기에 변화가 생기며, 청결하지 못한 두피로 이어진다. 또한, 매일 세발을 하지만 모공의 샴푸 잔여물이 두피나 모공 주변을 막아 피부 분비물의 장애와 영양 흡수, 산소 공급, 독소 배출을 저해함으로써 두피 트러블의 원인으로 남게 된다. 특히 두피가 피로, 스트레스, 과다한 화학적인 미용 시술에 지치면 붉게 변하고 피지 분비의 불균형과 두피에 상재하는 여러 가지 미생물, 모낭층 등은 비듬과 염증을 수반한다. 두피와 모발에 한선과 피지선이 많이 분포되어 있어 땀과 피지의 분비가 많고 외부 환경에 노출되어 오염물질이 흡착되기 쉽다. 두피는 피지분비가 얼굴보다 훨씬 많기 때문에 두피의 상태에 따라 정확한 진단과 두피 케어 제품 선택과 올바른 사용 방법이 필요하며, 두피관리는 모발 성장에 장애가 되는 문제점을 제거해 주어서 외부로부터의 영양 공급도 원활히 이루어지게 도와주고, 또한 내부에서 분비되는 피지가 제대로 분비되고 탄력 있고 윤기 있는 모발이 원활히 성장할 수 있도록 도와주기 때문에 꼭 필요하다.

2. 두피관리의 방법

두피에 적절한 물리적 자극을 주는 것은 두피의 생리기능을 도와주는 방법이다. 물리적 방법에는 브러시, 빗을 이용한 방법과 스팀 타월, 스티머, 적외선 등의 온열을 이용하는 방법 및 두피 마사지(scalp manipulation) 등이 있다.

1) 두피관리 시 브러싱(Brushing)

브러싱은 두피를 손질할 때 가장 먼저 행하는 방법으로 고객의 상태를 편안하고 안정되게 유지시켜주며 시술 전 두피의 상태를 파악하고 두피에 부착된 불순물을 제거하고 엉킨 모발을 가지런히 정리한다. 그리고 두피를 자극시켜 피지분비를 원활하게 하여 모선 부분까지 피지가 고루 분포되게 한다. 또한, 샴푸의 효과를 극대화시키며 탈모 예방에도 도움을 준다.

(1) 브러싱의 장점

① 브러싱은 두피와 모발에 있는 이물질을 제거하며 흐트러진 모발을 정리하여 모발에 윤기를 부여한다.

② 브러싱은 두피를 자극하여 혈액순환 촉진을 시켜 모발 성장에 도움을 준다.

③ 브러싱은 두피에서 두발 끝으로 빗겨주고 두피의 근육과 신경을 자극하여 가벼운 자극은 기분을 좋게 하여 미용 효과를 높여준다.

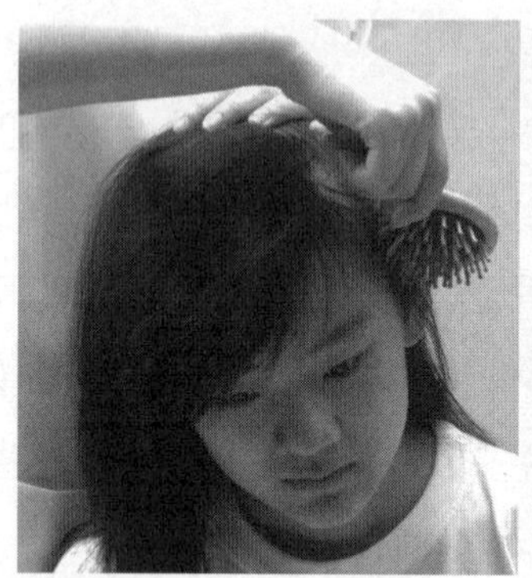
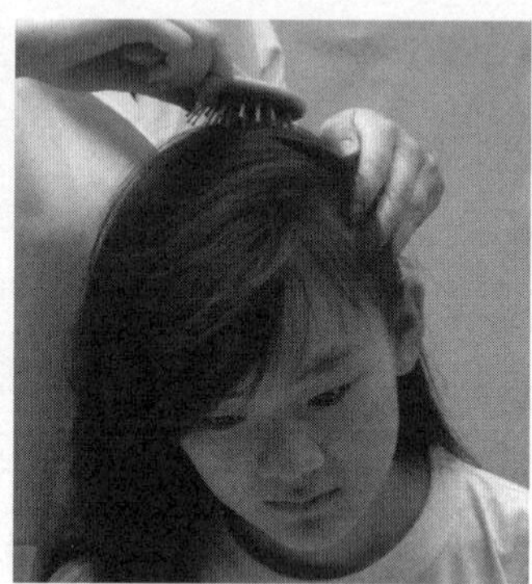

(2) 브러싱의 방법

① 브러시는 빗살이 굵고 빗살 끝이 넓적하여 두피에 닿는 면적이 크고 정전기가 생기지 않는 재료의 브러시를 고른다.

② 브러시로 빗겨주기 전에 먼저 두상을 만져 가볍게 마사지해주고, 손가락으로 정리하듯 빗겨준다.

③ 브러시를 이용하여 머리끝을 먼저 부드럽게 빗겨주며 뿌리에서 머리카락 끝까지 천천히 빗겨준다. 이때 빗살이 두피에 너무 세게 자극하지 않도록 주의한다.

④ 브러싱은 두상의 둥근 모양에 따라 빗겨주고 모류 반대 방향으로 백회 방향으로 두피와 모발 전체를 브러싱한다. (왼쪽 측두부-오른쪽 측두부-후두부 순으로 브러싱한다.)

⑤ 간단하게 손으로 모발을 정리하고 쿠션감이 있는 쿠션 브러시를 이용하여 머리를 가볍게 두드려 두피 마사지를 해준다.

(3) 브러싱의 순서

① 두발과 두피에 이상 유무를 확인한다.

② 왼쪽 측두부-오른쪽 측두부-후두부 순으로, 시계 방향으로 브러싱하여 정수리 쪽 방향으로 브러싱한다.

2) 간편한 두피 마사지 방법

두피 마사지는 평소에 두피의 혈액순환을 원활하게 해서 건강한 두피와 모발을 유지하도록 하는데 도움이 된다.

(1) 주무르기 – 양쪽 손바닥을 편 채 손끝에 힘을 주어 두피를 강하게 누르면서 손을 나선형으로 움직인다.

(2) 누르기 – 양쪽 손바닥을 펴고 손바닥에 힘을 주어 머리를 세게 눌렀다가 순간적으로 힘을 뺀다.

(3) 문지르기 – 손끝으로 두피를 문지르는 방법으로 너무 거칠게 문지르면 모발이 빠지므로 지그시 누르면서 문지른다.

(4) 두드르기 – 손끝을 두피에 수직이 되게 하고 손목을 움직여서 그 반동을 이용해 손끝으로 가볍게 두피를 두드려 준다.

- 탑핑(tapping) : 손가락의 바닥 부분을 이용하여 가볍게 두드린다.
- 슬래핑(slapping) : 손바닥으로 두드린다.
- 컵핑(cupping) : 손바닥으로 컵 모양으로 만들어 두드린다.
- 핵킹(hacking) : 벌린 손바닥의 새끼손가락 측면으로 가볍게 두드린다.
- 비팅(beating) : 주먹을 살짝 쥐고 두드린다.

3) 두피 마사지(Scalp manipulation)

두피 마사지는 두피에 적절한 자극을 주어 두피나 모근의 혈행을 촉진시켜 생리 기능을 향상시키고 신진대사를 촉진시켜 변비를 없애주고 두피에 영양을 공급해 주는 역할을 하는 혈액이 모근까지 도달하게 해줘 탈모를 예방하고 모발을 건강하게 만들어 주는 효과가 있다.

그러나 두피에 감염이 있는 경우, 빨갛게 부어 오른 경우, 종기가 있거나 혈액순환계통으로 심장병이 있는 경우, 기름기가 많은 경우, 펌이나 블리치, 염색 전인 경우에는 부작용을 초래할 수 있으므로 주의하여야 한다. 또한, 너무 밝은 조명은 피하고 심신의 안정을 돕는 음악과 향이 있으면 더욱 효과적이다.

① 두피의 신경과 근육을 자극하여 혈액순환을 원활하게 하여 두피 생리기능을 높인다.
② 모근에 자극을 주어 탈모 방지하는 역할을 한다.
③ 두피의 피지선을 자극하여 모유두에서 분비된 영양분에 의해 두피의 건강상태를 향상시키며 비듬으로 인한 가려움증을 최소화한다.
④ 두피나 두발에 지방을 보급하여 윤기를 준다.
⑤ 두피 청결, 두피의 성육을 조장한다.
⑥ 스트레스와 누적된 피로를 풀어주며 최상의 컨디션을 유지하도록 도와준다.

두피 경혈 마사지의 효과
신체의 경락과 지압점을 자극하여 체내 기관의 에너지 균형을 이룬다.
근육을 강화시키고 스트레스와 긴장을 풀어준다.
내분비계통의 자극은 호르몬 분비의 균형을 이루어 모발 손상을 개선시킨다.
림프선 계통의 자극으로 면역력을 증가시킨다.
피부노화를 예방하고 피부의 윤기를 더해준다.
두피 속의 열을 제거하여 탈모를 예방한다.
독소의 배출을 촉진하여 신체 에너지의 흐름을 원활하게 한다.
혈액순환을 원활하게 하여 모발의 성장을 촉진한다.
두피를 건강하게 유지하게 해준다. 목과 어깨의 근육을 이완시킨다.
신체의 자연 치유력을 높인다.

두피 경혈 마사지 시 주의사항
시술자는 활동하기 편한 옷으로 갈아입고 장신구를 제거하며 손톱을 짧게 깎아야 한다.
아픈 곳이 있는지 미리 물어보고 아픈 곳은 주의하여 시술한다.
상처나 염증이 생긴 피부에 직접 시술하는 것을 피한다.
항상 고객의 표정이나 반응을 살피면서 시술한다.
처음에는 부드럽게 시작해서 점점 압력을 증가시키고 마무리 시에는 힘을 다시 빼준다.
시술이 끝난 후에 고객에게 마음을 안정시킬 따뜻한 차를 마시게 한다.
관리사는 반드시 관리 후 미지근한 물로 깨끗이 씻은 후 차가운 물로 헹궈낸다.

4) 두피 모발관리의 과정

두피 모발관리의 시술 시 건성은 스켈링(scaling)을 먼저하고, 지성은 유분과 각편(各片)을 먼저 제거해야 한다. 미용실의 탈모 고객의 가장 흔한 시술 방법으로는 두피 마사지로 혈행을 촉진시킨 후 두피의 모공을 클린싱(cleansing)하고 영양제를 투여하여 두피 내에 혈액순환을 촉진시킨다. 현장에서의 탈모관리는 정확한 두피 진단을 위해 현미경으로 진단한다. 광학현미경의 배율은 피부 진단의 경우 50배, 두피 진단의 경우는 200배, 모발 진단은 600배 정도의 배율로 진단하게 된다. 전자현미경으로는 보다 자세하게 형태적 모발 손상을 관찰할 수 있다. 진단이 끝난 후 어깨부터 혈행 촉진을 위해 부드러운 마사지를 시작하여 두피의 혈점을 지압하는 것으로 시작한다. 마사지 후에 클렌징 제품을 이용해 모공을 깨끗이 해준다. 클렌징 후에 마사지를 하면서 효과적인 천연 성분이 함유된 영양제를 섹션별로 도포한 후 적외선 등을 이용하여 마무리한다.

(1) 상담

고객과의 첫 만남인 상담은 도움이 필요한 상담자에게 대화를 통해 두피 모발의 상태를 파악하기 위하여 고객과의 상담을 약 10분~15분 이내로 하면서 고객카드를 작성한다. 탈모 고객 상담 시에 3~4개월 전부터의 두피 모발 상태를 파악해야 한다.

(2) 진단

고객과의 면담 및 문답 방식의 문진, 모발을 눈으로 보는 시진, 손가락으로 느낄 수 있는 촉진, 과학적으로 진단하는 검진 등으로 정확한 두피와 모발의 상태를 정확히 측정하여 두피 모발관리 시의 근거 자료로 사용한다.

① 문진(問診)

고객과의 면담으로 비치된 고객카드에 두피 모발관리사가 작성하는 방법이다. 기술 방법이나 두피, 모발 제품 등의 선정 자료로 이용함과 동시에 시술 후의 기술이나 고객에게 대한 가정 관리 조언 등으로 활용할 수 있다.

② 문진(聞診)

모발의 상태를 보다 정확하게 판단하기 위해서는 충분한 상담을 통하여 고객 자신이 겪는 모발에 대한 고민뿐만 아니라 현재의 건강 상태에서부터 복용하고 있는 약품, 그리고 특정 모발제품에 대한 부작용 등 여러 부분으로부터 면밀히 살피는 것이 중요하다.

③ 시진(視診)

모발을 눈으로만 관찰하는 방법으로서 전반적인 모발 분석에 있어 약 15%정도의 분석이 가능하다. 두피나 모발을 눈으로 관찰하는 것으로 확대경을 사용하여 두피의 상태, 모발의 손상 부위 등을 분명히 관찰하여 고객 카드에 기입하고 과학적 진단으로 고객에게 접근하여야 한다.

④ 후진(嗅診)

청결하지 못한 두피와 모발에서 비롯된 가벼운 질병은 냄새가 나기 때문에 냄새를 맡아보는 것 또한 분석 방법 중의 하나이다.

⑤ 촉진(觸診)

모발을 만져보거나 닿는 느낌으로 판단하는 방법인데 능숙하게 되면 모발 분석의 정확도가 높아진다. 모발을 손으로 직접 만져보고 모발의 탄력, 경도, 모량 등을 조사한다. 이때 탈모된 모발을 샘플링 하여 고객카드에 첨부해 두면 사후의 참고 자료가 된다.

⑥ 검진(檢診)

기계를 이용해 진단하는 것으로 고객의 모발을 과학적으로 진단하는 방법이다. 진단을 통하여 두피 모발관리자는 고객의 모발 상태를 정확히 진단할 수 있다. 먼저 전체 이미지를 찍고 측중선과 정중선이 만나는 지점인 탑 부분을 찍는다. 두피 관찰 시에는 200배율로 하고 모발을 관찰할 때에는 600배율로 하여 상태를 파악한다.

(3) 관리프로그램 선택

두피와 모발의 유형을 정확히 파악하여 그 타입에 맞는 적절한 관리 방법을 선택해서 유형에 맞는 관리를 해야 한다.

(4) 헤어 코밍(Hair Brushing)

끝이 둥근 천연 소재의 브러시를 이용하여 왼쪽 측두부에서부터 시작해 정수리를 향해 위로 올려 빗는다. 두피의 혈액순환을 돕고, 시술 전 고객의 두피 및 모발을 정리 정돈한다.

(5) 스케일링(Scaling)

두피 스케일링은 각질세포를 균일하게 제거해주고 더불어 각질세포와 결합되어 있는 피지, 이물질, 세균이나 곰팡이를 제거해주고 모공 입구가 잘 열려서 분비된 피지가 잘 배출되도록 하며, 또한 스케일링을 하면서 두피에 적당한 자극을 주어 세포들을 활성화시켜 각각의 세포들이 자기 기능을 활발히 할 수 있게 해준다. 노화 각질층 제거, 비듬균 세정, 피지분비물 세정, 가려움증 예방, 모근 자극으로 인한 발모 촉진을 시킨다. 두피 세정의 효과는 각화 주기의 정상화를 위하여 모공 세척을 해주어 다음 단계의 관리제품 흡수를 도와준다. 단 염증이 있는 부위나 예민한 부위는 세심한 관리가 필요하다.

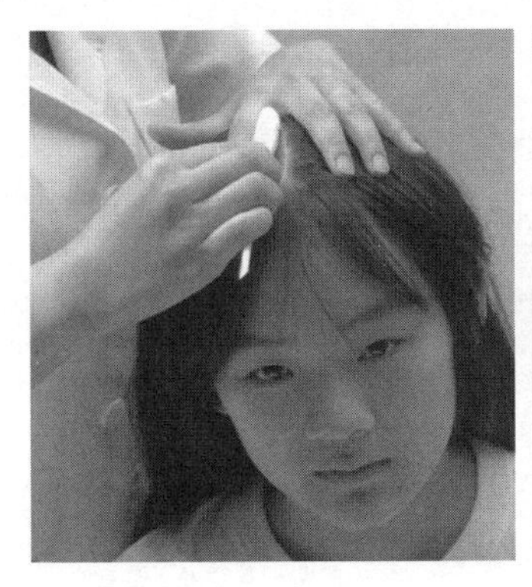
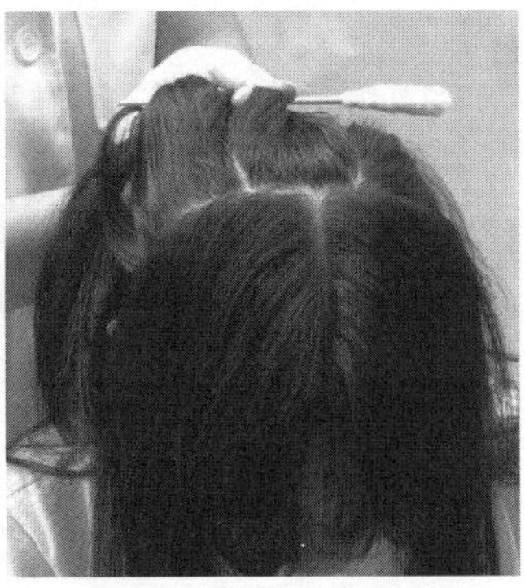

① 스케일링에 들어가기 전에 고객의 두피, 모발의 이상 유무를 점검하고 고객의 액세서리 등은 제거하고 보관한다.
② 스케일링 효과를 높이기 위해 모발이 향하는 반대 방향으로 부드럽게 브러싱한다.
③ 스케일링하기 편리하게 두부를 4부분 또는 5부분으로 나눈다.
④ 두부의 앞부분부터 시작해서 1~1.5cm 간격을 유지하며 전두부에서 측두부로, 정수리에서 네이프 쪽으로 스케일링한다.
⑤ 스케일링 방향은 얼굴 쪽으로 스케일링 액이 흘러내리지 않도록 정수리 부분에서 헤어라인 쪽으로 진행한다.
⑥ 나머지 헤어라인 부분을 마지막으로 스케일링한 후 헝클어진 모발을 정돈한다.

(6) 두피 마사지(Scalp Massage)

두피의 혈행 촉진을 목적으로 하는 마사지는 신진대사를 높이고 피지분비를 촉진시켜 탄력 있고 건강한 머릿결을 만들어 준다. 고객의 안정을 위해 편안한 분위기와 자세에서 관리하는데, 두피 마사지의 시술자는 먼저 손을 따뜻하게 하여 목 근육을 부드럽게 이완시키고 약 10~15분정도 어깨, 안면, 목, 등, 두피, 귀, 팔 등을 마사지한다.

(7) 샴푸(Sampoo)

샴푸는 두피와 모발의 세정을 통하여 고객에게 청량감과 안정감을 주며, 수분 공급과 모발의 손질이 용이하게 하며, 모근을 자극하여 발모 촉진, 탈모 예방, 가려움증 방지, 비듬 방지, 모세혈관을 원활하게 해준다. 두피와 모발 상태에 따라 적절한 샴푸를 선택하여 고객이 불편하지 않게 샴푸 테크닉을 적용시킨다.

(8) 영양 공급

손상된 모발이나 두피에 영양 공급을 해줌으로써 모모세포를 활성화시켜 건강한 두피 및 건강한 모발을 만든다. 모유두에 대한 영양 공급으로 모근 강화, 모발 육성, 모발 성장 촉진, 탈모 예방, 발모 촉진을 시킨다. 육모제나 앰플을 공급하여 모모세포의 세포분열을 촉진시켜 영양 공급을 준다.

(9) 트리트먼트(treatment)

트리트먼트에는 대전방지제, 유지류, 습윤제, 모질 개량제, 계면활성제 등이 배합되어 두발에 수분이나 유분을 보급하여 외부 환경에 대한 두피 및 모발 보호를 한다.

3. 두피 타입에 따른 관리 방법

1) 정상 두피

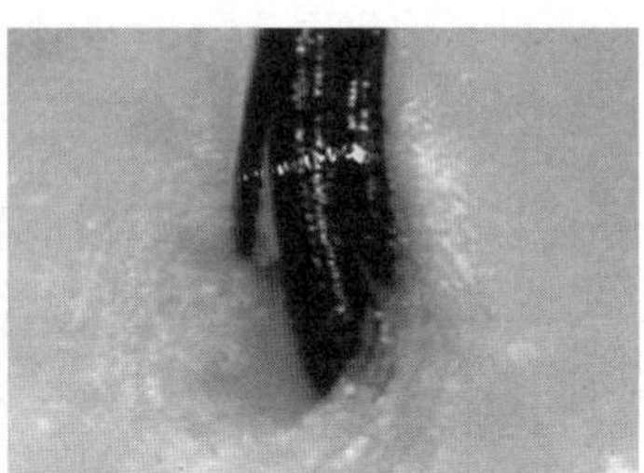

정상 두피는 연한 살색이나 푸른빛이 도는 우윳빛을 띄며 맑고 투명하고 정상적인 각화작용으로 두피가 가렵지 않고 모발에 윤기가 돌지만 기름지지 않은 이상적인 두피이다. 또한, 피지선에서 분비된 피지와 땀이 적당하게 섞여 있어 약산성의 피지막을 만들어 수분의 건조를 막고 촉촉하고 윤기가 난다. 노화 각질이나 불순물이 없이 모공 주변이 깨끗하며 모발은 매끄럽고 윤기가 나며 모공 입구가 열려 있어 영양분이 쉽게 흡수되고, 한 개의 모공 안에 2~3개의 모발이 건강하게 자라고 있으며, 모발의 굵기가 적당히 균일하게 굵고 투명한 반사 빛을 낸다. 이런 건강한 두피가 유지될 때 모발도 건강하고 아름답게 관리가 되는 것이다.

▶ 관리 방법

적당한 지방막이 있으며 각화 주기가 정상적인 상태의 건강한 두피 상태를 유지하기 위해 꾸준한 스케일링과 두피 마사지를 주기적으로 시술한다. 두피와 모공에 쌓인 각질과 피지를 제거해서 유 · 수분 밸런스를 유지하도록 관리해준다. 정상 두피는 올바른 샴푸와 적절한 두피, 모발관리, 올바른 식생활 등으로 적절한 상태를 유지하면서 영양을 공급하여 현재의 상태를 유지하는 것에 중점을 두어 관리한다.

2) 건성 두피

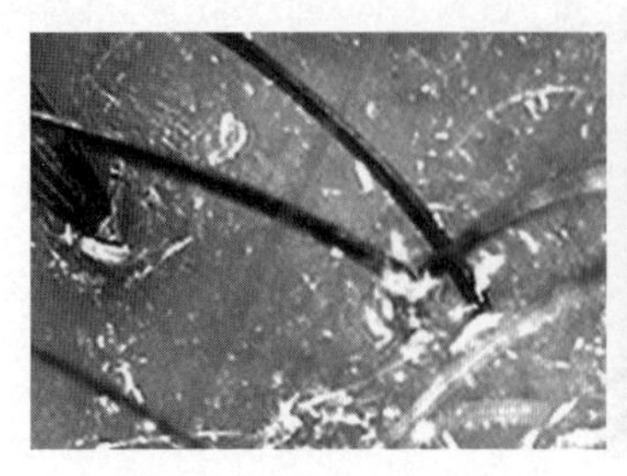
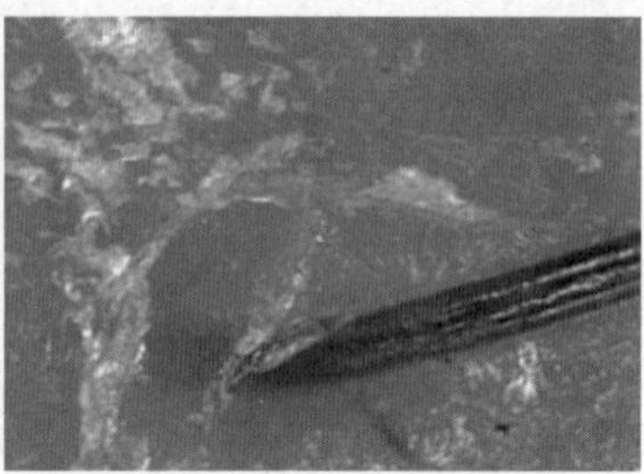

모발 진단기로 보면 비늘 모양의 각질이 관찰되고 전체적으로 탁해 보이며 수분 부족과 피지 분비 이상으로 유분 · 수분 공급이 원활히 이루어지지 않은 상태이다. 피지 분비선에서 피지가 소량만 분비되어 두피 표면이 건조한 상태를 보인다. 모발의 상태는 모발이 매우 건조하여 거친 느낌이며, 모발에 정전기가 잘 일어난다. 또한, 노화 각질의 모발 흡착으로 탄력이 저하되어 윤기가 없고 푸석푸석하다. 건성 두피는 크게 외인성 원인과 내인성 원인으로 나눌 수 있다. 외인성은 부적절한 샴푸, 과도한 드라이, 퍼머넌트 웨이브와 염 · 탈색, 난방에 의한 건조한 공기 등으로 자극을 심하게 받은 경우 산성막이 부분적 또는 전체적으로 파손되어 두피가 극도로 당기며 가려움증, 염증, 피부박리 등의 두피 손상을 일으킨다. 내인성은 혈관의 기능 부전이나 장애를 일으키고, 피지선과 한선의 기능이 떨어지며 산성막이 파손된다. 원인으로는 스트레스, 유전적 요인, 노화 과정, 호르몬 이상, 비타민 결핍, 신진대사의 이상 등이다. 내인성 두피 이상은 내부 원인의 치료가 중요하므로 의사의 진단과 더불어 적절한 치료가 필요하다.

▶ **관리 방법**

건성 두피는 막힌 모공의 스케일링과 혈액순환에 초점을 두고 깨끗한 두피에 영양을 공급하여 건강해 질 수 있도록 관리한다. 특히 수분 공급과 영양 공급이 중요하다. 표피의 오래된 각질 및 비듬의 제거와 피지분비가 원활히 이루어지도록 보습성이 함유된 약산성 샴푸를 사용해야 한다. 두피의 비듬 제거와 혈액순환 및 산소공급이 원활하게 이루어지도록 마사지와 두피를 자극하는 관리를 병행하면서 두피에 수분과 영양 공급을 한다. 또한, 건조한 두피와 모발에 유 · 수분 밸런스를 위하여 앰플과 영양 성분을 공급한다.

3) 지성 두피

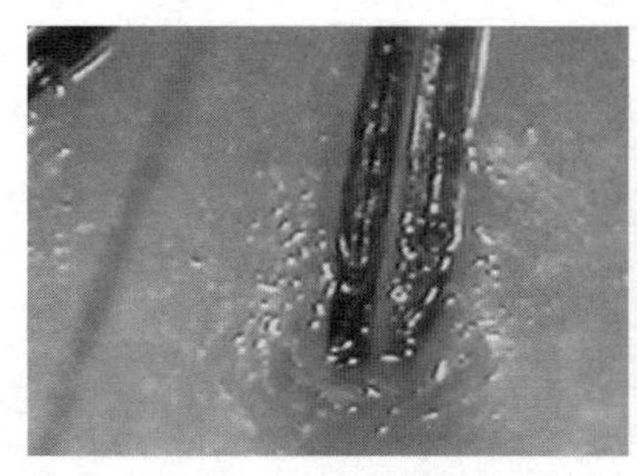
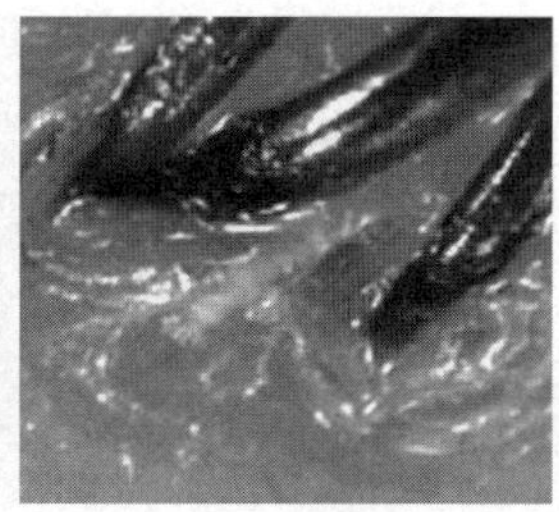

지성 두피는 샴푸 후 3시간만 지나도 모공 주위에 과다한 피지분비와 노화 각질의 영향에 따른 피지 산화물의 누적으로 인하여 두피는 투명감이 없고 탁해 보이며 모공에 기름이 고여 보인다. 모발에 피지의 영양으로 매끄럽고 윤기가 나지만 피지 분비물로 인해 무거워 보이고 하루만 안 감아도 냄새가 나고 끈적거리며, 두피에 뾰루지가 나기도 하고 가렵다. 또한, 비듬과 각질이 피지와 엉켜 모공이 막히고, 모낭 안에는 박테리아가 많이 증식하여 피지의 주성분인 트리글리세리드를 리파아제라는 효소가 지방산과 글리세롤로 분해시켜 두피의 이물질 및 피지 산화물의 잔류로 냄새가 나며, 탈모로 진행될 수 있다. 지성 두피는 청결한 관리가 무엇보다 중요하다.

▶ 관리 방법

지성 두피의 관리 방법은 모공이 막혀 있어 모근 세포의 호흡작용에 이상이 생겨 모발이 가늘어지고 탈모가 일어날 수 있으므로 피지 응고물을 제거하고, 모공을 열어 청결을 유지하고 피지 분비를 조절하는 트리트먼트를 하고 가능한 두피를 자극하지 않도록 한다. 스트레스와 자극적인 음식, 기름진 음식으로 인하여 피지선을 자극하는 피지분비를 피하고, 세정과 유·수분 조절이 가능한 샴푸와 트리트먼트로 관리한다. 두피의 청결을 유지하기 위해 1~2일에 한 번 샴푸를 하도록 권하고 피지 분비를 조절할 수 있는 성분이 함유된 제품을 사용하도록 한다. 아침보다는 저녁에 지성용 샴푸를 이용하여 머리를 샴푸하고 마른 후에 잠을 자도록 한다.

4) 민감성 두피

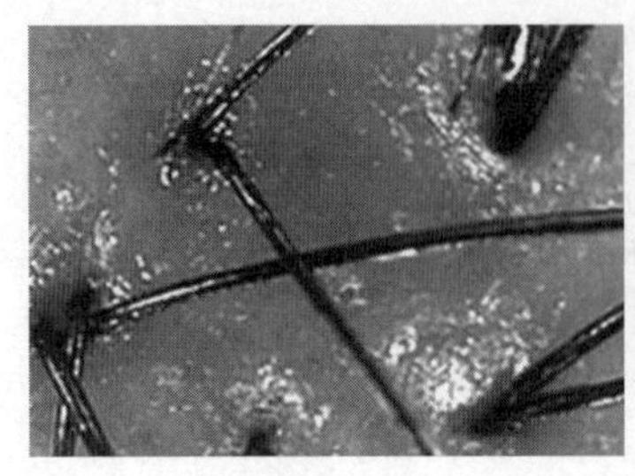
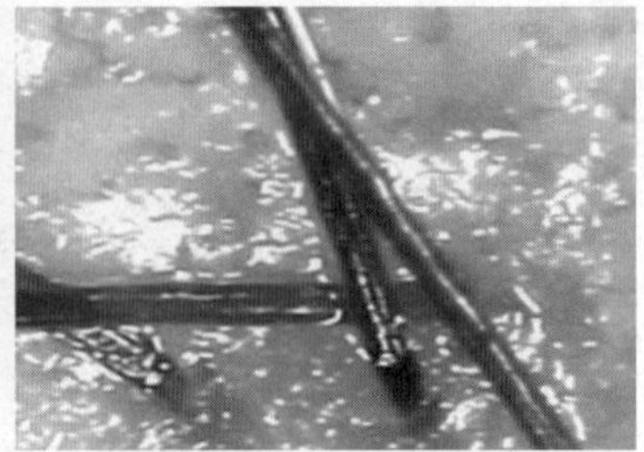

민감성 두피는 모세혈관이 확장되어 있어 외부의 약한 자극에도 따갑거나 발열 현상으로 예민하게 반응한다. 두피의 피지 조직이 얇아 표면에 모세혈관이 비치거나, 군데군데 붉은 반점이 있고 두피의 가려움 현상도 생기며 혈액순환 저하에 의해 나타난다. 모발의 굵기 변화는 심하지 않지만 모발의 윤기가 없어지기 쉽고 모발이 가늘고 탄력이 없다. 민감성 두피는 두피의 자극을 최소화하면서 관리하는 것이 중요하다. 세균 방어 능력이 떨어져 작은 자극에도 염증이나 홍반을 나타내므로 관리 시 무리한 자극이나 마찰을 피해야 한다. 즉 민감성 두피의 관리는 두피에 최대한 자극을 줄이고, 붉은 반점이나 뾰루지, 가는 실핏줄, 홍반 및 출혈이 있는지 확인하고 두피를 진정시켜야 한다. 두피의 청결과 세균 번식의 억제 및 예방에 힘쓰며 적당한 운동과 신진대사를 원활하게 하도록 한다.

▶ 관리 방법

두피가 민감해지면 모근이 약해져 모발의 굵기가 가늘어 지고 탄력이 없어지므로 두피는 최대한 가볍게 마사지하여 두피 자극을 최소화하여 염증 부분이 민감해지지 않게 해야 한다. 청결하게 두피를 관리하여 세균 번식을 억제시키고 확산되지 않도록 해야 한다. 즉 민감성 두피의 경우 자극이 적은 샴푸를 선택하여 부드럽게 세정하며 민감해져 있는 두피를 안정시키기 위한 케어가 필요하며, 두피가 건조해져 가려움이 생기지 않도록 적절한 보습 관리도 중요하다.

5) 비듬성 두피

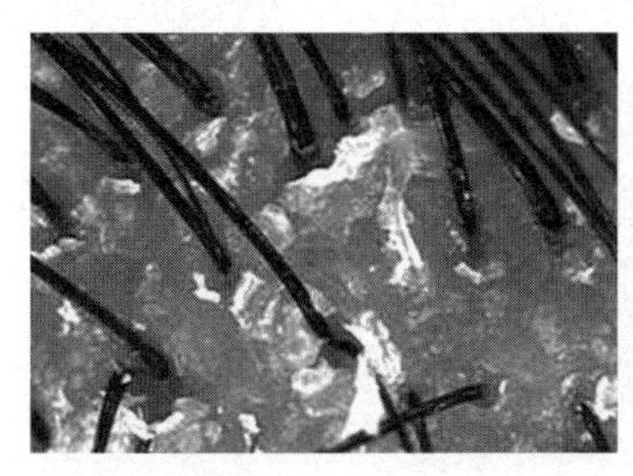
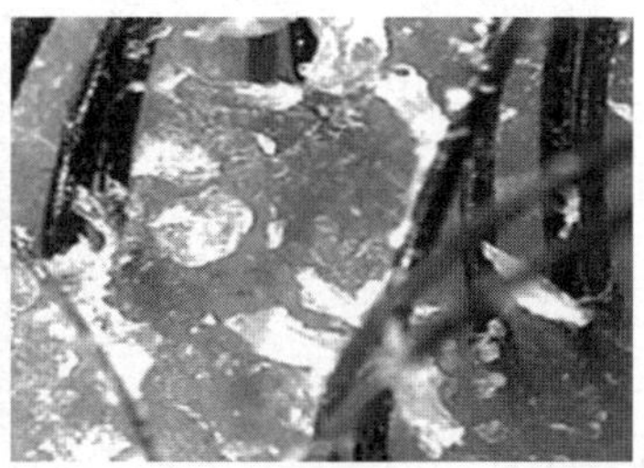

비듬성 두피의 경우 비듬의 근본적인 원인은 체내의 문제로 자극적인 음식, 고지방, 당분, 술 등의 섭취를 줄이고 채소, 해조류 등을 많이 섭취하고, 숙면을 취하며, 정신적인 안정과 스트레스를 받지 않아야 한다. 두피는 신진대사를 반복하며 자연히 각화되어 비듬으로 떨어지는데 피부 표면에서 완전히 떨어지기까지는 28일 정도가 걸린다. 비듬은 피지의 과다 분비, 체내 호르몬의 불균형, 비듬균의 이상 증식 등에 의해 발생된다.

정상적으로 존재하는 비듬균인 피티로스포룸(pityrosporum ovale)의 이상 증식으로 비듬과 가려움증이 동반된다. 이 균이 정상적인 두피 내에서 증식하는 숫자보다 10~20배 이상 증식하면 비듬이 생기는 것이다. 두피관리에서는 비듬을 건성 비듬과 지성 비듬으로 분류한다. 건성 비듬은 염증이 없이 하얗게 일어나는 마른 형태의 비듬으로 심한 가려움증이 있으며 전체적으로 비듬이 들뜬 상태로 백색톤이며 모공 주변이 얼룩져 보이는 것이 건성 비듬 두피의 특징이다. 지성 비듬은 염증이 동반되며 유분기가 많은 비듬의 형태를 가지고 있으며 땀이나 미세한 먼지들이 모근 주위에 잘 붙는다. 비듬의 형태는 넓은 판 모양으로 각질이 엉켜 누렇고 끈적이며 황색톤의 불투명한 두피톤을 갖고 있다. 비듬은 두피의 이상 증후이므로 빠른 조치가 이루어져야 하며, 다른 두피 문제를 일으키지 않도록 주의하여 관리하여야 한다. 건성 비듬 두피는 주로 건조한 계절인 가을 겨울철에 많이 발생하며 지성 비듬성 두피는 여름철에 많이 발생한다.

▶ 관리 방법

과도한 비듬은 두피 이상을 나타내는 징후이므로, 균을 억제하는 특수관리와 제품의 사용이 이루어져야 하며 두피의 살균 · 소독에 맞추어 관리하고, 두피의 정상 기능을 회복해야 한다. 식물성 성분의 기능성 샴푸를 이용하여 저녁에 깨끗하게 샴푸하고 두피의 정상 기능 회복 제품을 사용하여 관리한다. 비듬의 원인에 맞는 치료로 두피에 비듬을 만드는 요소를 제거하여 두피를 건강하게 만들기 위하여 특히 지성 비듬일 때는 매일 머리를 감아 피지 분비를 조절하고 비듬 원인균을 제거해 주며 머리를 긁는 것은 염증을 유발을 시키므로 주의하여야 한다.

6) 염증성 두피

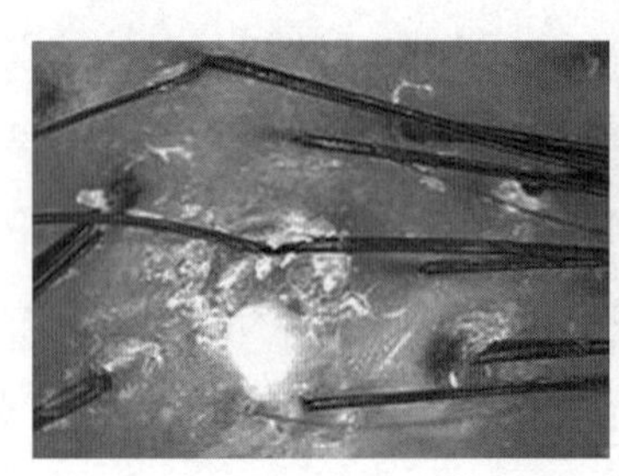 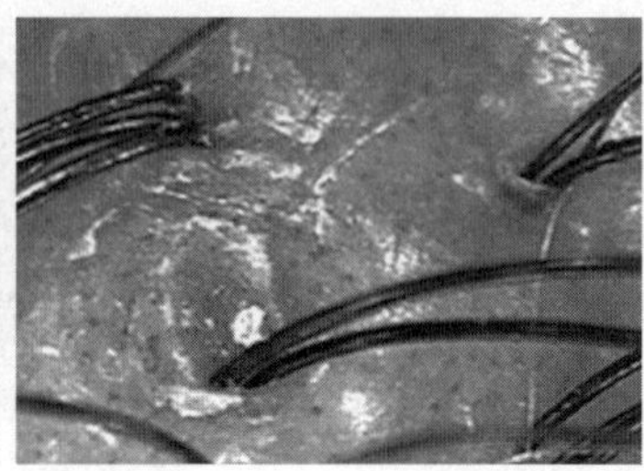

과도한 스트레스와 피로로 인한 호르몬의 불균형으로 두피 긴장과 혈액 흐름 장애로 인해 발생한다. 두피에 염증이 생기면 비듬과 각질이 많이 생기는데 염증에 의해 표피세포의 분열 및 증식 속도가 빨라져 각질이 비정상적으로 많이 생긴다. 홍반이 생기고 염증이 심해지면 부분적으로 모낭에 고름이 잡힐 수 있고 염증이 심하거나 오래 지속된 경우에는 두피가 따끔거리거나 아픈 통증을 느끼게 되며 모발을 가볍게 잡아당길 때도 통증을 느끼게 된다. 피지선의 과잉 발달과 두피가 불청결했을 때 발생하며 무의식적으로 두피에 손이 가고 긁는 버릇으로 인해 발생하기도 한다. 염증성 두피는 두피 표면에 혈액이 뭉쳐 있고 화농성 염증이 분포하며, 미세한 자극에도 통증을 유발하고 두피 표면이 붉고 심한경우 세균 감염으로 인한 다발성 염증이 동반된다. 두피가 약하고 예민한 경우에는 두피 염증이 잘 생기고 증상이 심하게 나타날 수 있다. 염증이 지속되면 건강하던 두피도 예민하게 변화하게 되어 치료에 오랜 기간이 걸리고 재발도 잘하게 된다.

▶ 관리 방법

염증성 두피는 두피와 모발의 청결을 철저히 해주며 손톱으로 절대 긁지 말아야 한다. 염증성 두피는 관리가 어렵고 탈모로 쉽게 발전하기 때문에 평소 피부과 전문의의 진찰 및 관리를 주기적으로 해주는 것이 좋다.

7) 탈모성 두피

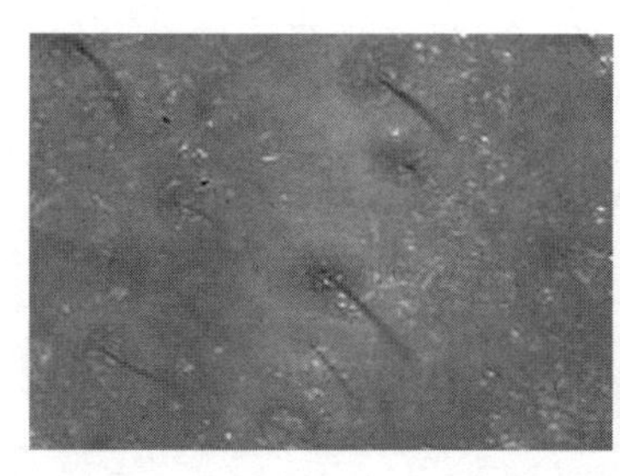
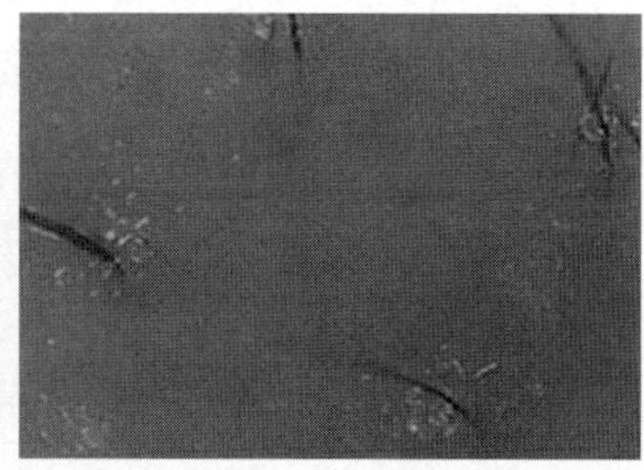

이미 탈모가 진행된 두피로서 모발이 한꺼번에 빠지지 않고 서서히 가늘어지고 점점 두피와 모발에 기름기가 많아지고 비듬이 늘어나며 모발이 탄력을 잃으면서 탈모가 진행되게 된다. 탈모성 두피는 두피의 혈액순환이 원활하지 못하거나 두피에 이물질이 오랜 기간 쌓이면서 두피의 색이 누렇거나 붉다. 또 모공에 모발의 수가 1개 정도 밖에 없거나 모발이 없는 모공도 많다.

▶ 관리 방법

탈모성 두피는 정상 두피에 비해 두피가 매우 약하므로 화학 성분이 든 샴푸는 피하고 저자극 식물성 탈모 전용 샴푸를 사용하여 머리를 감아준다. 탈모는 심해지면 치료가 어렵기 때문에 평소 예방이 중요하다. 두피 스케일링, 두피의 유·수분 밸런스, 영양관리 등 두피 관리를 주기적으로 하고 생활습관을 개선하는 것이 중요하며, 전문적인 치료를 받는 것이 더욱 심한 탈모로 진행되는 것을 막는 가장 좋은 방법이다.

8) 두피는 지성, 모발은 건성인 경우

두피는 지성, 모발은 건성인 복합성 타입으로, 두피에는 기름이 끼는데 모발은 푸석푸석하고 건조하다. 젊은 여성들의 경우, 혹은 문제성 두피에 흔히 볼 수 있는 타입으로 여름철에 이와 같은 모발 상태가 되기 쉬우며, 두피가 단단해지고 모근에 압박이 가해져 혈액순환이 제대로 이루어지지 않고, 모발에는 영양 공급이 되지 않아 발생한다. 즉 피지선에 가해지는 압박 때문에 두피에 기름은 많이 나오지만 오히려 모발에는 영양 공급이 되지 않아 모발이 푸석푸석한 경우로, 특히 여름에는 땀, 기름의 증가로 두피는 지성 상태로, 모발은 자외선에 과다한 노출로 푸석푸석해지고 윤기를 잃기 쉬운 상태가 된다.

▶ 관리 방법

집에서 할 수 있는 방법으로 두피의 혈액순환을 돕는 것은 두피 마사지를 하는 것이 좋다. 두피의 유분을 제거해 줄 수 있는 적절한 샴푸를 사용하고, 모발에 영양 공급을 해줄 수 있는 단백질 성분이 함유되어 있는 헤어 컨디셔너를 사용하고, 일주일에 한두 번은 30분 이상 충분히 바른 상태로 두었다가 씻어내는 유분관리를 한다.

4. 머릿결에 따른 관리 방법

1) 곱슬머리

곱슬머리는 부드럽고 결이 약하며, 습기에 약한 머리카락 성질을 가지고 있으므로, 머리카락의 뿌리부터 로션을 발라 머리 손질을 하고, 모발에 컨디셔너를 바른 후 굵은 빗을 이용해서 아래로 살살 빗어 내려주면 모발의 단백질 층이 닫혀 윤기가 생긴다. 손가락에 말아 자연스러운 웨이브를 만들어 주고 마지막엔 항상 스프레이를 뿌려 습기를 방지해야 머리 스타일이 유지된다. 손상된 모발의 조직력을 강화시켜, 곱슬머리의 푸석거림을 진정시킬 뿐만 아니라 엉킴 없이 찰랑이는 모발을 유지할 수 있게 해주어야 한다.

2) 굵고 뻣뻣한 머리

한국 남자에게 가장 많다는 굵고 뻣뻣한 머리는 짧게 깎으면 뻣뻣하게 서고 조금만 길면 부풀어 올라 가라앉지 않는 머리카락으로, 비누보다 샴푸를 사용해 감으면 모발을 연화시켜 부드럽게 하고 윤기를 줄 수 있으며, 머리를 감은 후 수분이 어느 정도 촉촉히 남아 있을 때 드라이 바람의 방향을 위에서 아래로 향하도록 해서 머리를 말려주면 모발이 차분하고 더욱 윤기 있게 보이도록 말릴 수 있다. 샴푸 후 젤이나 헤어 스타일링제를 사용하면 모발이 부드러워져 쉽게 길들일 수 있고, 단백질이 풍부하고 튼튼한 모발 유형이므로, 일상적인 보습 효과를 주는 것을 관리의 포인트로 잡아야 한다.

3) 기름기가 많아 끈적이는 머리

외관상 머리카락의 힘이 없어 축축 늘어지고 쉽게 먼지가 붙어 더러워지며, 피지 분비가 왕성한 젊은 세대에 잘 나타난다. 자극이 적은 샴푸로 자주 감아주고 38도 이상의 따뜻한 물로 씻어야 피지를 제거하기 쉽다. 샴푸를 할 때는 두피 마사지에 신경을 써서 해야 하는데, 모발에 충분히 거품을 내서 손가락의 지문 부위를 이용하여 두피를 좌우에서 중앙으로 문지르고, 헹구어 낼 때는 비눗기가 남지 않도록 머리 중심을 전후로 해서 지그재그 형식으로 깨끗이 씻어내야 한다. 항상 청결을 유지해야 하므로 가능한 하루에 두 번씩 아침 저녁으로 감도록 한다.

5. 두피의 측정 기준

샴푸 후 2~3시간이 경과되면 피지선에서 분비된 피지가 모낭과 모발을 타고 모공 입구로 분비되기 시작한다. 특히 두피를 건성과 지성으로 구분할 때 샴푸한 시기를 정확하게 알아야 하므로 두피 유형을 보고자 할 때 두피 관리사는 고객의 샴푸한 시간대를 알아야 한다. 또한, 개인마다 두피의 측정 위치에 따라 차이가 나는데 보통 두정부는 피지 양이 많고, 후두부와 측두부는 피지 양이 적으므로 측정 시에 이 점을 고려하여야 한다. 세정 직후의 두피와 모발은 청결하지만, 인체의 피부 조직은 세포분열 과정을 통하여 새로운 세포가 묵은 세포를 위쪽으로 밀어 올리며, 인체 내의 독소와 노폐물 등을 밖으로 배출하고, 외부 공격으로부터 인체 및 모발을 보호한다. 두피 세포의 이러한 과정은 일정한 주기를 통하여 이루어지지만 외적, 내적 요인으로 인하여 이상 현상이 나타날 경우 각화 주기에 변화가 생기며, 청결하지 못한 두피로 이어진다. 따라서 두피와 모발에 있어서 세정은 가장 기본이고 두피와 모발의 가장 심각한 문제는 탈모와 비듬이다.

1) 두피 측정 기준

① 피지량

피지 분비량을 검토하여 지성인지 건성인지를 파악한다.

② 두피의 색

정상적인 두피의 색은 맑고 투명한 유백색이지만 탈모성 두피는 황색, 심한 지루성 두피는 붉은색을 띠는 경우가 많으므로 두피의 건강 상태를 색으로 진단하다.

③ 모공의 상태

정상적인 두피의 모공은 오목하게 들어간 부분이 선명하게 보이고, 열려 있지만 모공이 피지와 각질로 막혀 있는 두피는 피지가 잘 분비되지 못하고 막혀 있어 탈모로 이어지므로 모공의 상태를 잘 관찰한다.

④ 모발의 밀도

200배율 확대 모발 진단기로 두피를 살펴보면 보통 한 화면에 2~3개의 모공이 살펴지는데 한 모공에 1~2개의 모발이 굵게 나와 있으며 정상적이라 볼 수 있다.

⑤ 모발의 굵기

기존의 모발이나 신생 모가 굵게 자라고 있는지 검토해야 한다. 새로 자라는 모발이 굵게 자라지 못하고 가늘거나 실처럼 보이면 모발 성장에 이상이 탈모로 진행될 수 있기 때문에 신생모가 굵게 자라는지 확인하여야 한다.

2) 두피 건강에 좋은 음식

해조류	해조류에 들어 있는 요오드 성분이 모발이 자라는데 필요한 갑상선 호르몬의 원료로 머리카락의 성장을 촉진
우유	두피와 모발에 단백질을 공급
생선, 달걀, 콩 단백질이 많은 음식	탈모를 예방하는 대체 식품으로 사용(고지방 음식은 테스토스테론 수치를 증가시켜 머리를 오히려 빠지게 만들 수 있기 때문)
건포도 등 철분이 많은 음식	헤모글로빈은 두피에 혈액 흐름을 원활하게 하고 머리카락을 자극해 성장시킴
녹차	녹차를 적당히 마시면 탈모를 유발하는 호르몬 DHT 생성을 억제하는 효과

해산물에 많은 아연	아연은 호르몬 균형을 위한 세포 재생산과 머리카락 성장에 영향을 미치며 모낭을 관리 함
감자	감자는 이산화규소(비타민과 미네랄 흡수를 도움)가 풍부해 머리카락에 좋음

3) 두피 건강을 해치는 식품

라면, 햄버거	인스턴트식품과 패스트푸드는 지방산이 혈관에 부착되어 혈액을 오염시키고 피의 흐름을 방해하여 모발을 생성하는 모모세포에 영향을 끼쳐 세포 증식기능의 저하를 가져와서 모발의 노화를 촉진시킴
담배	니코틴은 혈액순환을 방해하고 폐의 기능을 저하시켜 두피 건강에 해로움
커피	많이 마시면 두피에 자극을 줌
단 음식	맵거나 짜거나 단 음식은 머리카락이 빠지는 속도를 가속화시킴(인슐린 호르몬의 분비를 높여 남성호르몬의 수치를 증가)
술	습기와 열기가 몸을 후덥지근하고 끈끈한 몸 상태로 만들어 탈모의 원인을 조성
과도한 소금 섭취	소금의 섭취가 많아지면 나트륨의 성질 때문에 쉽게 고혈압 증상을 경험할 수 있고, 신장과 심장에도 많은 부담을 주게 되어 혈액순환 장애나 성인병을 야기하게 되고, 탈모도 발생하기 쉬움
기름지거나 튀긴 음식	육류를 섭취할 때는 살코기 위주로 먹어야 하고, 소기름, 돼지기름, 튀김요리, 비계가 많이 섞인 살코기 등은 가급적 피하는 것이 좋음

4) 두피 건강을 위한 습관

충분한 수면
건강한 식생활
머리에 압박을 가하지 않도록
두발의 청결
펌이나 염색의 적절한 시술
두피 마사지
홈케어 제품의 바른 사용
두피 건강을 위한 올바른 샴푸 습관 길들이기

6. 두피 경혈 마사지의 효과

1) 두피 마사지의 효과

두피 경혈 마사지는 두부의 경혈점들을 지압을 하거나 자극하는 마사지이다. 인체에서 가장 많은 경혈점들이 모여 있는 두피를 관리하여 혈액순환 촉진, 스트레스 해소, 탈모 방지, 두피 및 모발관리, 두통 완화, 신경계 질환 예방, 여드름, 기미 등 피부트러블의 완화 및 예방의 효과를 기대할 수 있다. 특히 두피에 있는 혈점을 자극해 주면 혈액순환이 원활이 되어 탈모 예방과 모발의 성장에 도움을 준다. 일반적으로 두피 경혈점 마사지 방법은 경혈점 부위를 약 · 강 · 약으로 3초간 지그시 눌러주면 된다.

근육과 두피를 이완시키고 기분을 전환시킨다.
목과 어깨에 근육의 뭉침을 해소하고 독소를 제거하며 뻣뻣함을 해소한다.
세포로 들어가는 산소의 양을 증가시켜 뇌의 산소 공급을 돕는다.
근육의 응혈된 혈액의 순환을 개선한다.
긴장을 이완시켜 불면증 해소에도 도움을 준다.
모발의 성장을 촉진시킨다.
림프액의 순환을 도와 혈색이 밝아진다.

두피 마사지의 효과가 있고 없음은 경혈의 위치를 얼마만큼 정확하게 자극했는가에 달려 있다. 경혈점은 대체로 근육과 뼈마디 등의 오목한 곳에 있으며 눌러보면 다른 곳과 달리 민감한 반응이 전해진다. 일반적으로 널리 사용되는 방법은 체표 표지법, 골도 분촌법, 동신촌법이 있다. 이 가운데 체표 표지법은 취혈의 기준이며, 골도 분촌법은 체표 표지법의 부족함을 보충해 준다. 그리고 동신촌법은 골도 분촌법을 간편하게 응용한 것이라고 볼 수 있다.

1) 체표 표지법

인체 표면에 뼈가 튀어 나온 곳, 근육, 인대, 모발, 손톱 등 자연적으로 형성된 표지를 이용하여 경혈의 위치를 정하는 법이다. 체표표지법은 전형적인 표지법과 운동 형태에 따른 동태적 표지법으로 구분할 수 있다. 전형적인 표지는 인체에 나타나는 뼈대를 중심으로 하고 오관, 모발, 젖꼭지, 배꼽이나 뼈마디가 튀어나오거나 들어간 곳, 근육이 두드러진 곳 등의 특징을 이용한다. 코끝에서 소료, 두 눈썹 중간에 인당, 제7경추 극돌기 아래에 대추혈을 취하는 표지로 삼는다. 동태적인 표지법은 관절, 근육, 피부의 활동으로 나타나는 구멍 사이, 오목한 곳, 주름 등을 이용한다. 예를 들어 입을 벌려야 이문, 청궁, 청회 혈을 취할 수 있다. 하관을 취할 때에는 입을 다물어야 한다. 팔굽을 굽혀서 생기는 주름 끝에서 곡지, 팔을 수평으로 벌리면 오목해지는 곳에서 견우와 견료, 엄지손가락을 뒤로 펴면 드러나는 두 힘줄 사이 오목한 곳에 양계를 취하듯 운동에 따라 표현되는 근육과 피부의 변형을 표지로 삼는다.

2) 골도 분촌법

골도 분촌법이란 뼈마디를 지표로 삼아 촌수를 정하고 비례로 환산하여 혈의 위치를 정하는 것을 말하며 고객의 몸을 기준으로 한다.

앞 머리카락 경계에서 뒤 머리카락 경계까지 12촌
눈썹 사이에서 앞 머리카락 경계까지 3촌
독맥의 대추혈에서 뒤 머리카락 경계까지 3촌
귀 바로 뒤 볼록 튀어나온 뼈(유양돌기)끼리의 수평 거리 9촌
양 이마 모서리 머리카락 경계끼리의 거리 9촌

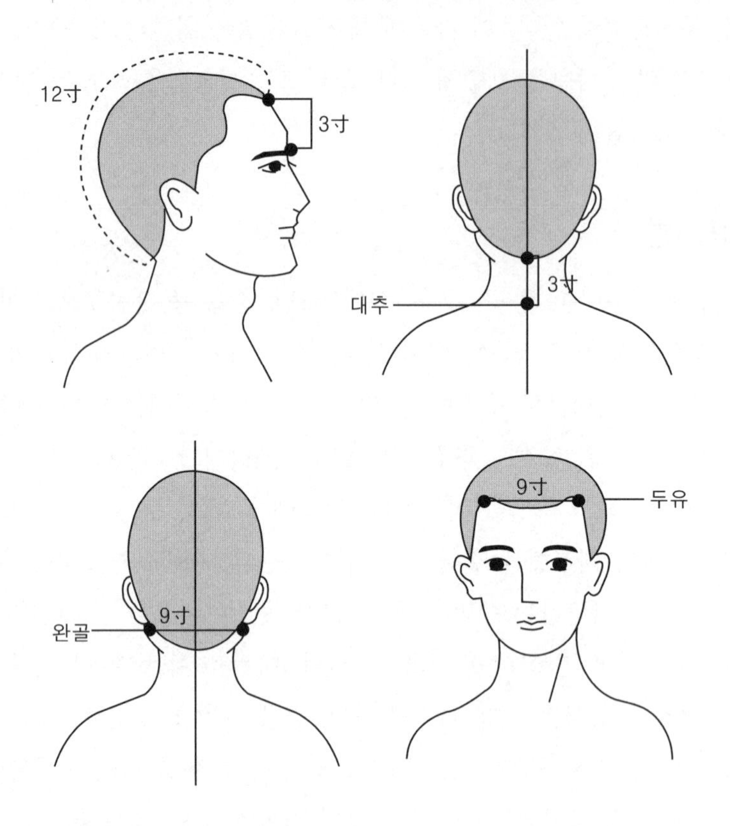

3) 손가락 동신촌법

손가락과 기타 부위에 일정한 비례가 있어 고객의 손가락으로 표준을 삼는 것을 동신촌법이라 한다. 그러나 골도 분촌법이나 자연 표지법에 비해 정확성이 떨어지지만 두피 관리 시에는 많이 사용하는 방법이다.

① 가운뎃 손가락 동신촌법[中指同身寸]

가운뎃손가락 끝과 엄지손가락 끝을 서로 붙였을 때 나타나는 고리 모양의 형태에서 가운뎃손가락 제2손가락뼈 한 마디 길이를 1촌으로 한다.

② 엄지 손가락 동신촌법[拇指同身寸]

엄지손가락 제1손가락뼈와 만나는 마디 양쪽 끝 사이의 길이를 1촌으로 한다.

③ 일부 동신촌법[橫指同身寸]

집게손가락에서 새끼손가락까지를 붙였을 때 손가락 중간쯤 되는 부위를 연결하는 옆 폭을 1부라고 하는데 그 길이를 3촌으로 한다.

동신촌법은 고객 손가락을 기준으로 함
엄지손가락 관절의 넓이이며 1횡지(橫指)라고도 함 - 1치
가운뎃손가락을 구부렸을 때 중간 마디의 길이 - 1치
둘째손가락과 셋째손가락의 넓이 2횡지라고도 함 - 1.5치
둘째손가락, 셋째손가락, 넷째손가락의 넓이. 3횡지라고도 함 - 2치
둘째손가락의 중절골(中節骨)과 말절골(末節骨)의 길이 - 2치
둘째, 셋째, 넷째, 다섯째 손가락의 넓이이며 4횡지라고도 하며, 1부(夫)라 하기도 함 - 3치

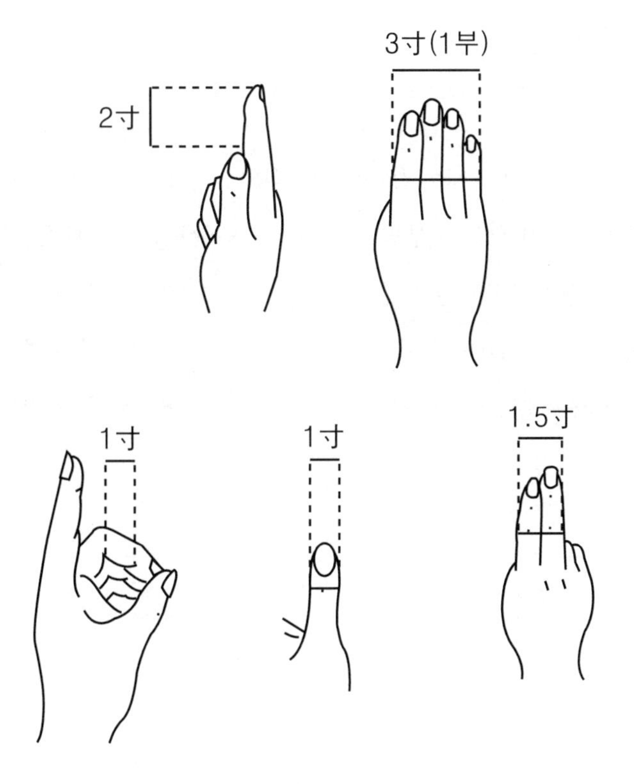

4) 경혈점의 위치와 효능

경혈점	경혈점 위치	효능
견정	대추혈과 견봉 연결선의 중점에 위치	목과 어깨의 피로감
견우	팔을 수평으로 들 때 어깨 앞쪽에 생기는 오목한 곳	견비통, 두통
견료	팔을 외측으로 벌려 평행으로 들면 견우 뒤에 1촌 오목한 곳	팔통증, 어깨가 무거워 들지 못하는 증상, 견갑종통
천종	견갑골의 거의 정중앙에 있는 오목한 부위	오십견, 유방질환
병풍	천종에서 위쪽으로 수직선상에 있는 견갑골의 뾰족한 부분 바로 위	견갑통, 어깨 동통
대추	후정중선에 제7경추 극돌기 아래의 함몰부위에 위치	탈모, 히스테리, 두통
아문	제1경추 극돌기 아래에, 후발제에서 위로 0.5촌에 위치, 경추의 정중앙 머리가 나기 시작되는 곳	뇌출혈, 중풍
천주	아문에서 옆으로 1.5촌, 승모근, 기시부에 위치	어깨 경직, 혈액순환장애, 기억력 증진
풍지	흉쇄유돌근과 승모근 사이 함몰부위에 위치	눈의 피로, 어깨경직, 원형탈모
완골	유양돌기 후하방 오목한 부위	불면증, 스트레스
신정	좌우 전두근이 교접하는 곳에 위치	불면증, 어지럼증, 비염
곡차	신정혈 옆으로 1.5촌에 위치	알레르기성 비염, 코피
두유	신정에서 좌우로 4.5촌에 위치	두통, 눈병, 안검경련

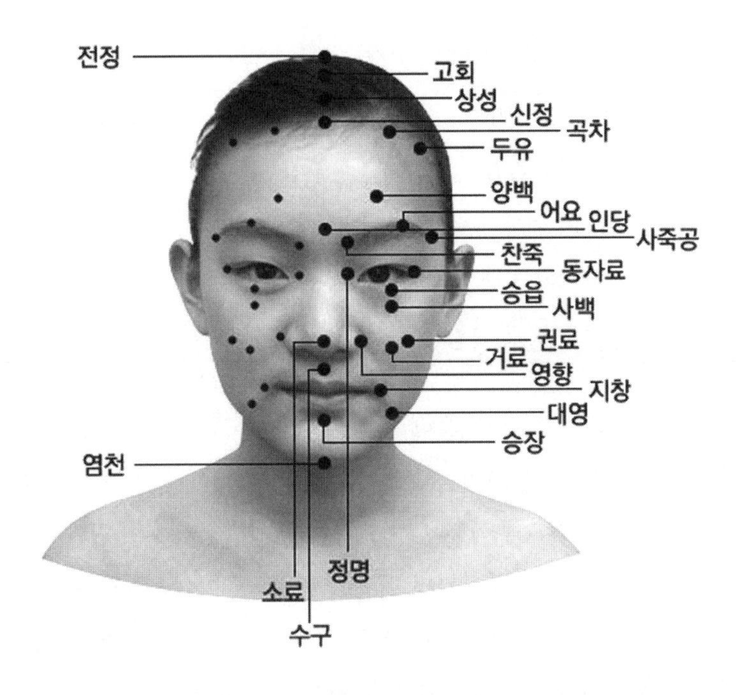

경혈점	경혈점 위치	효능
객주인	동자료에서 1cm 아래 부위	신경을 진정, 눈의 피로
각손	귀 이륜의 상단점에서 발제가 시작되는 부위에 위치	눈의 질환, 삼차신경통
노식	예풍에서 각손까지 3등분해서 각손에서 1/3선	
계백	예풍에서 각손까지 3등분해서 예풍에서 1/3선	
이문	입을 벌린 자세에서 귀젖 제일 위쪽의 바로 앞에 있는 움푹 들어간 곳	이명, 치통, 목과 턱의 동통, 입술의 뻣뻣함
청궁	입을 벌렸을 때 귀 바로 앞 움푹 들어간 부위	
청회	입을 벌리면 귀 약간 앞쪽에 움푹 들어간 곳	치통, 귀 질환, 중풍, 수족마비
예풍	유양돌기와 하악각 사이의 함몰된 부위	이명, 안면신경마비, 뺨부은 증상
백회	후정중선과 양 귀의 상첨단을 이은 선의 교차점에 위치	혈행 촉진, 불면증

경혈점	경혈점 위치	효능
뇌호	풍부에서 위로 1.5촌	목덜미 뻣뻣함, 두통
풍부	아문에서 위로 0.5촌에 위치	중풍, 감기예방, 고혈압
양백	동공의 바로 위에, 눈썹에서 위로 1촌에 위치	눈꺼풀의 경련, 인사불성
찬죽	눈썹이 시작되는 눈썹 내측단 함몰 부위	시력 감퇴, 재채기
사죽공	눈썹의 외측 끝에 오목한 곳	두통, 눈시울 떨리는 증상, 치통
정명	안와의 내안각 옆 0.1촌에 위치	유행성 결막염, 난시, 원시
동자료	관자놀이에서 눈꼬리 부분	시력저하, 두통, 눈 질환
승읍	동공 바로 밑에 위치	눈 질환, 구안와사
사백	눈 중앙 아래 3cm 누르면 찌릿한 통증	잔주름 예방, 눈의 피로
영향	비익 근처 5분처로 콧방울 양끝	안면 부종, 코막힘 예방
거료	동공을 지나는 직선과 콧방울 하연의 수평선과의 교차점에 위치	얼굴 부종, 눈의 피로
권료	관골 하연의 오목한 부위	안정피로, 편두통
수구	코밑 인중 부위	당뇨병, 안면신경마비
지창	입을 다물고 구각 양방 4분처로 입꼬리 양쪽 끝	입주름 방지, 안면신경마비
승장	아랫입술 바로 밑 중앙 부위	목이 뻣뻣할 때, 언어장애
염천	턱 바로 밑 오목하게 들어간 곳	혀와 관련된 질병
협거	저작할 때 교근이 제일 높이 두드러지는 곳	안면 신경마비, 쉰 소리
하관	관골궁 후하연의 함몰 부위에 위치	말을 많이 할 때 피로해소
상관	하관혈 바로 위에, 관골궁의 상연에 위치	편두통, 이명, 소아경기

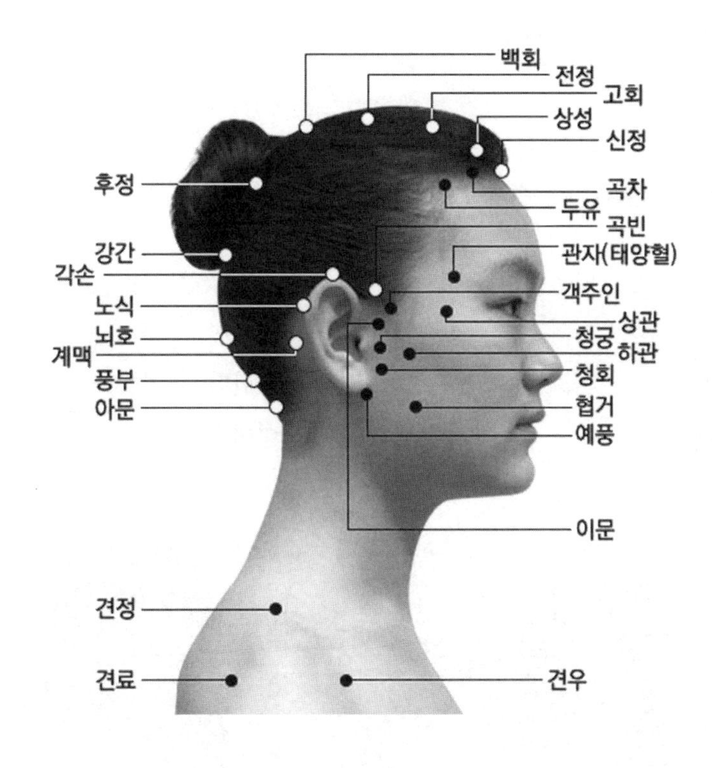
백회
전정
고회
상성
신정
후정
곡차
두유
곡빈
강간
관자(태양혈)
각손
객주인
노식
상관
뇌호
청궁
계맥
하관
풍부
청회
아문
협거
예풍
이문
견정
견료
견우

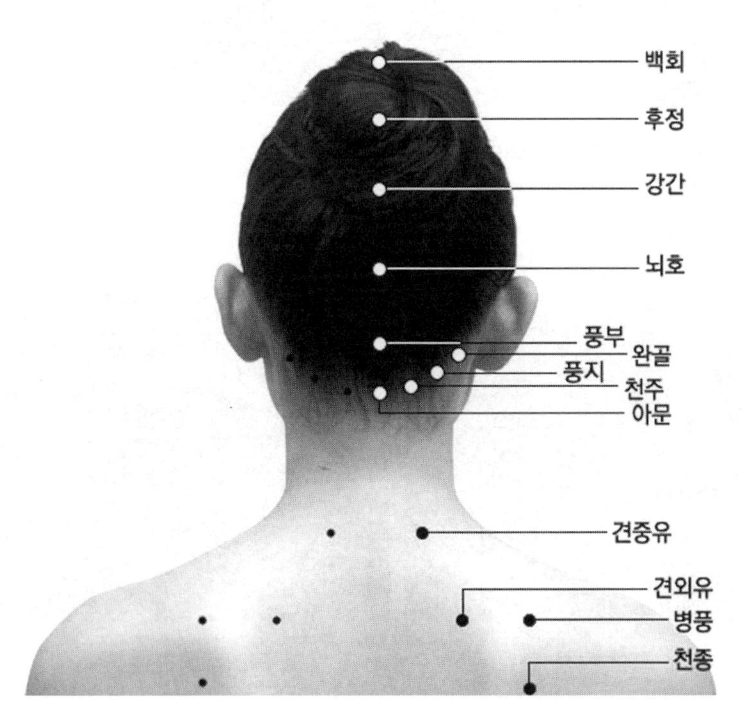
백회
후정
강간
뇌호
풍부
완골
풍지
천주
아문
견중유
견외유
병풍
천종

7. 두피 마사지의 실제

트리코로지스트는 고객을 의자에 안정된 자세로 앉게 한 후 고객에게 지금부터 두피 마사지를 시작한다는 말씀을 드린 후 안정된 자세로 관리를 시작한다.

수직압	압을 수직으로 누른다. 경혈점을 찾은 후 시술자의 체중을 실어 미끄러지지 않게 누른다.
지속압	최소한 3초간은 누르고 있어야 한다.
조화압	피술자와 시술자의 호흡이 맞아야 한다.

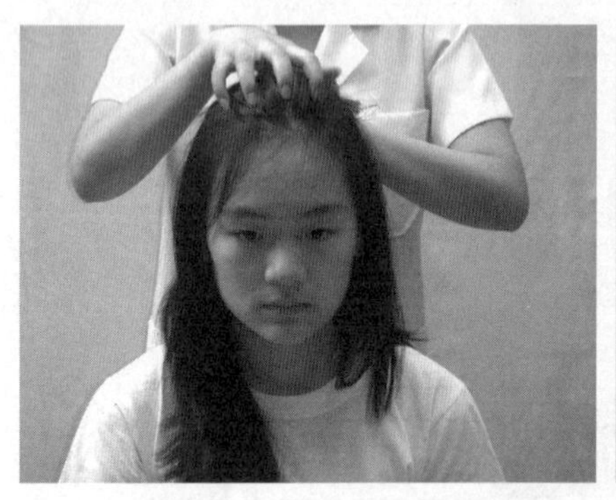
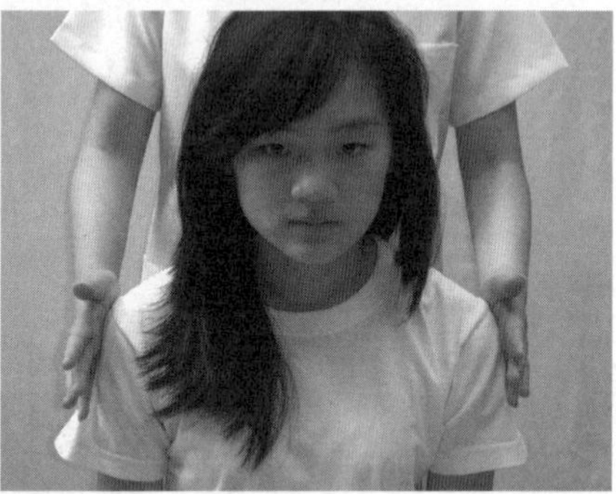

고객의 두피를 손가락을 이용하여 가볍게 빗어주고 손을 펴서 어깨와 팔의 상완부 위의 긴장을 풀어준다.

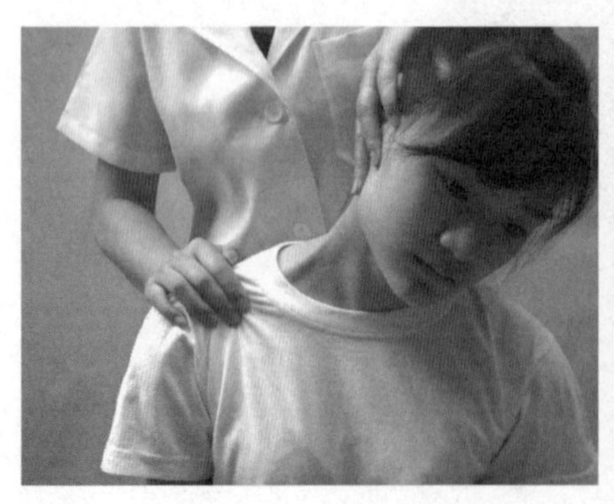
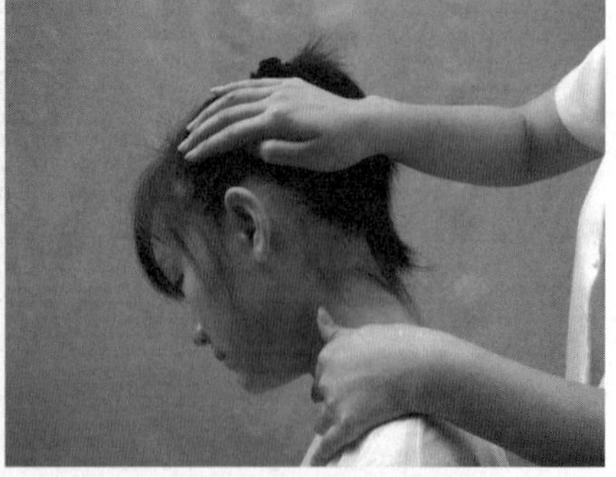

측경부 스트레칭 후 측경부 근육을 수근을 이용하여 풀어주기(좌 · 우)

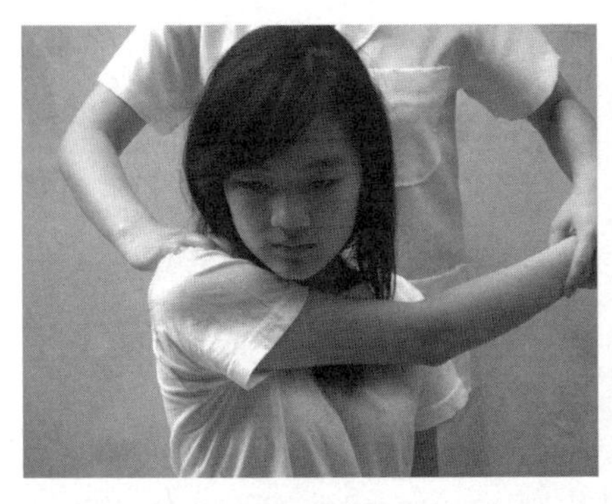
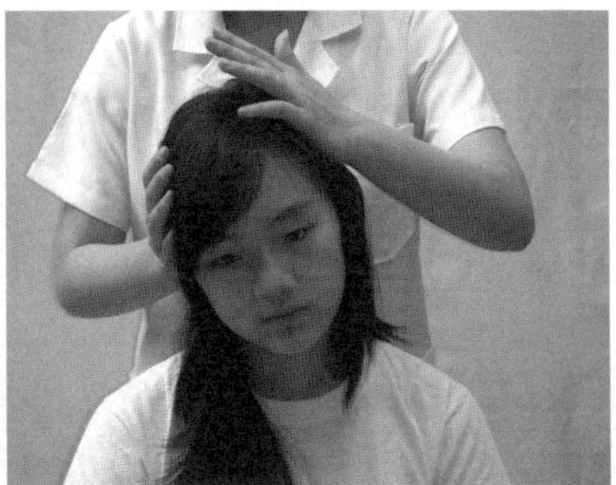

한쪽 팔을 반대쪽으로 끌어당겨 견갑골과 승모근 이완시킨 후 두피근육을 풀어준다.

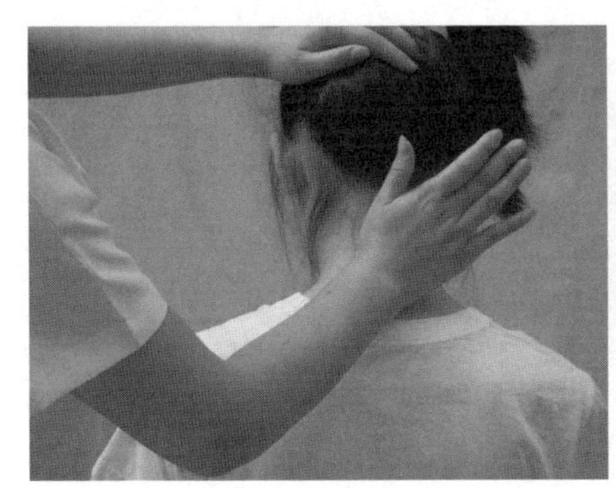

대추혈을 수근부를 이용하여 풀어주고 두 손을 깍지 끼고 수근부로 집어서 이완시킨다.

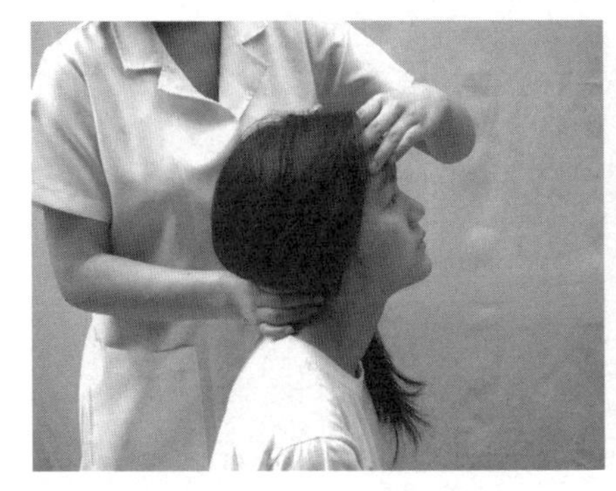

뒷목을 오지를 이용하여 3등분하여 3회 집어준 후 손바닥을 이용하여 헤어라인 부근을 쓸어서 귀까지 접어서 밀어준다.

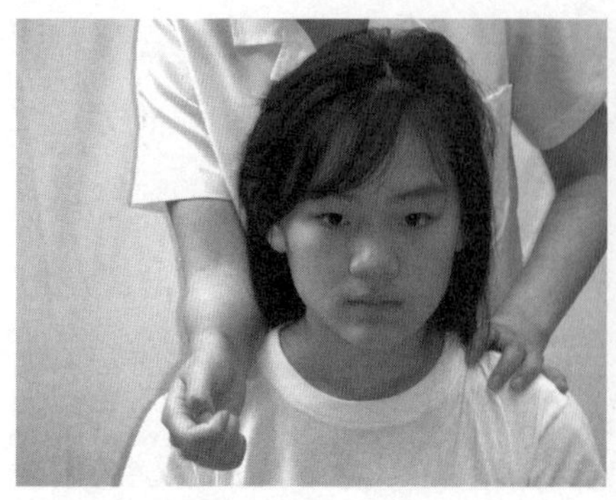
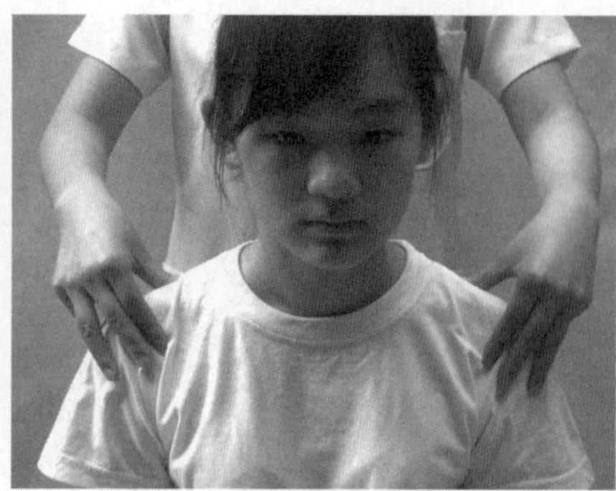

주완 부위(양손 이용 가능)를 사용하여 근육을 풀어준 후 견정을 풀어준다.

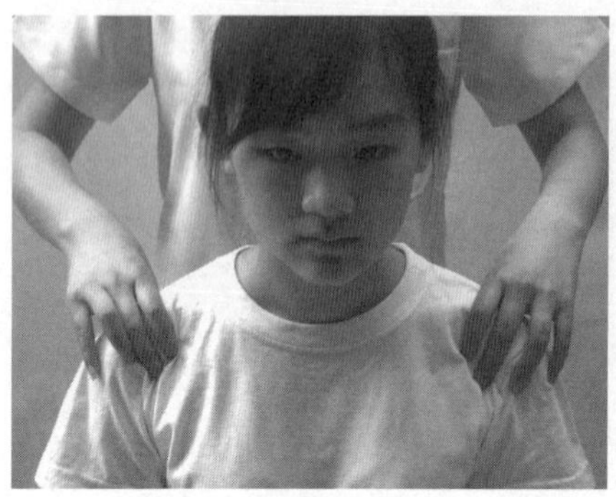
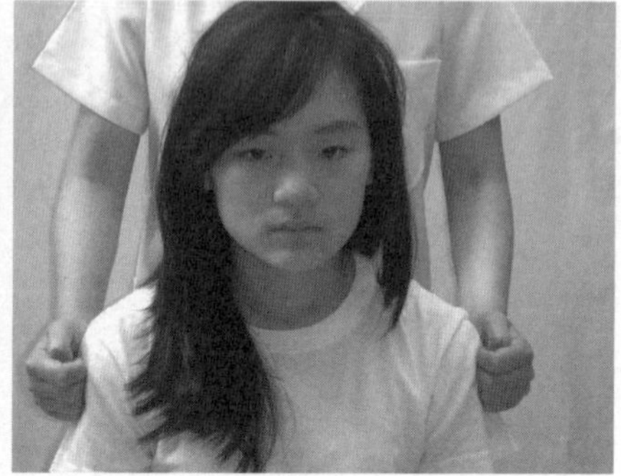

견우와 견료혈을 풀어준 후 주먹을 가볍게 쥔 상태로 견봉 부위를 3등분하여 풀어준다.

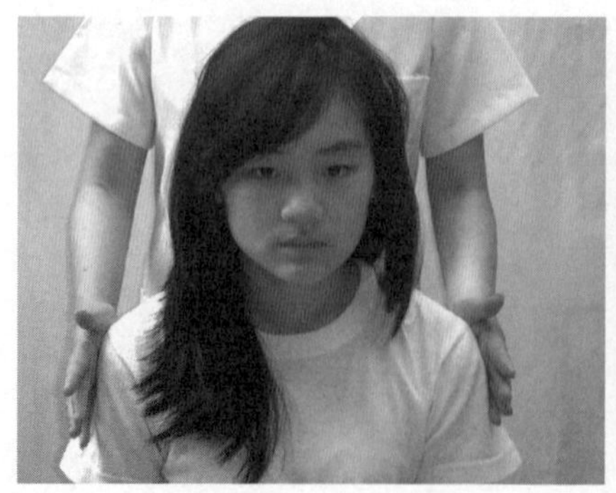
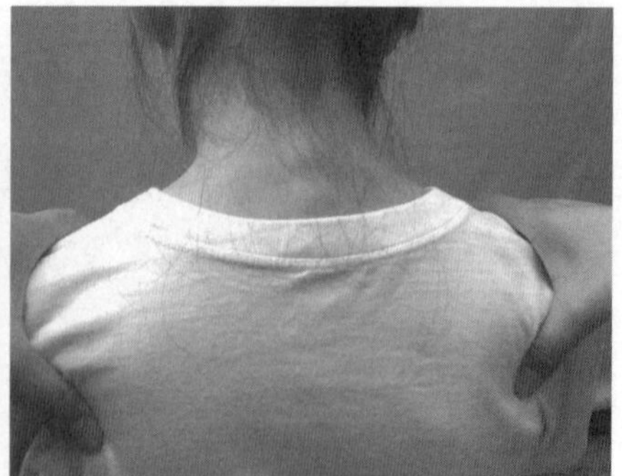

손바닥을 이용하여 지그재그 형식으로 근육을 당겨준 후 천종혈을 풀어준다.

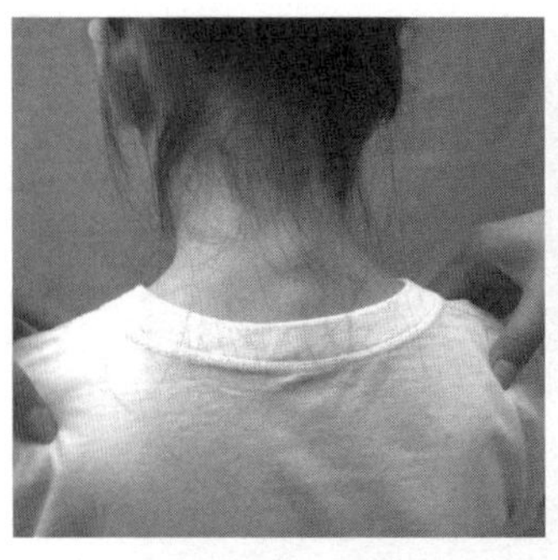
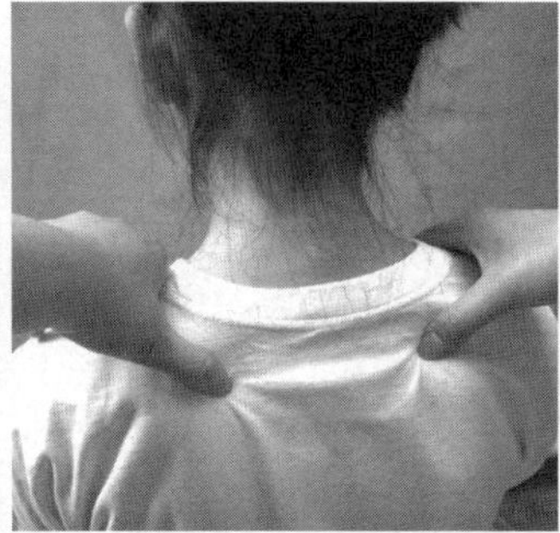
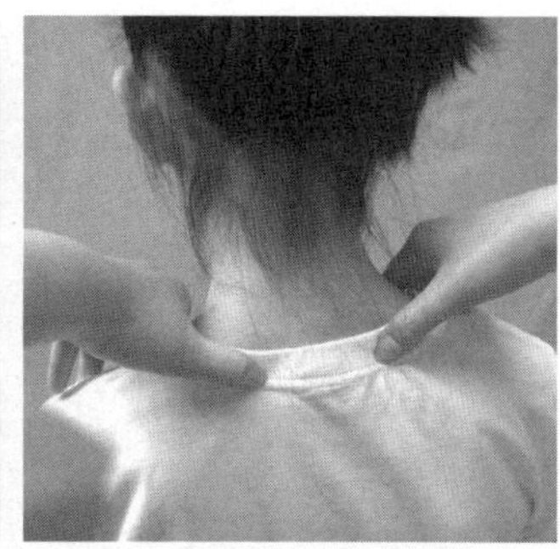

병풍, 견외유, 견중유 풀어준다.

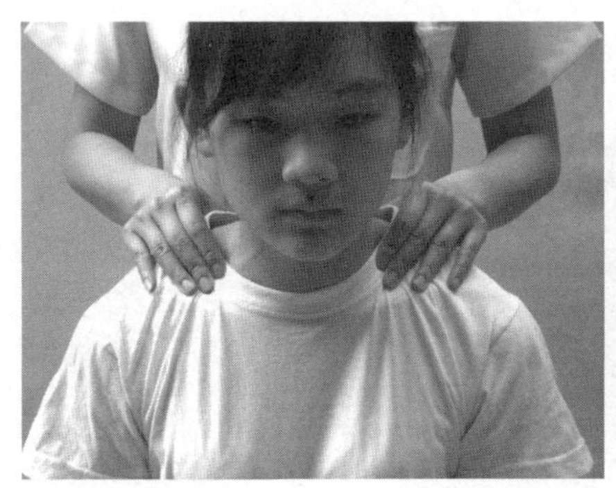
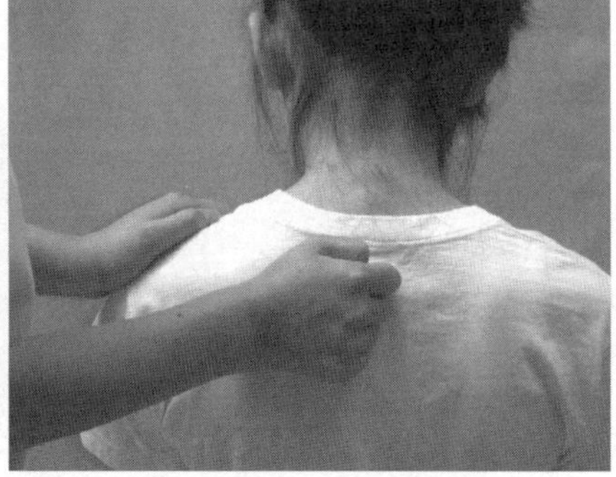

승모근을 풀어주고 주먹을 쥔 상태로 척추 기립근을 3등분하여 풀어준다.

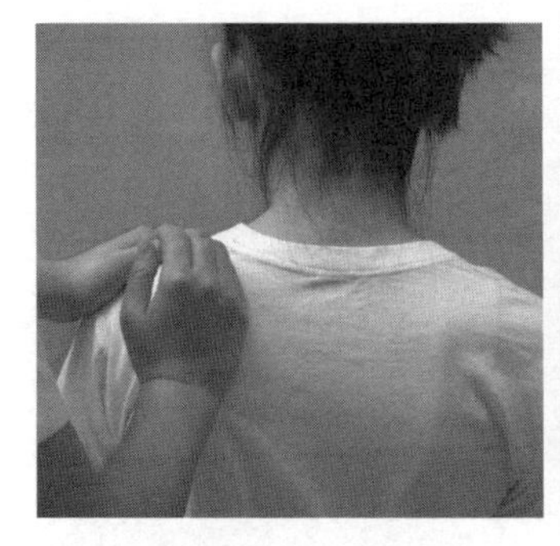
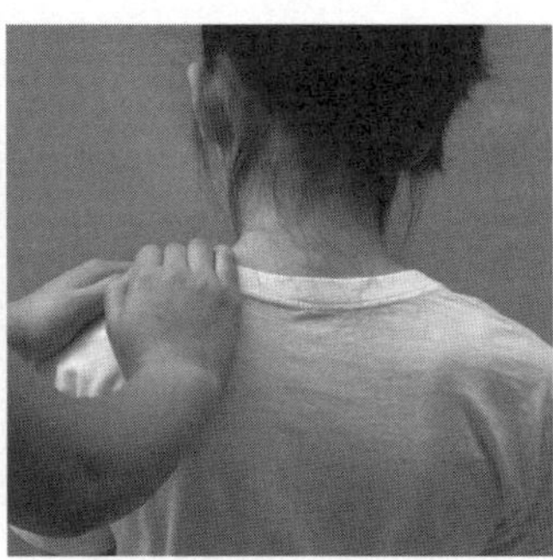
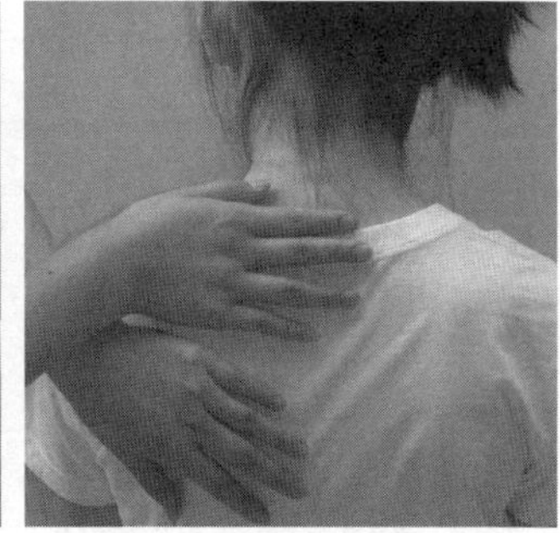

손바닥 측면을 이용하여 견갑골 라인을 눌러 풀어주고 수근부를 이용하여 전체적으로 풀어준 후 견갑골을 부드럽게 쓸어준다. (왼쪽 · 오른쪽)

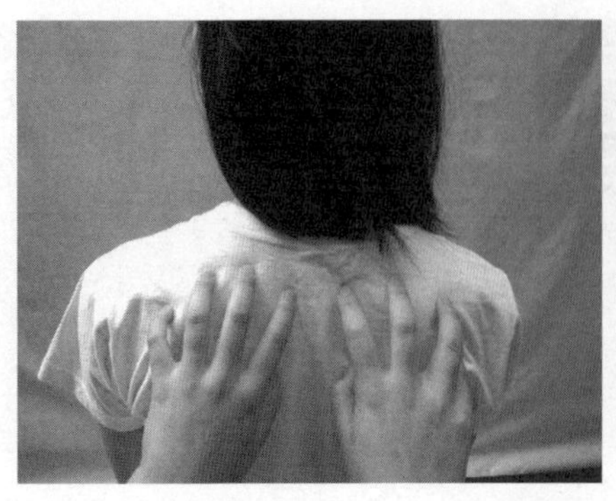
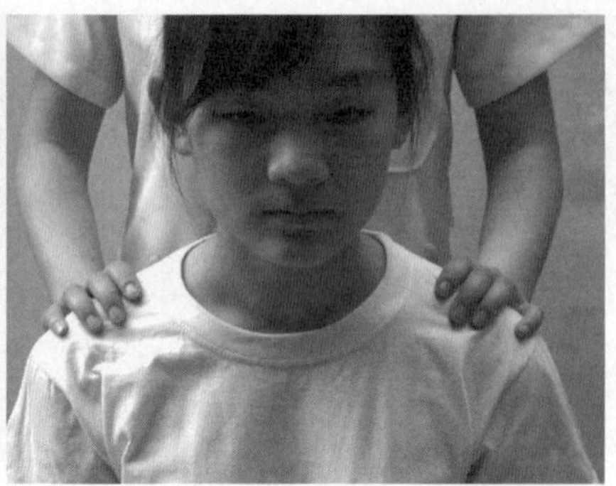

양쪽 견갑골을 손가락 끝을 이용하여 지그재그 형식으로 마사지한 후 어깨를 쓰다듬는다.

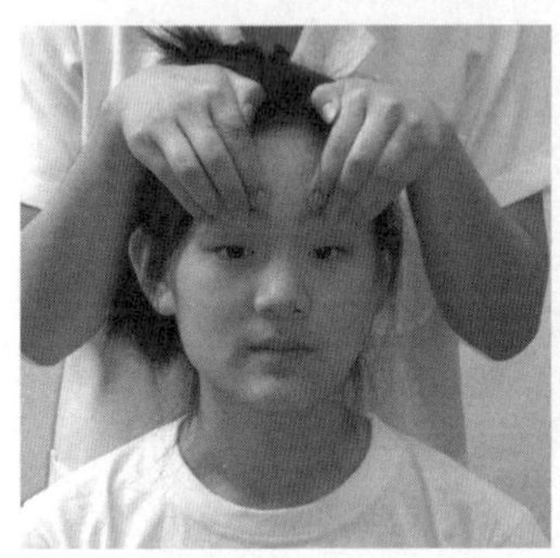
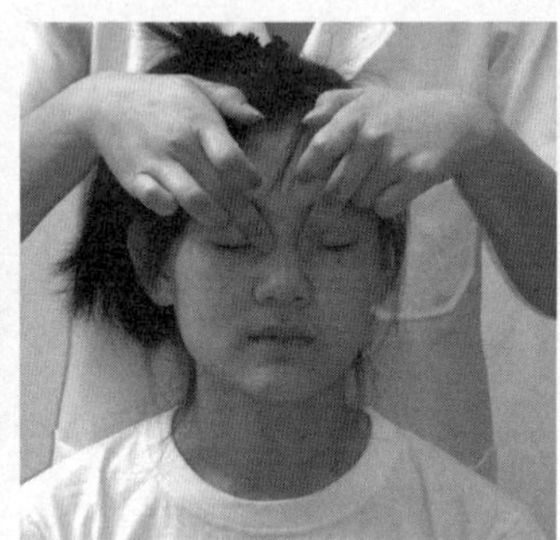
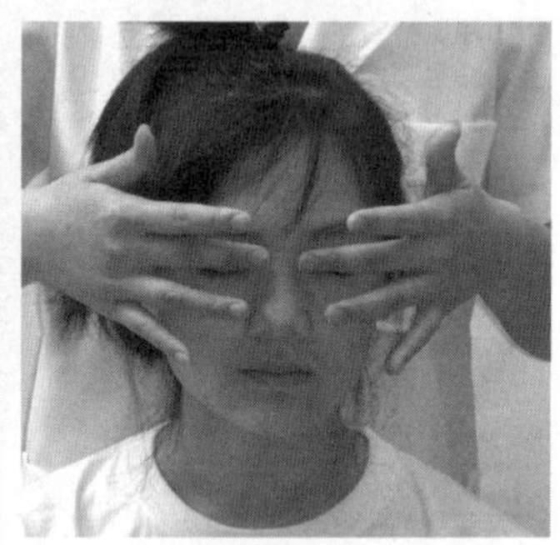

인당, 찬죽, 어요, 사죽공, 정명을 지압한 후 눈을 태핑 한다.

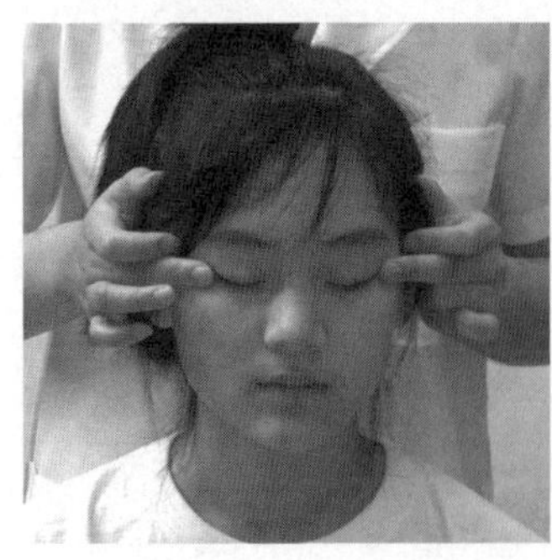
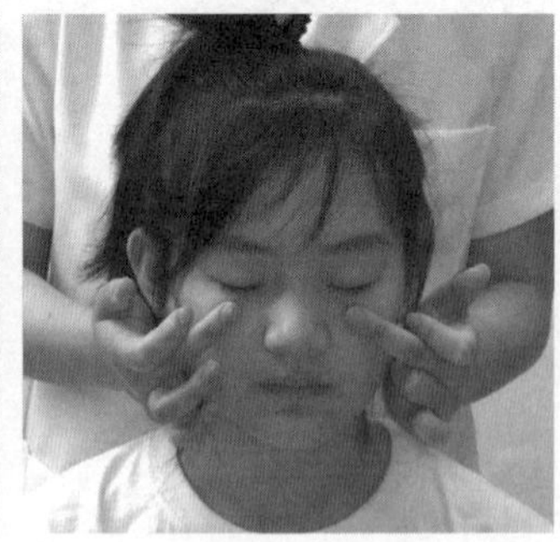
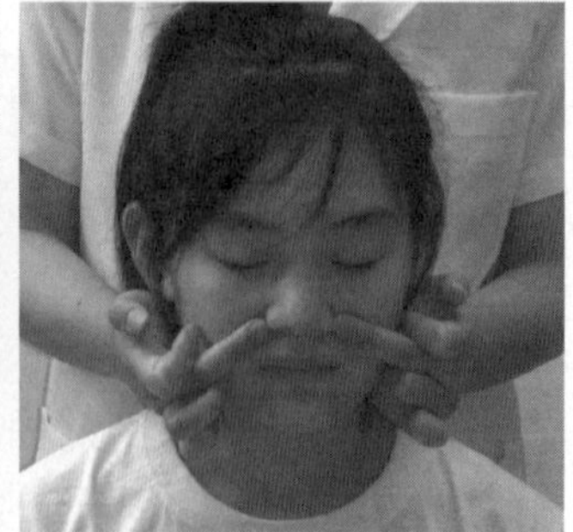

동자료, 승읍, 영향을 중심으로 지긋이 3초 동안 지압한다.

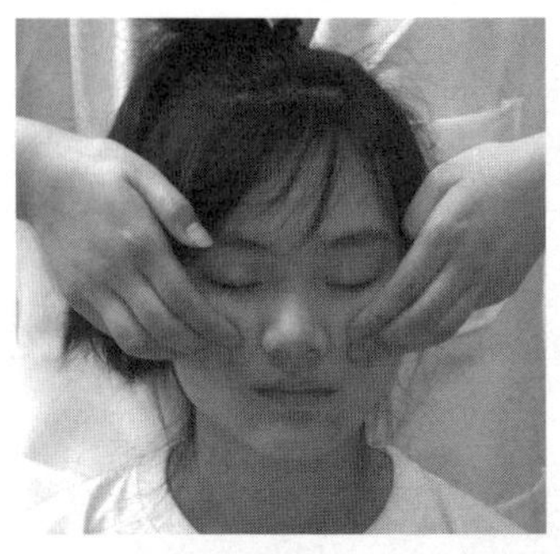 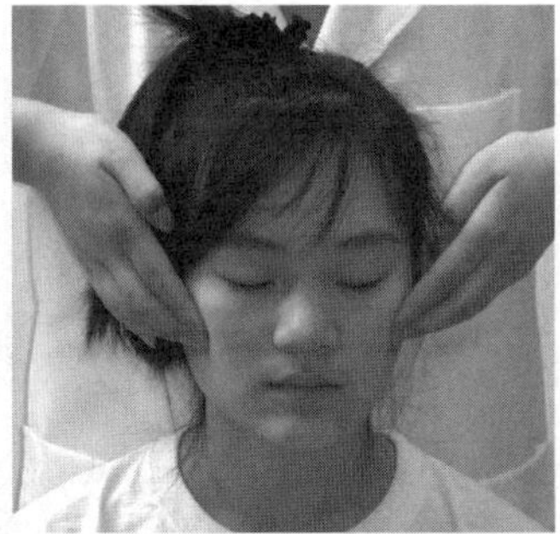 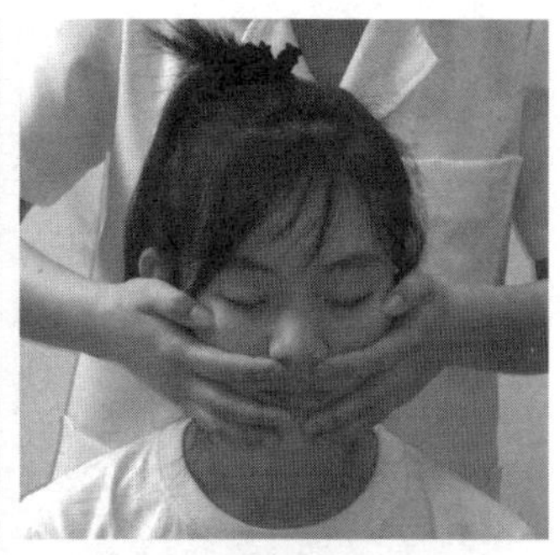

삼지를 이용하여 거료, 권료, 하관, 상관까지 지압한 후 입 주변을 지압한다.

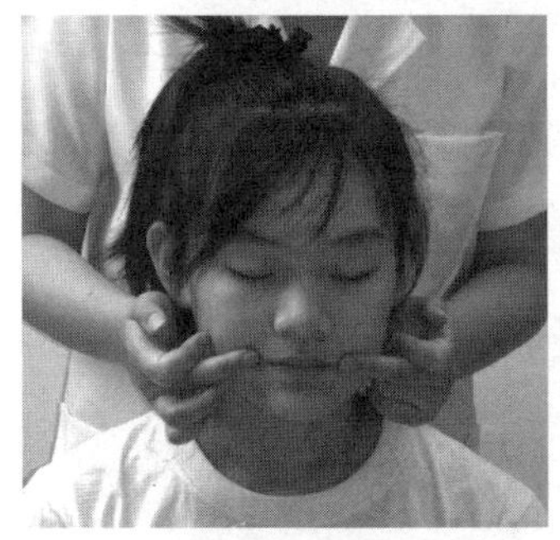 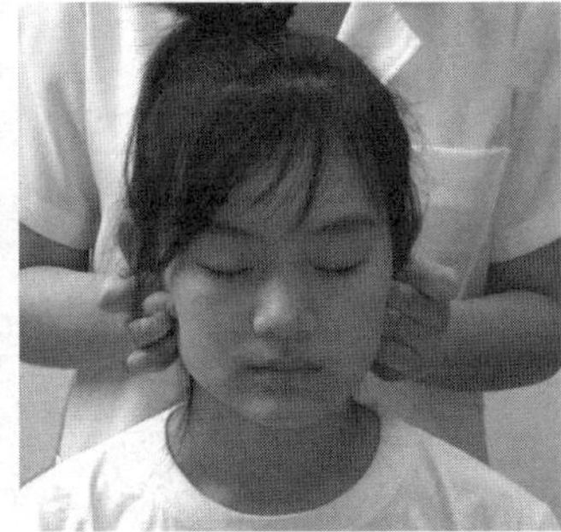 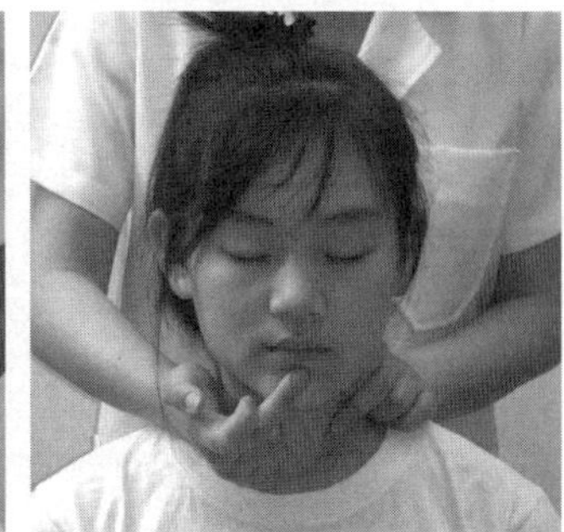

지창, 하관, 승장을 지압한다.

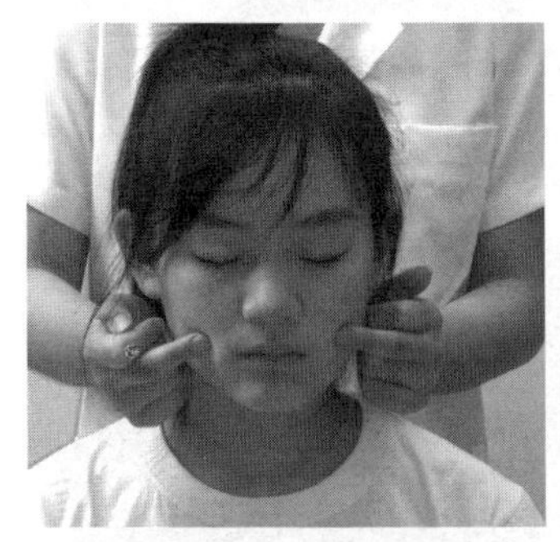 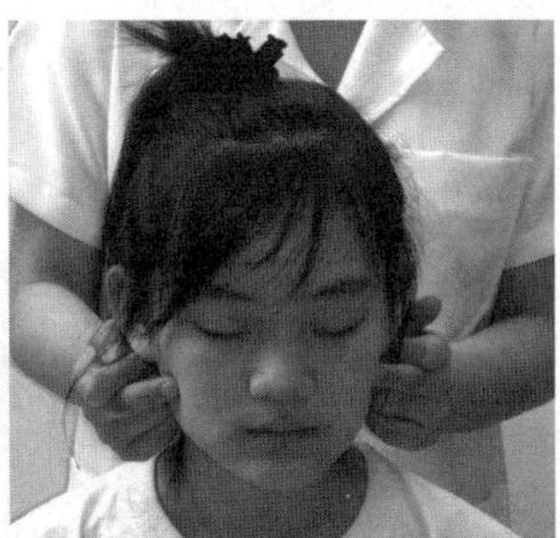 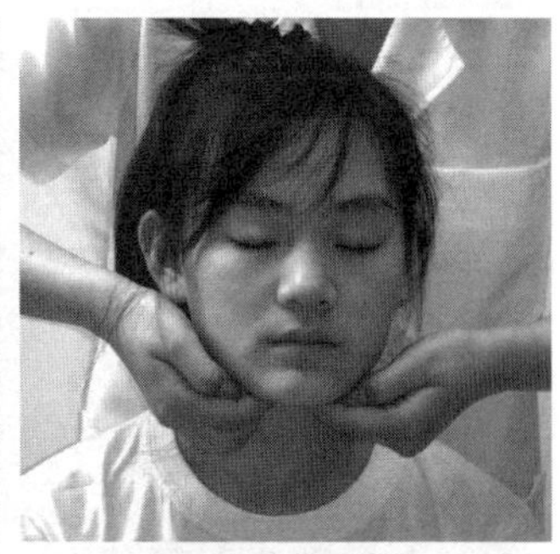

대영, 협거, 상염천을 지압한다.

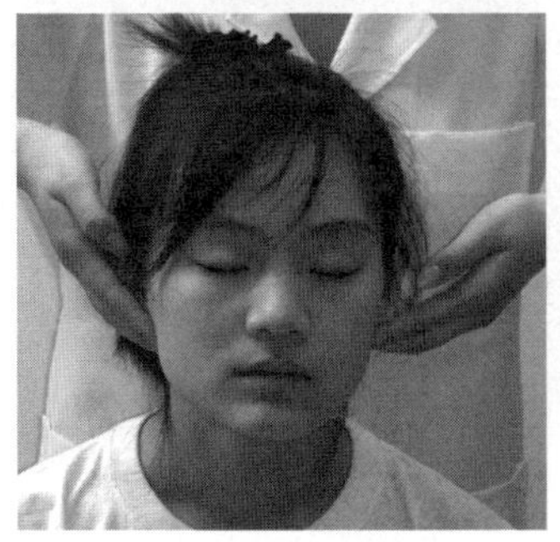 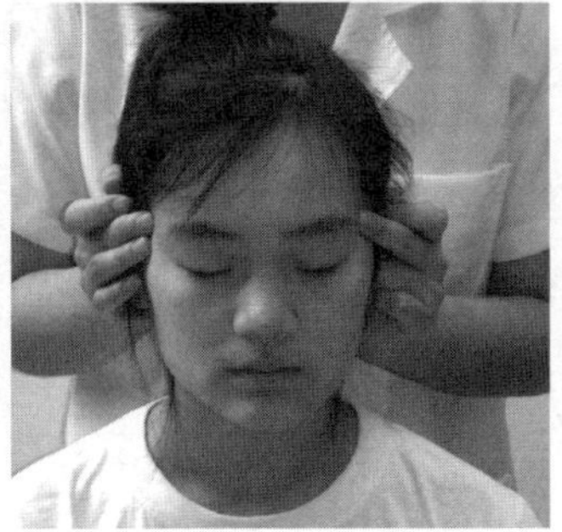 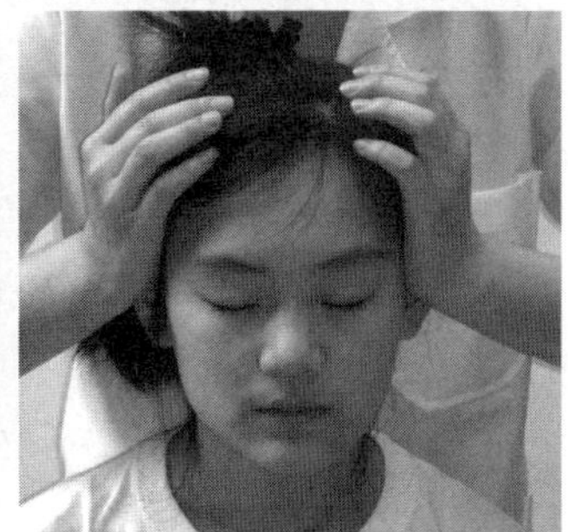

상염천에서 삼지로 끌어 예풍을 지압한 후 태양혈을 자극한다.

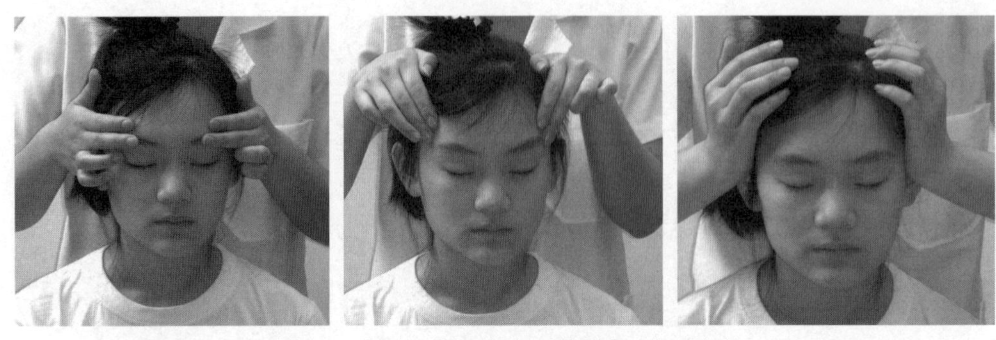

눈썹을 끌어 두유 방향으로 올려준 후 다시 태양혈을 자극한다.

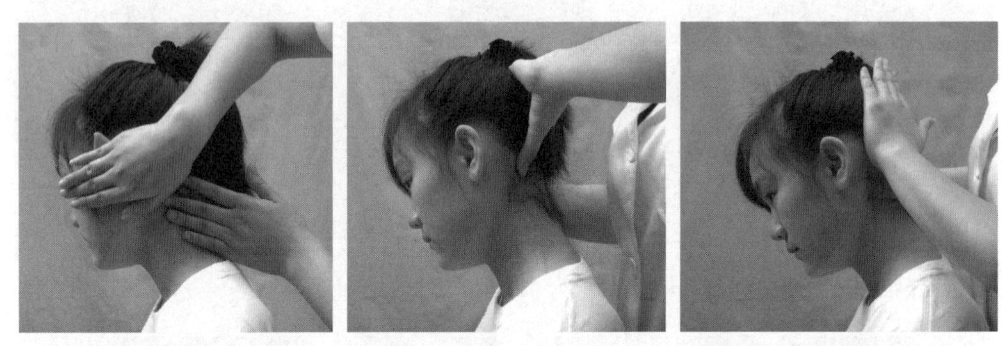

양손의 수근부를 이용하여 귀 뒷부분을 깊숙이 밀어주고 엄지와 수근을 이용하여 귀 주변 헤어라인을 자극한다.

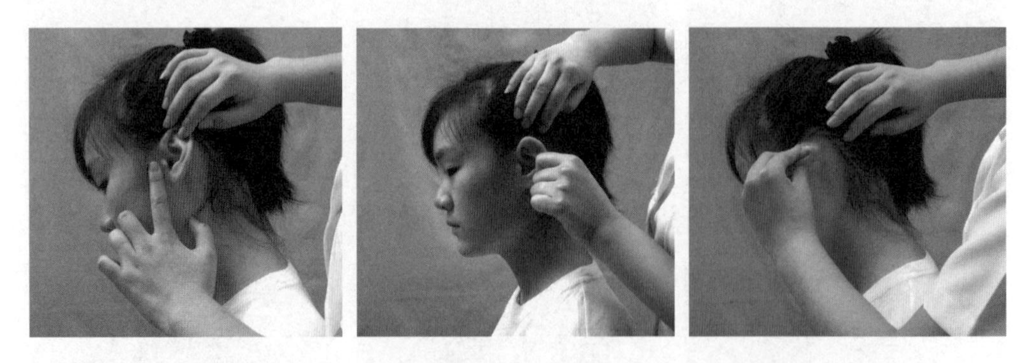

이문, 청궁, 청회를 검지 또는 중지를 같이 이용한다. 귀는 이륜(척추 반사 부위)부위는 검지를 구부려서 위아래로 3회 주물러준 후 귀를 뿌리에서부터 지긋이 접어서 마사지한다.

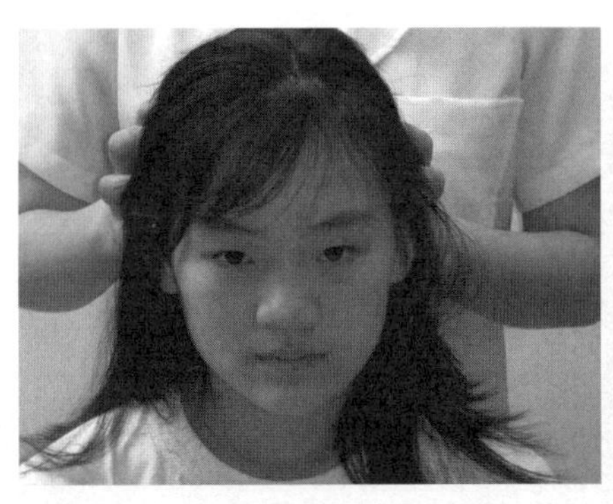
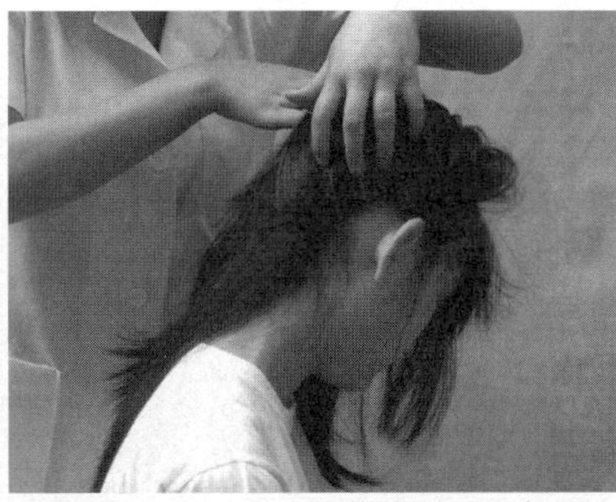

모발을 가지런히 정돈한 후 손가락 지문 부분을 이용하여 백회 방향으로 여러 차례 끌어올려 준다.

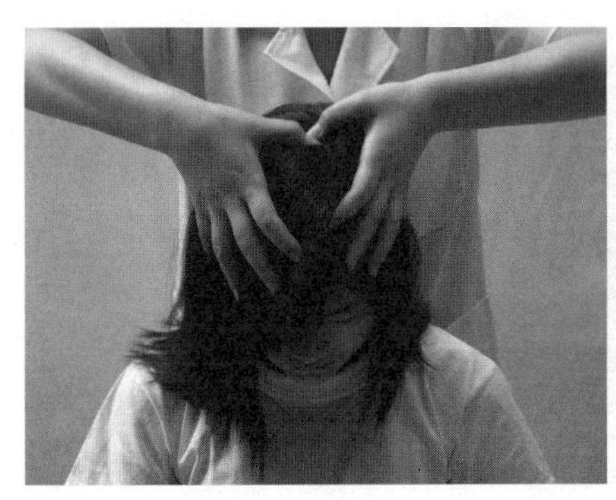
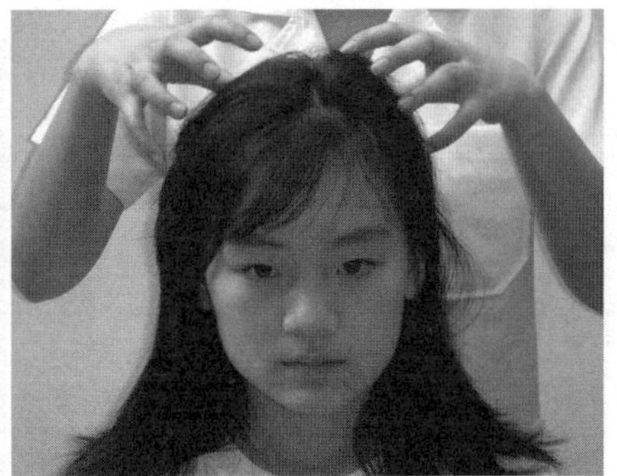

두피 지압에서 가장 중요한 부분인 백회혈을 중심으로 전후좌우 1.5cm에 있는 사신총이란 혈 자리도 같이 지압한 후 오지를 이용하여 두피 전체를 지그재그 형식으로 마사지한다.

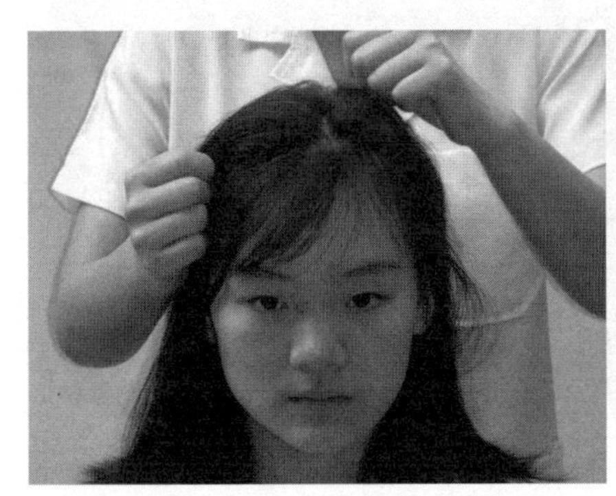
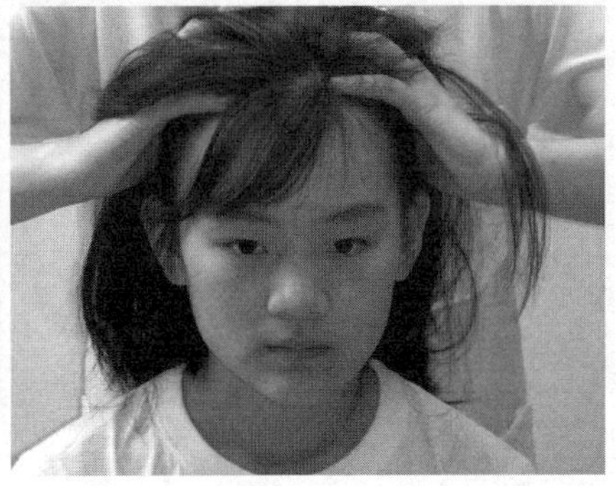

주먹을 살짝 쥔 후 한 손은 고정하고 다른 한 손을 이용하여 두피의 근육을 마사지한 후 양 손가락을 모발 안으로 넣어 상하좌우로 움직여 준다. 특히 모상건막을 각도 조절해 가며 지압하여 마사지한다.

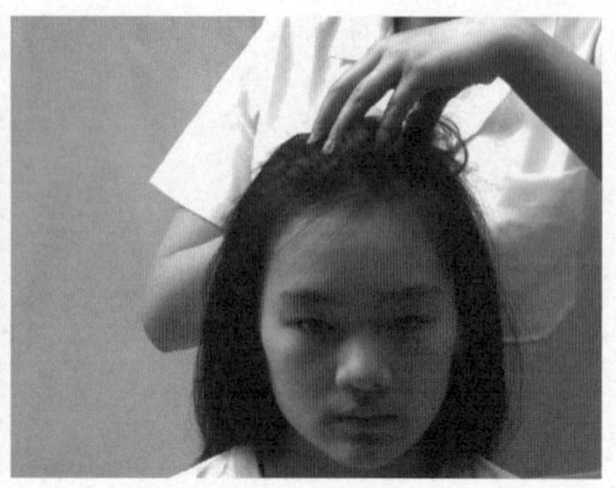

양 오지를 이용하여 지압한 후 짧게 튕겨 준다. 후두부는 한 손을 고정한 후 튕겨 주는 것이 더 효과적이다. 모발을 정리한다.

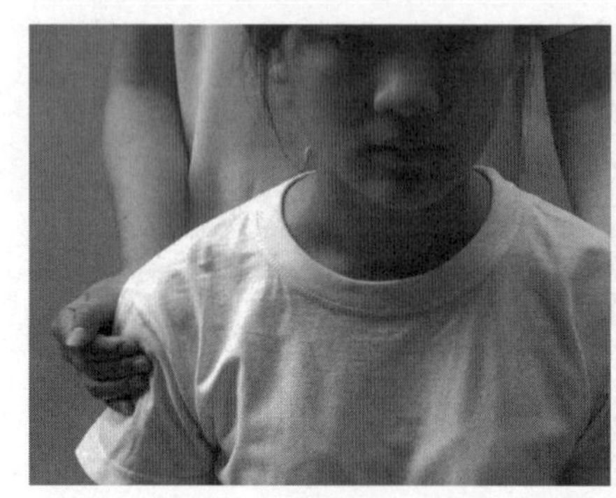
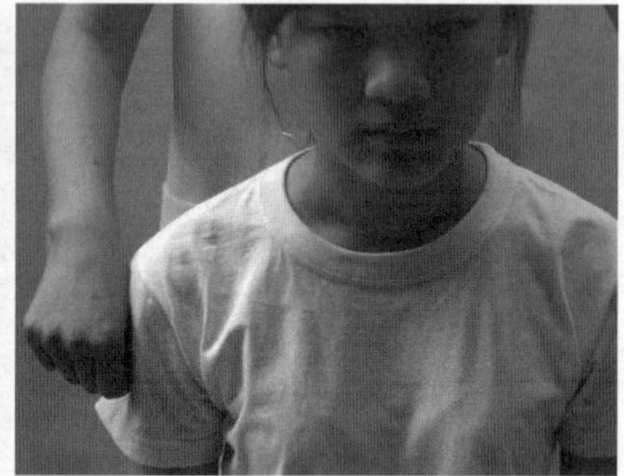

승모근에서부터 상완을 마사지한 후 주먹을 살짝 쥐고 마사지해준다.

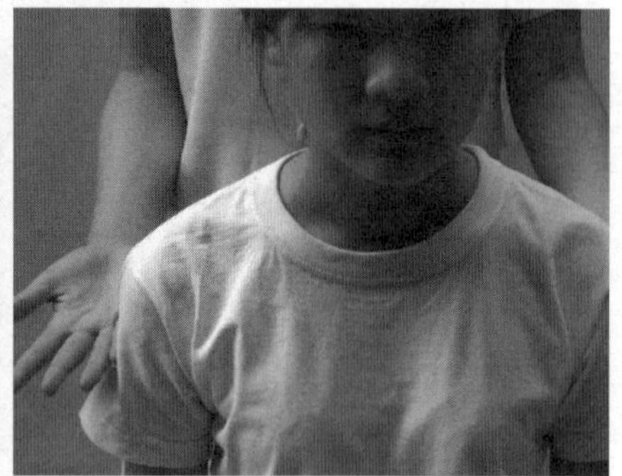

상완을 양손으로 비틀어주고(좌 · 우) 손가락 측면을 이용하여 마사지해 준다.

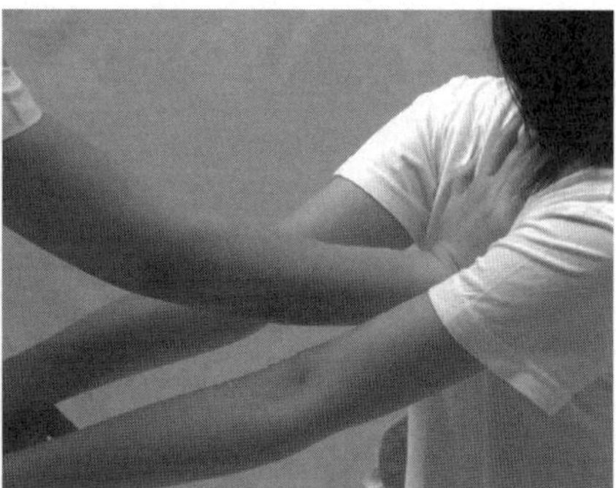

견봉을 잡고 뒤로 끌어당긴 후 양팔을 뒤로 하여 스트레칭 한다.

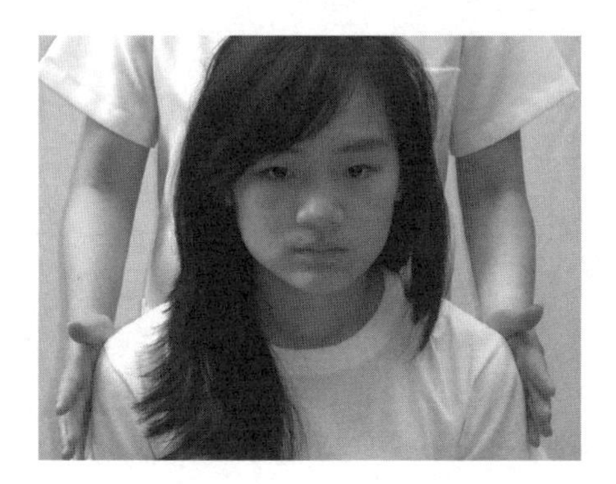

팔을 가볍게 내려준 후 견봉을 수근으로 마사지 한다음 전체적으로 쓸어 마무리 한다.

CHAPTER 08

샴푸(Shampoo)와 린스

1. 샴푸

헤어 샴푸(Hair shampoo)는 힌두어인 'champoo'의 어원으로 본래의 의미는 '밀어내다', '마사지한다'라는 의미로 '샴푸(shampoo) 제품' 또는 '샴푸로 머리 감다.'라는 의미로 사용되고 있다. 여러 가지 헤어스타일의 중요한 최초의 준비 단계이며 헤어스타일링을 위한 모발과 두피의 세정을 의미한다. 최근에는 탈모 예방을 비롯하여 비듬이나 가려움증, 탈모관리 등을 해주는 기능성 샴푸들과 화장품으로서의 필요조건인 향기, 모발의 광택을 내기 위한 성분, 비타민이나 아미노산 등의 영양 성분이 첨가된 케어 제품들이 판매되고 있어 샴푸의 기본적인 세정 개념에서 벗어나 질병 치유효과까지 볼 수 있다. 그러므로 고객의 모발의 타입, 두피 타입, 성별, 연령별, 머리 감는 습관을 고려하여 헤어스타일링, 육모, 탈모 방지 등에 적합한 샴푸를 고객에 맞게 권해주어야 한다.

1) 샴푸의 목적

샴푸의 목적은 두피 및 모발의 때를 씻어 청결과 아름다움을 유지하기 위해 모든 시술의 기초가 되는 모발관리를 하는 것이고, 다른 하나는 모발을 씻음과 동시에 두피에 적당한 자극을 주어 혈액순환 촉진과 모근 강화에 효과를 주어 모발의 육성을 촉진시키는 두피관리를 하는 것이다. 한선이나 피지선에서 분비되는 피지, 땀, 묵은 각질 세포 등의 내부로부터의 때와 두발용 화장품의 잔류 오염물, 대기 중의 먼지 같은 외부로부터의 때를 방치하면 모공이 막혀 모유두의 기능이 저하되어 모발의 정상적인 발육이 방해되어 탈모 증상이 나타나기도 한다. 이런 요인들로 부터 두피와 모발의 오염을 없애 청결히 해서 두피의 생리적 작용을 정상으로 만들고, 두피를 건강히 유지함과 동시에 모발도 건강하고 아름답게 하기 위해 샴푸를 사용한다. 즉 샴푸는 두피와 모발을 청결히 하며 두부의 상태를 최적화시키는 것이다. 또한, 샴푸는 모발 생리 기능에 영향을 주고 고객의 심리를 좌우시키며 헤어스타일의 가장 기초가 되는 준비 작업이므로 소홀히 다루어서는 안 된다.

2) 샴푸의 세정 기능

샴푸의 주요 기능은 모발이나 두피를 청결하게 유지하고 질환의 감염을 예방하며 모발에 윤기를 주는 동시에 두피의 혈행을 도와서 생리기능을 촉진시키는 효과가 있으며 묻어있는 이물질이나 두피의 더러움을 씻어내는 세정기능이 있다. 두피 및 모발의 때의 원인은 크게 세 가지로 나눌 수 있다.

① 체내로 부터의 분비물에 의한 것 : 체내로부터 분비 배설된 땀과 피지, 노폐된 각질세포 등

② 두발 화장품의 잔유물에 의한 것 : 헤어 크림, 헤어 컨디셔너, 헤어 스프레이, 헤어 스타일링제, 헤어 컬러링제 등의 헤어 제품의 잔유물에 의한 것

③ 대기오염에 의한 것 : 외부로부터의 배기가스 매연 등의 유지류, 토사의 진애 등

두피나 모발의 때 속에는 브러싱에 의해 떨어지는 이물질과 물에 용해되는 것도 있지만 용해되지 않는 물질이 더 많이 있다. 문제는 먼지 등에 포함되어 있는 유성의 때를 씻어내는 일이다. 기름은 물과 섞이지 않으므로 물이나 브러싱 만으로는 씻기지 않는다. 그러므로 이러한 물질을 제거하기 위해서는 때와 물을 결합시킬 필요가 있으며, 유성 때는 샴푸제에 함유되어 있는 계면활성제(표면활성제)의 역할로 쉽게 제거할 수 있다. 계면활성제에는 세정제(먼지, 잔류물, 피지, 각질 제거), 흡착, 침투, 유화, 분산, 헹굼, 습윤, 가용화, 기포제(거품 발생) 등의 작용이 있어 그 역할에 의해 물로만 제거가 되지 않는 유분이나 이물질을 모발로부터 제거하게 된다. 즉 계면활성제 분자는 계면에 흡착되어 계면장력을 약화시켜 모발과 때를 모발의 표면에서 떨어지게 한다. 떨어져 나온 때는 기름의 작은 방울로써 액체 속에 분산되어 거품을 머금고 물과 함께 씻겨나간다. 풍부한 거품은 샴푸할 때 모발과 모발의 접촉을 막아 마찰을

적게 하여 모발의 손상을 최소화시키는 역할 외에 작은 거품이 계면활성제의 액체 면을 확대시켜 세정작용을 용이하게 하는 역할을 한다. 계면활성제는 한 분자에 친수성과 친유기를 공존한 물질로 계면활성제 분자와의 화합을 일으켜 세정, 세척, 살균작용을 통해 더러움, 특히 물로 제거되지 않는 유성의 때를 제거하는 것이다.

3) 샴푸제의 조건

좋은 샴푸제가 갖추어야 할 조건에는 다음과 같은 것이 있다.

(1) 외관적인 면

- 제품이 변색, 침전 등이 없이 안정적일 것
- 사용하기 간편하고 적당한 점도를 지닐 것
- 장기간 보존 시 변질이 없어야 할 것
- 향이 적당할 것

(2) 샴푸 시

- 적당한 세정력을 지니고 감촉이 우수할 것
- 거품이 풍부하고 지속적인 거품과 기포 입자가 작으며 때가 잘 제거될 것
- 샴푸 후 거품을 헹구기가 쉬워야 할 것
- 샴푸 시 때 마찰에 의한 두발의 손상을 보호해야 함
- 샴푸할 때 빗질이 잘되어 모발을 보호할 것
- 두피, 두발 및 눈에 자극이 없이 안전성이 높을 것
- 두피 및 모발의 지나친 탈지 현상이 없을 것

(3) 샴푸 후

- 모발의 자연스런 윤기와 감촉이 우수할 것
- 모발이 뻣뻣하지 않고 빗질이 잘될 것
- 염색한 모발이나 퍼머넌트 웨이브 모발에 너무 영향을 주지 않을 것
- 비듬이나 가려움이 없어지는 효과가 있을 것
- 비듬이나 가려움, 염증 등의 현상이 나타나지 않을 것
- 샴푸 후 냄새가 적을 것

4) 샴푸제의 성분

샴푸의 기본 성분은 물, 계면활성제(surfactant)이 인공 합성세제가 중심이 되며 또 다른 주요 성분으로 소금이 함유되어 있다.

(1) 계면활성제(surface active agent, surfactant)

계면활성제란 물의 표면에 작용하여 물의 표면 장력을 줄여서 쉽게 침투하고 잘 퍼지게 만드는 물질의 총칭으로 한 분자 내에 물을 좋아하는 친수성기와 기름을 좋아하는 친유성기를 동시에 갖는 물질이며 다양한 오염물을 씻어내는 세정제 기능을 한다. 이 두 개의 원자단의 힘의 세기에 따라 계면활성제로서의 성질이 변화한다. 이러한 성질 때문에 비누나 세제 등으로 많이 활용되고 있다. 친수성과 친유성을 지닌 계면활성제는 수용액 중에서 계면활성제 분자와의 화합을 일으켜 미셀(micelle)이라는 구조를 형성한다. 계면활성제의 작용은 흡착, 침투, 유화, 분산, 헹굼, 습윤, 가용화, 기포화 등으로 각기 그 목적에 따라 사용되고 있다. 계면활성제에는 물에 녹았을 때의 이온화 상태에 따라 다음과 같이 분류할 수 있다.

① 음이온 계면활성제(anionic surface active agent)

이 계면활성제는 물에 녹았을 때 계면활성을 발휘하는 기(基)가 음이온의 전하를 띠는 것이다. 물속에서 이온화한 음이온 부분이 일반적으로 세정작용이 강하여 계면활성작용을 나타내는 물질이다. 음이온 계면활성제는 기포력, 세정력이 우수한 것이 많아 세안용 비누, 세안 크림, 면도 크림, 샴푸, 치약, 폼 클렌징 제품, 바디 클렌저 등 세정 제품에 사용되고 있다.

② 양이온 계면활성제(cationic surface active agent)

이 계면활성제는 물에 녹았을 때 계면활성을 발휘하는 기(基)가 양이온의 전하를 띠는 것이다. 이 계통의 계면활성제는 정전기가 억제되어 대전방지 효과가 높기 때문에 샴푸 후 사용하는 헤어 린스제, 헤어 트리트먼트제 등은 묽은 양이온 계면활성제 용액이다. 또한, 살균, 소독작용이 있어 살균 소독제로 사용된다.

③ 양(쪽)성 계면활성제(ampholytic surface active agent)

이 양성 계면활성제는 물에 녹았을 때의 용액 pH에 따라 알칼리 쪽에서는 음이온

계면활성제의 역할을 하고 산성 쪽일 때는 양이온 계면활성제로 역할을 하는 특성을 지니며 이 계통은 세정력이 적당하고 피부 자극과 독성이 낮으면서도 안정성이 높아 유아용 샴푸나 저자극 샴푸 등에 사용된다. 음이온 계면활성제와 병용하면 음이온 계면활성제의 자극성을 억제하는 효과가 있어 모발에 대한 유연 효과, 대전방지 효과, 습윤 효과를 갖고 있어서 샴푸와 헤어 린스, 헤어 제품에 사용되고 있다.

④ **비이온 계면활성제**(non ionic surface active agent)

이 계면활성제는 물에 녹았을 때에 이온화되지 않는 것으로 고급 알코올이나 친수성인 에칠렌 옥사이드(ethylene oxide)를 결합시켜 재제로 한다. 결합시킬 에칠렌 옥사이드의 양에 따라 친유성 타입에서부터 친수성 타입까지 많은 종류의 계면활성제를 만들 수가 있다. 비이온 계면활성제에는 세정제, 유화제, 분산제, 침투제, 가용화제 같은 효과가 있으며, 특히 기름과 물과의 유화력이 우수하여 크림, 로션 등의 유화제로서 화장수, 스킨, 향료 등에 가용화제로 사용된다.

⑤ **그 밖의 계면활성제**

소량으로 효과가 있고, 안전성이 높은 고분자 계면활성제 실리콘의 유화로 적절한 실리콘계 계면활설제, 레시틴으로 대표되는 천연 계면활성제 등이 사용되고 있다.

(2) 첨가제

샴푸제는 모발이나 두피에 묻은 때를 세정시켜 청결하게 하는 목적으로 사용하지만 두피에서 자연적으로 분비된 피지 성분까지 제거해 버리면 두피도 민감해지며 모발이 푸석거리거나 광택이 없어질 수 있어 모발의 손상도가 크다. 최근에 샴푸 후 모발의 컨디션을 조절하는 의식이 높아져 고객의 욕구를 충족시키기 위해 여러 가지 첨가제를 넣게 되었다.

① 증점제

샴푸제의 점도를 높이고 고급스런 느낌을 주도록 하기 위해 사용되고 있다. 샴푸제를 샴푸를 사용하는 방법에 따라 점도 조절을 용이하게 사용할 수 있도록 첨가하는 것이다. 아카시아 검과 같은 천연검(gum)과 메틸 셀룰로즈와 같은 인공 합성 검이 있다.

② 증포제

단일 계면활성제만으로는 거품이나 거품 유지가 좋지 않을 경우가 있기 때문에 증포제를 첨가하기도 한다.

③ 컨디셔닝제

컨디셔닝제는 샴푸 후의 광택, 감촉, 빗질을 부드럽게 하고 또한 모발의 표면을 보호하며 손상을 회복시키는 등의 목적으로 사용된다.

④ 방부제

샴푸의 보관 및 사용 중에 부패, 번식, 변질 등을 일으킬 수 있기 때문에 방부제를 사용한다. 안식향산, 안식향산 에스테르, 솔빈산 등이 있다.

⑤ 금속이온 봉쇄제

센물에 섞여 있는 칼슘과 마그네슘이 비누 성분과 화학반응을 일으켜 금속들과 결합해서 이들이 촉매작용을 하지 못하게 하여 매끄럽게 거품을 일게 하기 위하여 사용한다.

⑥ 향

향료에는 천연 동식물 합성향료가 있는데 지금까지는 샴푸 및 체취를 제거하는데 그 목적을 두어 시트러스계의 향이 주로 사용되었으나 고급 알코올계 액체 샴푸가 보급된 후부터는 후로랄 부케, 천연 허벌, 라벤더 등이 다양하게 사용되어지고 있다.

⑦ 보습제

보통 모발은 10% 전후의 수분을 유지하고 있는데 이 수분을 보호하고 유지시키기 위해 샴푸로 인해 수분이 소실되는 것을 보완하고 유지할 수 있도록 해준다. 샴푸 후 모발의 건조를 막기 위해 보습 효과가 있는 물질을 첨가한 것으로 글리세린, 나프카 등이 있다.

⑧ 조정제

모발을 정돈하고 탄력을 주기 위해 세제 분자보다 더 빨리 모발에 흡착되어 세제의 부작용을 줄여준다. 달걀가루를 조정제로 넣은 달걀 샴푸가 이에 해당되며, 수분 확산과 보습 효과를 위해 완화제(emollient), 모이스처라이징 등이 있다.

⑨ **형광제**

모발의 광택을 좋게 하기 위해 형광 물질을 첨가한 것이다.

⑩ **비듬 제거제**

미생물의 증식을 막아 비듬을 제거하기 위한 것으로, 두피와 친화력이 있는 성분을 사용하여야 한다.

⑪ **거품제**

기포 증진과 함께 점증 효과를 내기 위한 것으로, 코카마이드 미, 라우라이드 미, 라우릭 디 등이 있다.

⑫ **세정제**

야자열매에서 추출한 야자 오일과 같은 성분으로 모발의 주성분인 유황 성분을 사용하여 모발을 보호하고 비듬을 방지해 준다.

⑬ **분산제**

모발에 칼슘 비누의 침전 방지와 비누 거품을 잘 일게 해준다.

⑭ **그 밖에 여러 가지 첨가물**

그 밖에 샴푸에 첨가되는 것은 물, 항산화제, 살균제, pH 조절제, 퇴색 · 변색 차단제, 자극 억제제 등이 있다. 또 샴푸에 따라서는 그 목적에 따라 자외선 흡수제, 비듬 방지제 등을 특별히 더 많이 첨가하는 것이 있으며, 향료나 색소도 첨가하여 상품 가치를 높일 수 있다. 특히 샴푸의 산도가 강알칼리일 경우 모발의 표피인 큐티클 표면이 손상을 입기 쉬우며 모발의 광택을 잃게 되므로 pH 조절제는 미용에 있어서는 중요하다.

5) 샴푸제의 종류와 특징

(1) 비누 샴푸제(soap shampoos)

비누는 일반적으로 동물성의 유지를 수산화나트륨(sodium hydroxide, NaOH)이나 수산화 칼륨(potassium hydroxide, KOH) 등의 알칼리와 혼합하여 만들어진다.

경수를 사용했을 때에는 물속에 포함된 칼슘(Ca)이나 마그네슘(Mg) 같은 금속이온과 결합하여 불용성인 금속비누를 형성하여 거품이 잘 나지 않고 세정력이 낮을 뿐 아니라 불용성인 금속비누가 모발에 부착하여 감촉이나 광택을 없애버린다. 또 퍼머넌트 웨이브나 모발 염색을 할 때에 약액의 침투를 방해하게 되므로 충분히 씻어내야 하며 필요 시에는 다시 샴푸해야 한다.

(2) 고급 알코올계 샴푸제

샴푸제에는 각종 세정제가 사용되고 있으나 그중에서 가장 넓게 사용되고 있는 것이 고급 알코올계의 세정제이다. 이 계통의 세정제에는 천연 유지(야자유)를 원료로 하는 것과 석유로부터 합성되는 것이 있다.

현재 일반적으로 사용되고 있는 샴푸는 여러 종류의 계면활성제를 함유하고 있으며 액체 투명 샴푸, 액체 유화 샴푸 등이 이에 속한다.

(3) 오일 샴푸제(oil shampoos)

오일 샴푸란 컨디셔닝제로서 올리브 오일, 아보카도 오일, 아몬드유 등과 같은 유성 성분이나 습윤제를 배합한 것을 말한다. 양질의 올리브유나 동백기름 등을 두피에 모발에 발라 충분히 마사지하여 흡수시킨 후 샴푸하는 방법을 오일 샴푸라고 부르고 있다. 머리를 감은 후 모발의 표피에 엷은 지막(脂膜)을 만들어 모발을 보호할 목적으로 만든 것으로, 염색 모발이나 두발(頭髮)과 두피(頭皮)가 건조한 사람이 사용하는 것이 좋다.

(4) 산성 샴푸제(acid shampoos)

산성 샴푸는 구연산, 린산, 연산 등에 의해 pH가 5~6 정도의 약산성으로 조정되어 있어 모표피를 닫아주는 역할을 한다. 모발 염색이나 퍼머넌트 웨이브의 시술 횟수가 많아지게 되면 모발의 pH는 알칼리성으로 되어 팽윤되어 있는데, 산성 샴푸의 pH는 모발의 등전점 부근에 있기 때문에 모발의 팽윤된 모발을 수축시켜서 손상을 막을 수 있다.

(5) 그 밖의 샴푸제

① 항비듬성 샴푸제(antidandruff shampoos)

약용 샴푸제(medicated shampoos)라고 하며 제품으로는 유성(油性) 두발 및 두피제와 건성(乾性) 두발 및 두피제로 시판되고 있다. 두피 부분에 골고루 이 제품을 발라 5분 이상 방치한 후 두피 마사지를 하고 샴푸제를 헹궈내면서 비듬을 제거시킨다. 항비듬성 샴푸는 살균제 징크피리티온이 함유되어 있어 1주일에 2회 정도로 일반 샴푸와 교대로 사용해주면 비듬의 원인이 되는 미생물을 살균하는 안정성이 있으며 효과도 높다.

② 비듬 제거용 샴푸제(dndruff removal shampoos)

비듬 제거용 샴푸제는 두피의 노화 각질과 피지의 분해 산화물이 혼합된 노폐물과 비듬을 제거하는데 사용하며, 성분으로는 유화셀린과 같은 특수한 유황 화합물을 배합한 것으로 노화 각질을 용해시키는 작용이 탁월하다.

③ 베이비 샴푸제(baby shampoos)

어린이 전용 샴푸제로서 탈지력이 약하고 피부나 눈에 대한 자극이 낮은 활성제를 사용하고 있다. 일반적으로 저자극성 샴푸이다.

④ 논스트립핑 샴푸제(nonstripping shampoos)

pH가 낮은 산성의 샴푸제로서 두발을 자극하지 않으므로 영구적 염색 또는 탈색 및 염색한 두발에 색상이 제거되지 않으면서 깨끗하게 두발을 샴푸한다.

⑤ 컨디셔닝 샴푸제(conditioning shampoos)

소량의 동물성, 식물성, 광물성 성분을 첨가하고 두발의 장력과 다공성 모발에 영양을 공급한다.

⑥ 허벌 샴푸제(herbal shampoos)

고급 알코올계 세제 사용, 여러 가지 식물 및 약초 엑기스를 함유하며 두피 생리기능을 조절하면서 소염, 탈취, 살균, 단백질 합성, 세정작용을 한다. 건강모, 유성모, 퍼머넌트 웨이브 전, 모발 염색 전 후에 사용하며 기능성 샴푸로 탈모 예방에도 도움이 된다.

⑦ 프로테인 샴푸제(protein shampoos)

누에고치에서 추출한 것과 난황 성분을 함유한 샴푸제로서 모발에 영양분을 공급해 주는 트리트먼트 샴푸제이다. 손상모에 대해 마일드한 세정작용과 케라틴(keratin) 보호작용이 있다.

퍼머넌트 웨이브 후의 화학적 손상모, 염색모에 사용하며 두피에 건조를 예방하고 모발에 자극적이지 않으며 모발의 탈색을 방지해 준다.

⑧ 손상 모발용 샴푸

영양 성분을 첨가하여 탄력성을 증가시켜주고 모표피의 다공성 부분을 채워준다.

⑨ 탈모 방지용 샴푸

탈모의 원인이 되는 혈액순환 장애와 피지의 과다 분비, 영양 부족의 문제점을 해결할 수 있는 샴푸로서 모발을 건강한 모발로 성장을 촉진한다.

⑩ 염색 모발용 샴푸

염색한 모발은 주로 샴푸에 의해서 색이 빠져버리고 또한 자외선으로부터 산화되어 퇴색되는 여러 가지 요인이 있으므로 퇴색 방지, 모발 색상을 유지시킬 수 있는 염색 모발용 샴푸를 이용하여 모발을 보호해야 한다.

⑪ 퍼머넌트 웨이브 모발용 샴푸

웨이브의 탄력 유지를 목적으로 사용되며 퍼머넌트 시 모발에서 유실된 영양분을 보충해 줄 수 있는 샴푸제를 사용해야 한다.

⑫ 컬러 샴푸

샴푸에 인공 색소를 첨가시킨 것으로 샴푸로 인해 모표피에 색소를 흡착시키는 원리를 이용한 샴푸제이다.

⑬ 샴푸와 린스 겸용 샴푸

음이온성 계면활성제를 주 세정제로 하는 샴푸와 양이온성 계면활성제로 이루어진 린스와 만나면 석출 현상을 보이며 음이온성 계면활성제의 세정 효과를 저하시키고 린스의 양이온성 계면활성제의 효과도 떨어지는 결과를 초래한다.

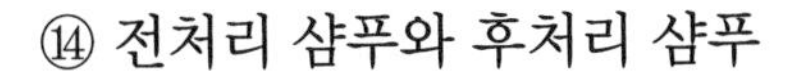

⑭ 전처리 샴푸와 후처리 샴푸

미용 작업 시술 전에 행하는 전처리 샴푸는 두피가 손상되지 않도록 가벼운 테크닉으로 샴푸하여 미용 작업 시 방해 요인인 오염 요소들을 제거하고, 미용 작업 시술 후에 행하는 후처리 샴푸는 두피와 모발에 알칼리제가 남아 있으면 두피에 대한 자극이나 모발의 손상이 계속 진행될 수 있으므로 깨끗이 알칼리제를 제거시켜 모발의 pH 밸런스가 유지되도록 한다.

⑮ 드라이 샴푸

물을 사용하지 않는 샴푸로 거즈를 브러시에 끼워 브러싱하면 두발에 묻어 있는 노폐물들이 거즈에 흡수된다. 이 드라이 샴푸잉은 정상적인 서비스를 할 수 없는 사람이나 동물, 가발 등에 주로 사용된다.

• 분말 샴푸(powder dry shampoos)

주로 산성 백토에 카오린, 탄산마그네슘, 붕사 등을 섞어서 사용하는데 이는 지방성 물질을 흡수하는 작용과 기계적인 세정작용을 한다. 빗으로 모발을 나누면서 분말을 두피와 두발에 골고루 적당히 뿌리고 두피 전체에 작용할 수 있도록 마사지하고 약 20~30분 후 브러싱을 하여 분말을 제거한 다음 헤어토닉을 묻힌 탈지면 등으로 남아 있는 분말을 닦아낸다.

• 에그분말 샴푸(egg powder dry shampoos)

달걀의 흰자만을 사용하는데 흰자를 저어 거품을 낸 후 팩을 도포하는 방법으로 두발에 발라 완전히 건조시킨 후 브러싱하여 분말을 제거한다.

• 리퀴드 드라이 샴푸(liquid dry shampoos)

벤젠(benzine)이나 알코올(alchol) 등의 휘발성 용제를 사용하여 주로 헤어피스, 가발 등을 세정한다. 솜(cotton)에 용액을 묻혀 모발을 깨끗이 닦아내거나 가발 등을 용액에 12시간 정도 침전시켜 두었다가 꺼내어서 타월로 조심히 닦은 후 햇빛이 들지 않는 곳에 말린다.

• 토닉 샴푸(tonic shampoos)

헤어 토닉(hair tonic)을 사용해서 두발을 세정하는 방법으로 두피 및 두발의 생리 기능을 높여주는 것으로 리퀴드 드라이 샴푸에 속한다.

⑯ 웨트 샴푸잉

물을 사용하는 샴푸로 크게 플레인 샴푸와 스페셜 샴푸로 나눈다. 플레인 샴푸는 주로 합성세제, 비누, 물을 이용한 보통 샴푸이며, 스페셜 샴푸는 특별한 경우의 샴푸로 핫 오일 샴푸와 에그 샴푸가 있다.

• 핫 오일 샴푸잉

화학약품으로 인해 건조된 두발에 지방 공급과 모근 강화를 위해 고급의 식물성 유와 트리트먼트 크림을 두피와 두발에 발라 마사지한다.

• 에그 샴푸잉

두발이 지나치게 건조한 경우(영양부족)에 사용하고 표백된 머리나 염색에 실패한 머리에 사용된다. 날 달걀을 샴푸제로 사용하는데 피부염이 생기기 쉬운 두피와 손상되고 노화된 모발에 적당하다.

6) 두피 상태별 세발 방법

머리 감는 요령이나 빗질하는 법, 샴푸와 린스를 효과적으로 사용하는 법 등은 두피 건강에 좋다. 샴푸는 머리카락과 두피에 붙어 있는 때와 기름기를 제거해주는 계면활성제이다. 머리를 감기 전에 브러시로 한 번 빗어주고 나서 샴푸, 린스, 건조의 순서로 물의 온도는 체온보다 약간 높은 38~40도가 적당하다. 너무 뜨거운 물은 겨울철에는 특히 건조해진 머리카락을 더욱 거칠게 하므로 건성 모발은 특히 주의해야 한다. 샴푸를 사용할 때는 먼저 머리카락 전체를 미지근한 물에 담가 수분을 충분히 공급한 다음 샴푸를 물과 섞어서 충분히 거품을 낸 후 머리카락 전체에 골고루 스며들도록 하고 샴푸 양은 적당히 하여 깨끗이 헹궈준 후 산성 린스나 일반 식초를 물에 풀어 여러 번 헹궈준다. 마사지를 시술할 때는 손가락 끝을 세워 손톱으로 문지르게 되면 두피에 손상을 주거나 감염의 우려가 있으므로 손가락 지문이 있는 부위로 부드럽게 마사지해야 한다. 일반적인 샴푸를 하는 일반적인 방법은 브러싱 → 플레인 린스(plain rinse : 물로 헹군다) → 샴푸제 도포 → 헤어 머니플레이션 → 플레인 린스 → 컨디셔닝(린스제를 두발에 흡착시켜 영양공급) → 헤어 마사지 후 지압 → 플레인 린스 → 타월 드라이를 하는 순서로 시술한다.

(1) 정상 두피의 세발 방법

정상적인 두피의 경우 샴푸는 피부의 pH 농도와 비슷한 약산성을 사용하는 것이 좋다. 약산성 샴푸를 사용하면 모발이 크게 상하지 않는 경우에 한해 따로 린스를 사용할 필요는 없지만, 만약 린스를 사용한다면 모발 끝 부분 위주로 발라주고 깨끗이 헹궈야 한다.

(2) 건성 두피의 세발 방법

건성 두피의 경우 피부의 오래된 각질을 제거하고 두피에 수분과 영양을 원활히 공급할 수 있도록 마사지와 두피 자극이 병행된 특수 관리가 필요하지만 가정에서는 피지 분비가 원활히 이뤄지도록 적절한 홈케어 제품을 사용해 관리해야 한다. 두피가 건조하여 비듬이 생겼거나, 알칼리성이 강한 샴푸제를 사용했거나, 염색이나 퍼머넌트웨이브 등으로 두발이 건조 상태인 경우에는 샴푸 전 오일을 사용하여 스캘프 머니플레이션(scalp manipulation)후 샴푸한다.

(3) 정상 두피의 세발 방법

지성 두피는 스트레스나 자극적인 음식으로 인해 피지선이 자극돼 피지분비가 촉진될 수 있으므로 자극적인 음식이나 기름진 음식을 피하는 등 식생활을 조절하고, 스트레스를 피하고, 더불어 두피에 잔류하는 피지와 이물질을 제거할 수 있는 기능성 제품을 사용하면 도움이 된다. 지성이 심한 경우에는 아침저녁 2회 샴푸를 해 두피를 청결히 하고, 세정 후에도 피지 성분을 조절할 수 있는 제품을 바르는 것이 효과적이다. 헤어 오일이나 헤어 토닉을 두피에 묻히고 두피 마사지를 한 다음 식물성 샴푸제로 샴푸하면 도움이 된다.

7) 오염물을 씻어내는 과정

(1) 과정

① 유분의 오염 물질을 물을 적신다.
② 계면활성제가 친유성을 안쪽으로 향해서 하면서 오염 물질을 둘러싼다.
③ 유분의 오염 물질을 떠오르게 한다.
④ 계면활성제가 오염 물질 표면을 완전히 둘러싸면서 분리되면서 표면의 성질이 친수성으로 바뀐다.

⑤ 계면활성제로 싸여진 오염물질이 씻겨 내려간다.

⑥ 깨끗한 상태의 모발이 된다.

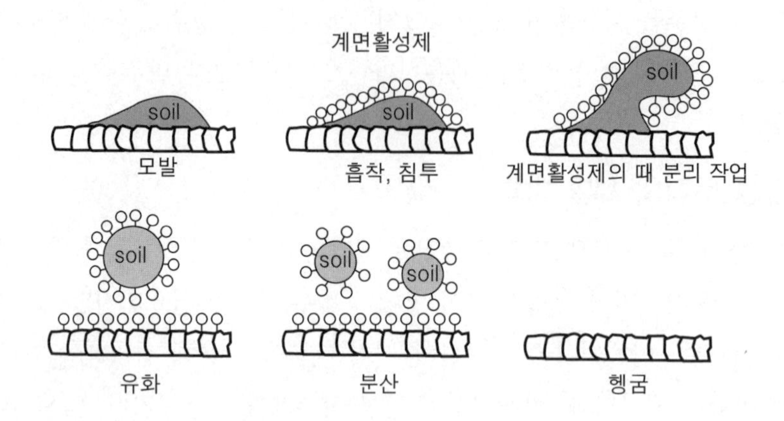

(2) 모발 세정작용의 원리

① 흡착 : 계면활성제의 친유기가 모발에 끼어 있는 표면으로 모아지게 한다.

② 침투 : 계면활성제의 작용에 의해 모발과 모발 사이에 샴푸를 침투시켜 불순물을 떨어지게 한다.

③ 유화 : 때를 완전히 감싸서 모발에 붙지 않도록 한다.

④ 분산 : 때를 감싸 모발에 다시 붙지 않도록 한다.

⑤ 헹굼 : 샴푸와 함께 때도 모발에서 떨어져 나가게 된다.

(3) 미셀의 구조

미셀이란 분자의 집합체로서 계면활성제가 어느 농도로 되면 흡착은 포화에 달하고 그 농도보다 초과되면 용액 내부에서 미셀(집합체)을 형성하면서 세정제로서의 역할을 발휘한다.

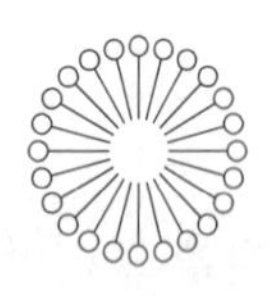
구형 미셀

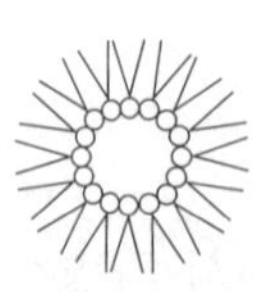
역 미셀

판형 미셀

막대형 미셀

ο : 친수기　　－ : 소수기

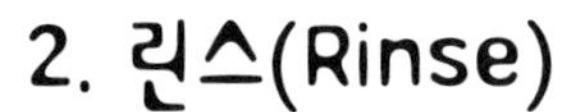

2. 린스(Rinse)

1) 린스의 목적

린스라는 말은 '씻다', '헹구다' 라는 의미로 샴푸에 의해 감소되어진 모발의 유분을 공급하여 모발에 유연성과 자연스러운 윤기를 준다. 헤어 린스는 샴푸 후에 모발의 표면을 보호함과 동시에 탄력 있고 부드러우며 촉촉한 모발로 만들어 정돈하기 좋게 하기 위한 것을 의미하며, 모발의 유연성을 주어 빗이나 브러시의 사용이 용이하게 하여 모발에 자연스러운 광택을 주는 컨디셔닝 효과를 목적으로 샴푸 후 헹굴 때 사용한다. 린스의 기원은 옛날 중앙아프리카나 아랍인들은 더위로 모발이 건조해져 머리카락이 부서짐을 알고 착색된 버터를 발라 모발을 보호하였다. 이 버터의 원료가 코코넛 지방이며 초 냄새가 나는 것을 사용하였는데 이것이 오늘날 린스의 기원이 되었다. 린스는 샴푸로 모발을 감은 다음 모발에 남아있을 음이온 세제를 깨끗이 헹궈내기 위해 사용하는 단순한 의미로 이해되고 있으나 실제적으로는 두피관리의 토닝(Toning), 모이스처라이징(Moisturizing)에 해당하는 중요한 과정이다. 즉 건성 모발의 경우 린스를 사용해 모발 표피층에 유막을 형성하여 수분 증발을 막을 수 있고, 모발의 윤기를 보충하여 광택을 지닐 수 있게 하며, 손상된 모발을 보호하고 촉감을 증진시켜 모발이 유연성을 갖게 한다. 보습성과 유연한 효과를 주고 있을 뿐만 아니라 모발 표면에 유분을 보급해 주어 자연적인 광택을 유지할 수 있게 해준다. 특히 양이온 계면활성제의 린스는 모발 케라틴과 이온 결합하여 강하게 흡착함으로써 모발 표면에서 발생하는 정전기 발생을 억제해 준다. 1980년대 이후 헤어 케어 분야에서는 건성, 지성 등 모발의 생리적 특성에 따라 세분화하고 또 퍼머, 염색, 탈색 등에 사용되는 화학약품의 성분으로 변화된 모발을 분류하여 그에 맞는 컨디셔닝(Conditioning)을 하도록 전문화되고 세분화되어 가고 있다. 과거 구분되었던 린스와 컨디셔너의 차이도 없어져 최근에는 Rinse와 Conditioner가 하나로 합쳐지기도 한다. 양이온 계면활성제를 사용한 린스제가 일반적으로 넓게 사용되고 있으며 샴푸를 한 모발은 브러싱에 의해서 정전기가 발생하여 마무리 정돈이 어려운 때도 있는데 이 양이온 계면활성제는 단백질과 친화력이 강하여 모발에 대한 흡착력이 뛰어나 샴푸 후 정전기의 발생을 막아주는 역할을 하는 제품이다. 건강한 모발은 등전점이

pH 4.5~5.5 정도의 약산성으로 가장 안정된 상태이다. 린스제의 pH는 3~5 정도로 조정되어 있는 것이 대부분이다. 린스는 적당량을 모발 끝에만 발라 완전히 헹구어 내어야 한다. 린스제도 샴푸제와 마찬가지로 시대의 변천에 따라 다양하게 개발되어 왔다.

2) 린스제의 조건과 종류

(1) 린스제의 조건

① 모발을 부드럽고 탄력 있게 하며 촉촉하게 할 수 있을 것
② 모발에 수분이나 유성 성분을 보충하여 광택과 유연성을 줄 것
③ 정전기 발생을 억제하고 빗질이 잘되도록 할 수 있을 것
④ 모발 표면을 보호할 것
⑤ 샴푸 후 두발에 남아 있는 금속성 피막과 불용성 알칼리 성분을 제거 가능할 것
⑥ 모발을 정돈하기 쉽고 스타일링하기 쉽게 할 것
⑦ 눈이나 두피에 자극이 없고 안전성이 높을 것
⑧ 계속 사용하더라도 끈적거리거나 굳지 않을 것
⑨ 안정성이 좋을 것
⑩ 미용 기술 작업에 나쁜 영향을 주지 않을 것 등

(2) 린스제의 분류

① 형상별 분류 - 유액상, 크림상, 오일상, 투명상, 스프레이상 등

유액상	물에 녹아있는 칼슘, 마그네슘 등에 의해 생성된 더러운 오염물질 성분인 부사(scum)를 제거하기 위해 사용한다.
크림상	1950년대 개발된 가장 오래된 린스로 모발에 발생하는 (-)전기 때문에 모발이 서로 엉키는 것을 방지하기 위해 사용한다.
오일	활성제가 발달하기 이전에 샴푸 후 모발에 유분을 보급할 목적으로 사용되었다.

② 기능별 분류 - 일반용, 컨디셔닝용, 비듬용(약용) 등

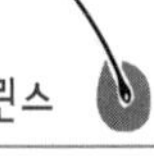

③ 용도별 분류 - 보통모용, 경모용, 연모용, 건성모용, 지성모용, 손상모용, 염색모용, 퍼머넌트 웨이브용 등

헹궈내는 타입	대부분의 린스는 모발에 부착한 후 물로 헹궈내는 타입이다.
발라두는 타입	손상모, 비듬, 탈모 등의 예방을 위한 특수 목적을 지닌 린스제로 도포 후 씻어내지 않는다.

(3) 린스제의 일반적인 성분

① 콜라겐, 엘라스틴(collagen, elastin)

이 두 성분은 모발의 케라틴과 같은 아미노산이 주성분으로 모발의 손상된 큐티클을 보완해 주며 수분 흡수제 기능이 있어 모발에 수분을 공급하여 모발이 건조되어 보이지 않도록 만든다. 콜라겐과 엘라스틴은 모발 내부로 쉽게 침투되어 수분을 공급, 영양 공급, 모발의 윤기와 탄력성을 강화시켜 주는 효과가 있다.

② 단백질(protein), 아미노산(amino acid)

린스에 주로 이용되는 단백질은 콩단백, 밀단백, 가수분해 케라틴 등의 단백질 성분은 모발 속으로 침투, 수분 공급과 함께 외부의 수분을 흡수하는 매개체로 작용하며 큐티클을 보수하여 모발을 유연하게 만든다.

③ 보습제

보습제인 글리세린은 모발에 흡착하여 헹군 후에도 보습 효과가 있어 모발에 수분을 공급하며, 수용성 고분자 물질도 보습 효과에 의해 모발 보호작용을 한다.

④ 모이스처라이저

보습제의 흡습 기능과 에몰리엔트의 보수 기능을 합친 것이 모이스처라이저이며 라놀린 유도체가 대표적이며 이들 성분은 모발의 수분 공급, 수분 유지, 수분 흡수의 기능이 있다.

⑤ 유가 성분

린스 내의 유성 성분이 지방을 보급하여 모발 표면에 피막을 만들어 주기 때문에 유연한 감촉과 자연스런 광택을 준다. 이 피막이 모발의 수분 증발을 막아주고 촉촉한 느낌과 빗질할 때의 마찰로부터 모발을 보호하여 유연성과 광택을 준다.

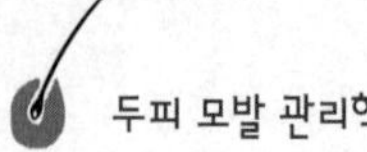

⑥ **라놀린 유**(lanolin oil), **미네랄 유**(mineral oil)

수분 증발 방지용 성분과 모발 광택용 성분이 있다.

⑦ **디메치콘**(dimethicone), **사이클로메치콘**(cyclomethicone)

실리콘 오일로 모발의 광택용 성분이다.

⑧ **안티옥시더트**(anti-oxidant)

비타민 A, C, D, E가 사용된다.

⑨ **펜타놀**(PANTHENOL)

비타민 B 복합체로부터 모발을 재생시키는 것으로 알려져 있으며, 모발의 노화를 방지하여 백모, 회색 모발을 검게 재생시킬 수 있다 하여 흔히 모발 영양제라고도 불린다.

⑩ **알란토인**(Allantoin)

보습제로 쓰이는 알란토은 비듬 방지제(Antidandruff)로 사용된다

(4) 린스제의 종류

① **산성 린스제**(acid rinse)

산성 린스제는 큰 목적은 퍼머넌트 웨이브 시술 후 모발 잔류 알칼리 성분을 중화시켜주는 역할을 하며 성분에 따라 레몬 린스, 구연산 린스. 비니거 린스 등이 있다. 비누 샴푸 시 비누와 물속의 칼슘이나 마그네슘 등이 생성하는 불용성의 금속성 물질을 제거하여 두발에 광택을 위한 목적과 비누가 알칼리성이기 때문에 두발에 남아 있는 알칼리를 중화시켜 두발의 pH를 정상 상태로 환원시키기 위하여 산성 린스제를 사용하여 모발의 손상을 방지하는 목적도 있다. 퍼머넌트 웨이브 제1제(processing solution) 처리 후의 모발은 제1액 속의 알칼리제에 의해서 팽윤시키는 역할을 하고, 제2제(neutralizer)는 산화작용은 있지만 알칼리를 중화시키는 역할은 거의 없으므로 남아 있는 알칼리 성분을 제거하지 않으면 모발을 손상시키는 원인이 된다. 그러므로 퍼머넌트나 염색 이후에는 pH 3~5의 산성 린스제를 사용하여 남아 있는 알칼리성분을 제거해야 한다. 그러나 산성 린스제는 장시간의 지속적으로 사용하면 약간의 표백작용이 있으므로 지속적인 사용은 피해야 한다.

• **레몬 린스**(lemon rinse)

레몬 1개의 즙을 약 0.5L의 미지근한 물에 타서(5~6배 희석) 몇 번 두발을 헹궈낸다.

• 구연산 린스(citric acid rinse)
 구연산의 결정을 약 1.5g을 약 0.5L의 미지근한 물에 타서 사용한다.

• 비니거 린스(vineger rinse)
 식초나 초산을 10배 정도 희석시켜 사용한다.

② 유성 린스(오일 린스제, 크림 린스제)

합성세제는 탈지력이 강하여 샴푸할 때 필요 이상으로 모발에서 피지를 제거하므로 건성이 되기 쉬운데 오일 린스는 지나치게 빼앗긴 피지분을 보충하는 목적으로 양질의 동백기름이나 올리브유를 따뜻한 물에 타서 그 물로 헹구어 유지분을 공급하기 위한 것이다. 오일 린스제는 계면활성제에 의해서 유성 성분을 가용화시켜 투명 액상으로 만든 것으로 샴푸 후의 모발에 유분을 보급하여 광택과 유연성을 주고 촉촉한 느낌을 주므로 알맞은 습기를 보유한 모발로 마무리한다. 크림 린스제도 성분적으로는 오일 린스제와 크게 다르지 않지만 중성세제 사용 후 또는 탈색 모발이나 잘 엉키는 머리에 적당하다.

③ 컨디셔닝 린스제

모발의 유분과 수분을 보충하여 헤어 컨디셔너 효과를 얻기 위한 린스제는 양이온 계면활성제를 주성분으로 한 대전방지 효과나 빗질을 잘되게 하는 유연성의 목적 이외에도 모발에 알맞은 습기를 보유한 모발로 마무리하는 것이다. 유성 성분은 양이온 계면활성제와 함께 모발을 약산성인 유성막으로 덮어 정전기 발생을 방지하고 빗질을 잘되도록 하며 건조를 방지해 준다. 보습제는 모발이 수분을 지니도록 하여 유연하고 촉촉하게 하는 감촉을 준다. 폴리펩타이드(polypeptide)는 모발의 손상 정도가 클수록 잘 흡수되어 모발의 유연성, 광택을 개선해준다.

컨디셔닝 용도	컨디셔닝제
유성성분	고급 알코올 라놀린 스쿠알렌
보습제	글리세린 폴리에칠렌 글리콜 아미노산 프로리돈 카르본산 나트륨
손상 모발 회복제	레시틴 폴리펩티드 토코페롤

④ **비듬 방지용 린스**

린스제에 비듬 제거 효과가 있는 약제를 배합한 것으로 비듬 샴푸와 같이 쓰면 효과적이며, 비듬은 두피의 노화 각질과 산화 분해물, 세균의 번식, 두피의 건조 등에 의해서 생기는 것으로 각질 용해제, 피지분비를 억제시키는 비타민류, 살균제, 세포 부활작용이 있는 성분이나 두피의 건조를 막고 촉촉하게 하기 위한 습윤제 등이 배합되어 있다. 비듬 제거용 린스제에 이러한 비듬 제거 유효 성분을 배합하면 두피에 유효 성분이 잔류하기 때문에 비듬 억제 효과가 있어서 두피의 건조를 막고 비듬의 생성 및 가려움증에 효과를 볼 수 있다.

⑤ **약용 린스**

경증의 비듬이나 가벼운 두피 질환에 효과적이며 라우릴 이소퀴놀리늄, 브로마이드, 징크피리티온, 살리실산 등과 같은 살균 및 소독제가 사용된다.

⑥ **특수 린스**

종류	효능 및 효과
컬러 린스	모발에 일시적인 색상을 낼 수 있는 것
염색 모발용 린스	염색된 모발에 이중막을 형성시켜 색소 분해를 방지하고 탈색되지 않도록 하는 것
자외선 차단 린스	자외선 흡수제가 함유되어 있어 자외선에 의한 모발 변성을 방지할 수 있는 것

(5) 린스제의 사용 방법

① 고객의 모발 상태나 모질에 맞는 린스제를 선택하여 시술한다.
② 고객의 모발량에 맞추어 린스제를 측정하여 적당량을 사용하여 균일하게 처리한다.
③ 미용 시술한 결과에 따라 마사지 방법을 선택하여 조절한다.
④ 헹궈낼 때는 적당한 온도와 수압으로 충분히 씻어 두피에 잔류하지 않게 한다.
⑤ 화학적 약품 시술 후에는 두발의 상태에 따라 린스제나 방법을 선택한다.

3) 샴푸 · 린스의 실제

(1) 브러싱(brushing)

빗질은 두피의 혈행을 자극해서 모근을 튼튼하게 해주는 가장 기초적인 손질 방법이며, 모발의 더러움을 털어내는 동시에 두피의 혈액순환을 좋게 하고, 피지선(皮指腺)에서 나오는 유분을 모발 끝까지 가게 하여 윤기 있고 탄력있는 모발을 만들어 준다. 브러싱 방법은 브러시의 솔 하나하나가 모발 속에 순서대로 들어가도록 하여 솔 끝이 두피에 닿는지를 확인한 다음, 앞쪽에서 뒤쪽으로, 왼쪽에서 오른쪽의 순서로 해준다. 이때 빗은 끝이 둥글고 매끄러운 것을 사용하는 것이 좋다. 머리 감기 직전에도 브러시로 머리를 빗어주는 것이 좋다. 그리고 젖은 상태에서 빗질하는 것은 머릿결 손상의 직접적인 원인이 되므로 절대 삼가도록 해야 한다. 처음에는 위에서 아래로, 다음에는 측두부, 전두부에서 정수리 방향으로, 목덜미 쪽에서 정수리 방향으로 빗는데, 헤어스타일이나 머리가 나는 방향에 구애받지 말고 다각도에서 브러싱하는 것이 효과적이다. 미용에 있어서 두피 기술의 최초 단계에 해당되는 기술로 일상적으로 집에서도 고객 스스로 행하고 있는 것을 미용실에서 다시 시술하는 것이므로 소홀하게 대하는 것은 금물이다.

① 브러싱의 목적

- 모발에 묻어 있는 비듬, 분비물, 먼지 등의 더러움을 제거한다.
- 이물질, 외부로부터의 먼지 등을 두피에서 제거하여 두피에 자극과 상쾌함을 준다.
- 두피의 혈액순환을 원활하게 하고 분비선의 기능을 활발하게 한다.
- 모발의 광택을 좋게 하고 가벼운 자극과 기분을 좋게 하여 미용 효과를 높인다.

② 브러싱의 준비 자세

- 시술자와 손님 사이에는 10~15cm 정도의 사이를 두고 바로 뒤에 선다.
- 발을 약간 벌려 체중의 중심을 잡고 안정적인 자세로 똑바로 서서 행한다.
- 무릎은 자유롭게 펴고 팔은 두피에 대하여 평행으로 하여 팔의 위치를 안정시킨다.
- 시술자의 행동 범위는 손님이 앉아 있는 위치보다 앞으로 나가지 않도록 한다.

- 손님에게 너무 가까이 다가서는 자세는 불쾌감을 줄 수 있고, 몸 전체의 움직임을 취할 수 없기 때문에 손끝만의 조작이 되어 리듬을 맞출 수 없으므로 적절한 간격을 유지한다.
- 모발은 브러시로 빗어주기 전에 먼저 손가락으로 정리하듯 빗어준다.
- 모발 끝이 엉킨 머리 부분부터 빗은 다음 모근 쪽으로 빗어나간다.

(2) 샴푸 시 이용되는 마사지 기법

① 경찰법(stroking)

가볍게 문지르는 방식으로 손바닥, 손가락, 엄지 등을 이용하여 표면 마찰한다.

② 강찰법(friction)

두피를 강하게 문지르는 방식으로 손바닥이나 손가락 등을 이용하여 피부에 쾌압을 가한다는 느낌으로 한다.

③ 유연법(kneading)

손바닥으로 약지와 엄지를 이용하여 피부를 집었다 놓았다 하며 주물러서 근육을 풀어주는 방법으로 샴푸 마무리 후 목덜미 등에 사용한다.

④ 진동법(Vibration)

손바닥이나 손가락 끝으로 지긋이 누르면서, 진동을 이용하여 흔들어 주는 방법으로 양손을 이용하며 실시한다.

⑤ 고타법(Tapotement)

모발을 헹구거나 두피를 자극할 때 사용하는 방법으로 손을 오목하게 하여 후두부를 두들기는 방법이다.

⑥ 나선형법(spiraling)

한 손은 피부에 대고 반대 손 세 손가락으로 둥글리며 비벼주거나 양손으로 둥글려 준다.

⑦ 지그재그법(Z-zagging)

한 손은 피부에 대고 반대 손 네 손가락으로 지그재그 해주거나 양손으로 지그재그 해준다.

⑧ **양손교차법(alternating)**

양손으로 헤어라인에서 정수리까지 지그재그 교차하며 비벼준다.

⑨ **집어튕기는 법(pinching)**

양손으로 두피를 쥐었다 놓았다 하며 짧게 튕겨준다.

(3) 좌식 샴푸의 실제

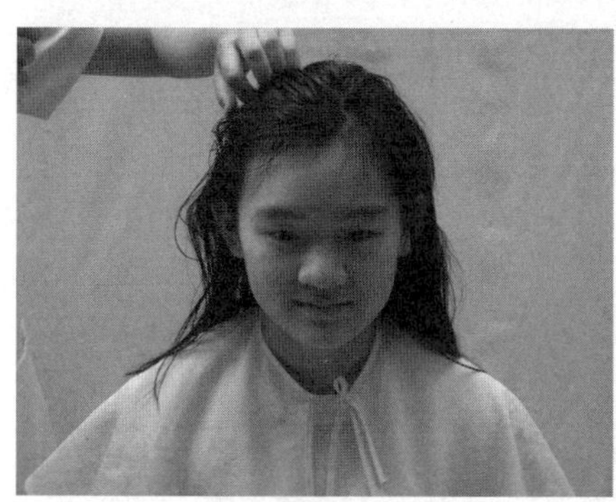
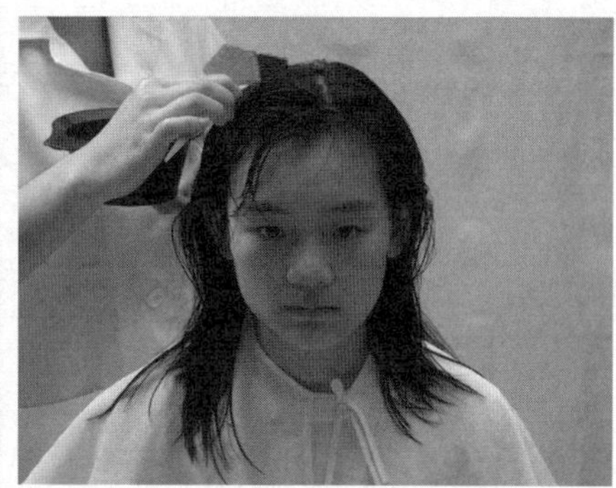

방수 처리된 어깨보를 착용시킨 후 분무기를 이용하여 모발에 물을 촉촉하게 뿌린 후 볼에 샴푸를 덜어 붓으로 빠르게 전두부에서 측두부 방향으로 도포한다. (가르마 방향에서 측두부 방향 – 후두부)

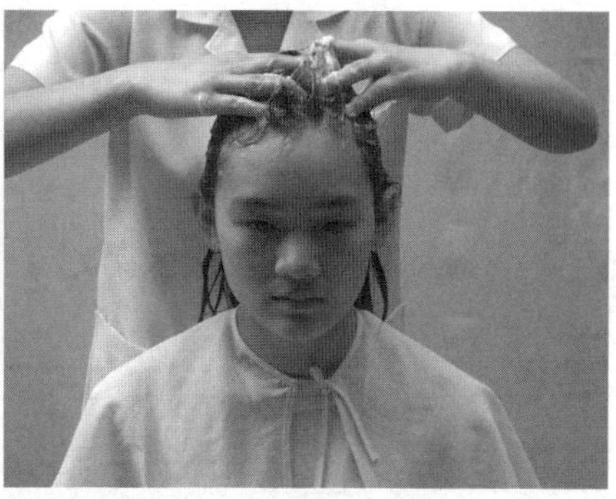

다시 한 번 모발에 물을 뿌린 후 전체적으로 거품을 형성시킨다. 전두부에서 측두부를 향하여 4등분 하여 양손으로 지그재그 마사지한다.

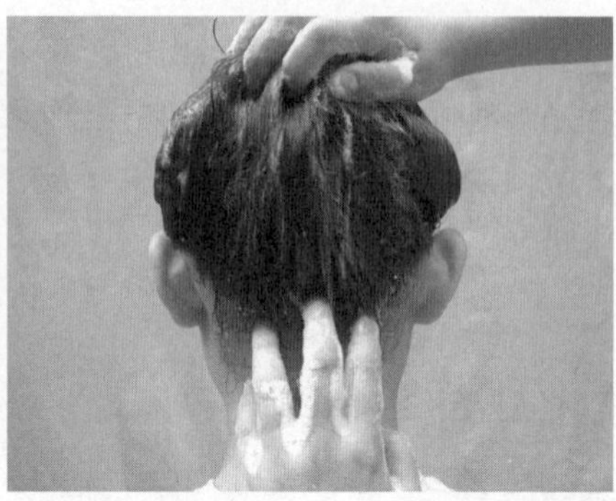

두피와 모발을 위로 끌어당긴 후 한 손을 정수리에 고정시키고 한 손으로 후두부를 6등분 하여 네이프에서 정수리 방향으로 지그재그 한다.

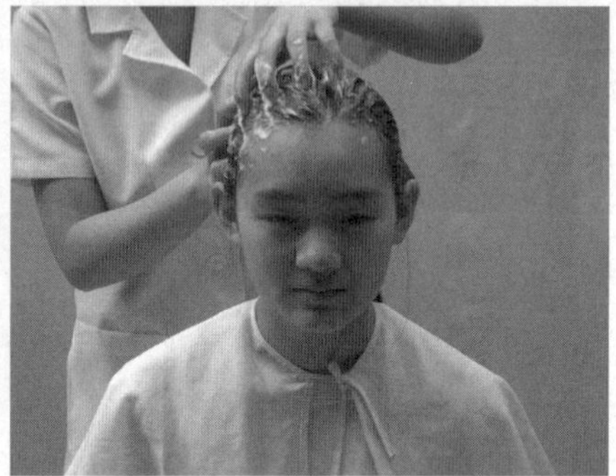

손가락을 갈퀴 모양을 한 후 사슬 모양을 그리며 전두부에서 후두부 방향으로 마사지 한다.

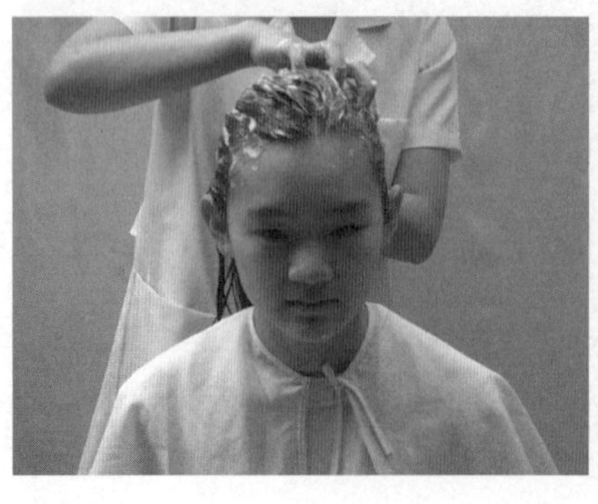
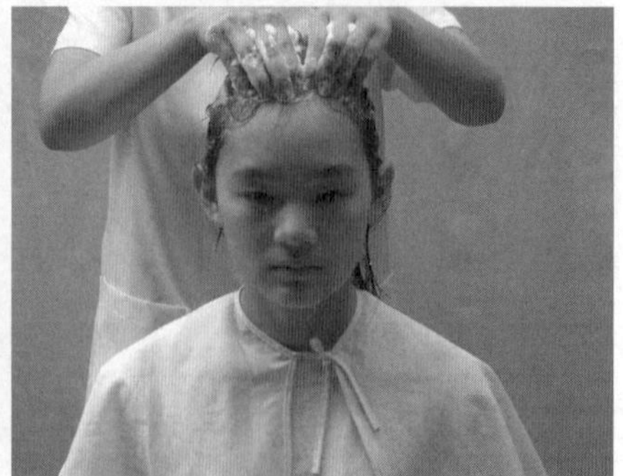

모발을 가지런히 한 후 헤어라인을 지압한다.

헤어라인을 지압한 후 엄지를 이용하여 두피의 정중선을 지압한다.

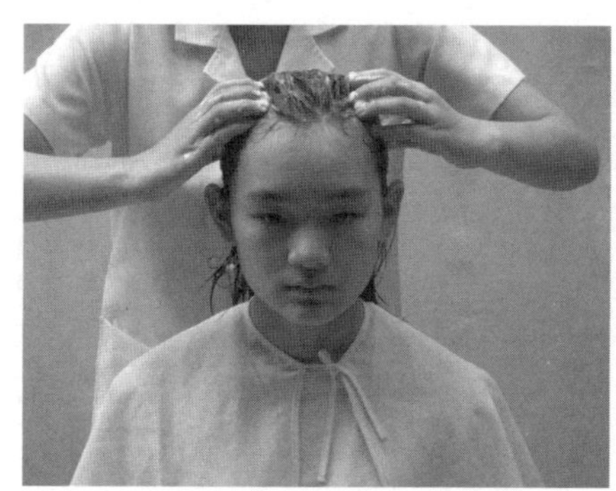

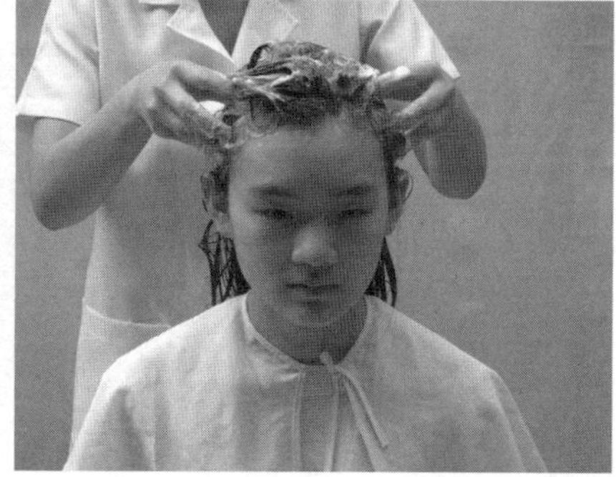

측두부의 경계선을 중심으로 지압하고 측두부는 약간의 힘을 두어 튕기는 기법으로 마사지한다.

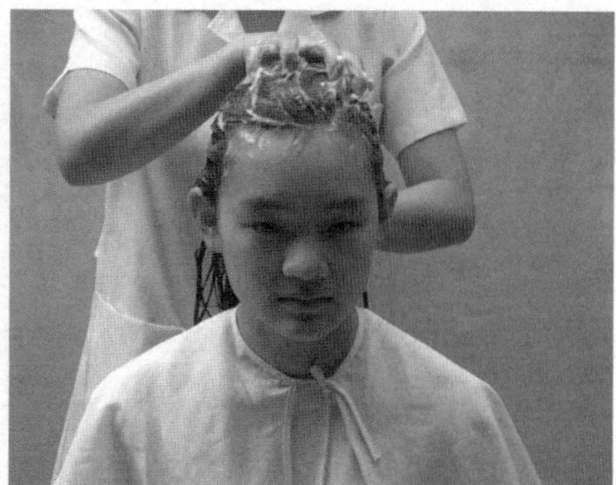

전두부로 이동하여 튕기는 기법으로 마사지한 후 모발을 S라인 형상이 잡히도록 약간의 힘을 주어 모발을 정리한다.

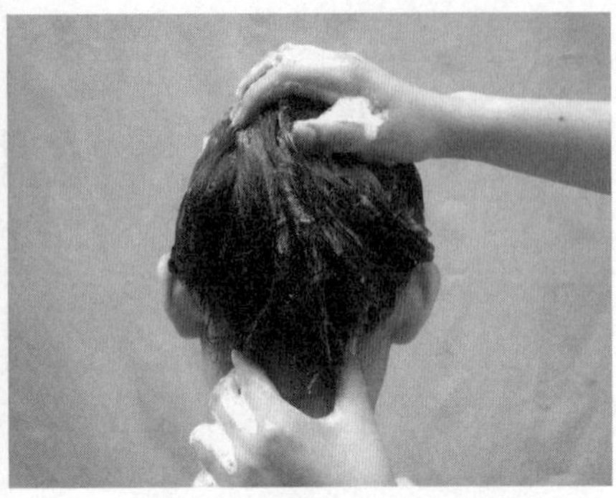

후두부의 모발도 S라인 형상이 잡히도록 약간의 힘을 주어 정수리 쪽으로 모발을 정리한 후 헤어라인을 지압한다.

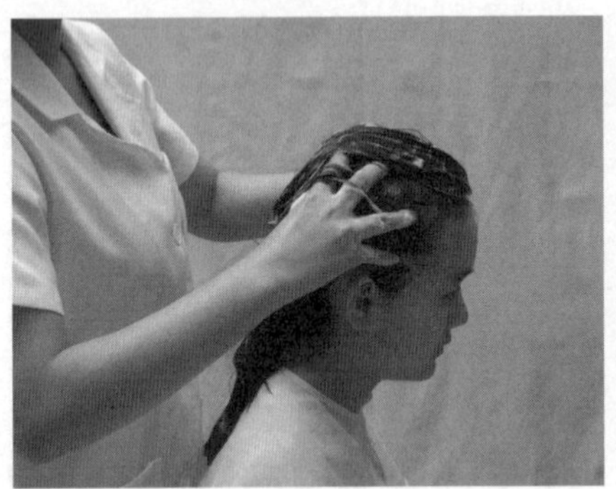
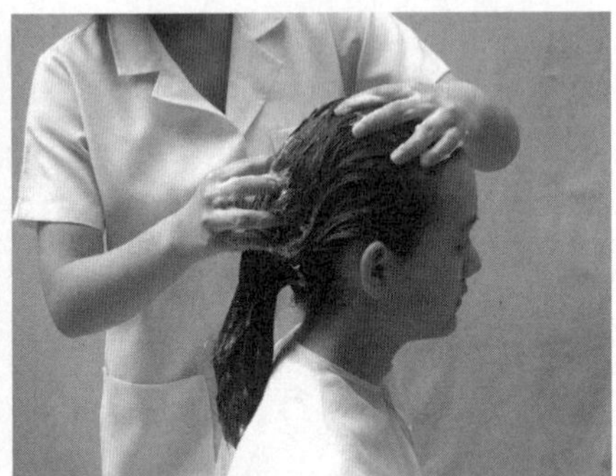

모발을 전체적으로 압을 준 후 튕겨준다.

모발을 가지런히 한 후 손 측면을 이용하여 두드려준다. 다시 모발을 정리한 후 물로 헹군다. 여름철에는 쿨 샴푸를 이용하면 더욱 효과적이다.

(4) 와식 샴푸의 실제

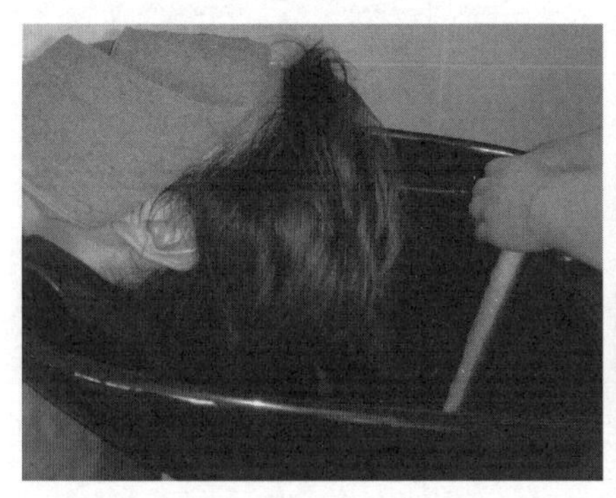
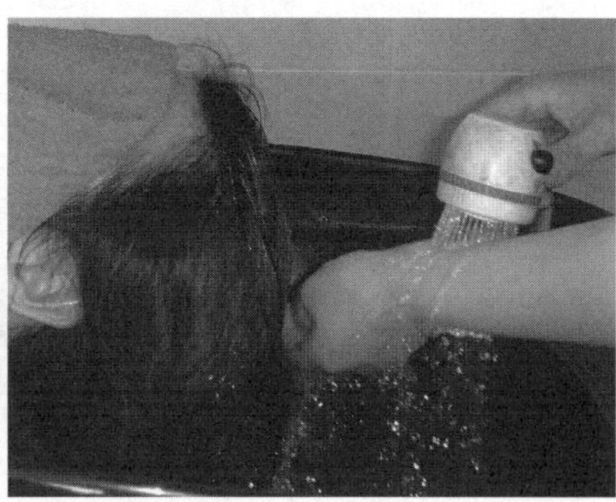

고객을 샴푸의자로 안내하여 안정적인 자세로 눕힌 후 얼굴에 물이 튀는 것을 방지하기 위하여 수건을 이용하여 얼굴을 가린다. 알맞은 물의 온도를 손목 안쪽에 맞춘 후 물을 모발 전체에 골고루 충분히 스며들도록 한다.

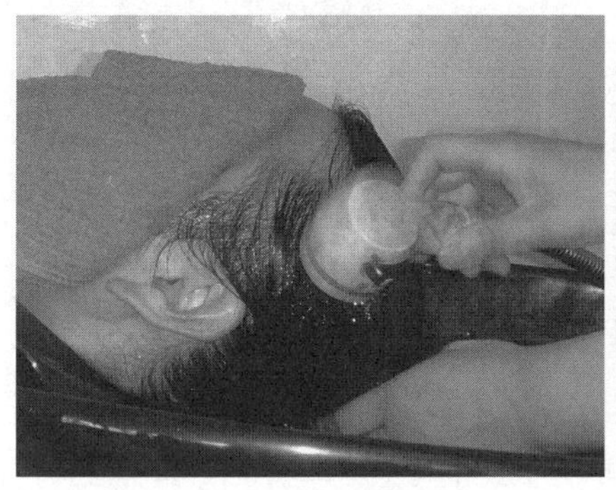
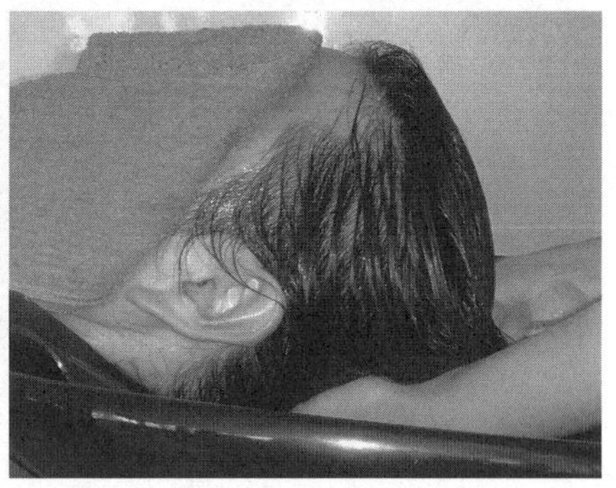

샤워기의 물의 방향이 얼굴이나 귀쪽으로 가면 한 손으로 막아가면서 물을 적시는데 귀를 손으로 밀어서 살짝 덮어주거나 귀를 한 손으로 막아주는 것도 요령이다. 머리를 들어 받쳐주면서 네이프의 헤어라인까지 골고루 물이 스며들도록 한다.

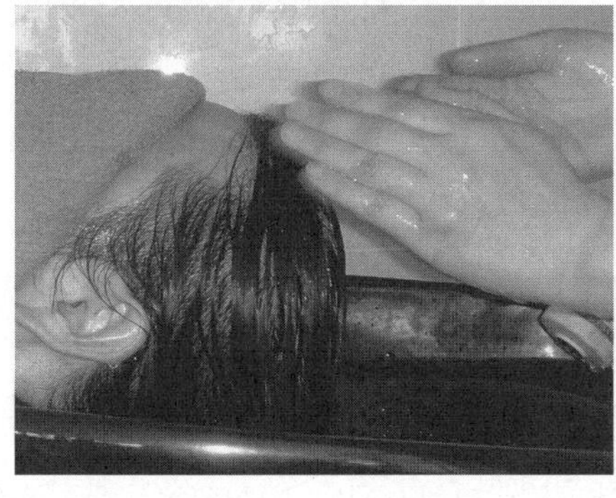
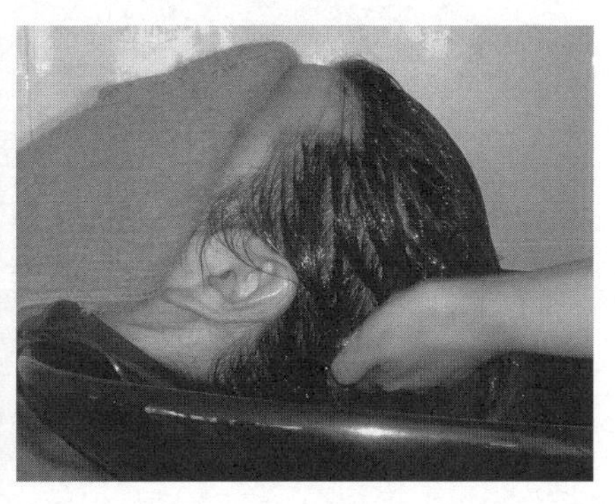

샴푸를 손에 덜어 먼저 거품을 낸 다음 골고루 두피와 모발 전체에 도포해 준다. 이때 샴푸제가 너무 적으면 거품이 잘 생성되지 않아 샴푸 테크닉을 할 때 모발 손상을 일으킬 수 있으므로 적당량의 샴푸제를 사용한다. 긴 모발인 경우 두피에 1차 샴푸를 하고 2차 샴푸로 두피와 모발을 샴푸한다.

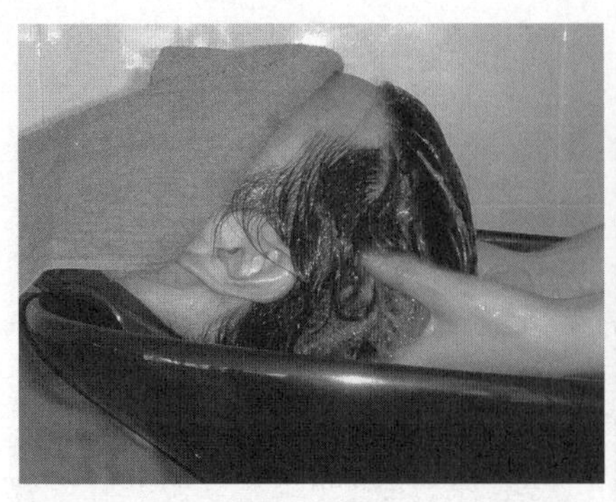
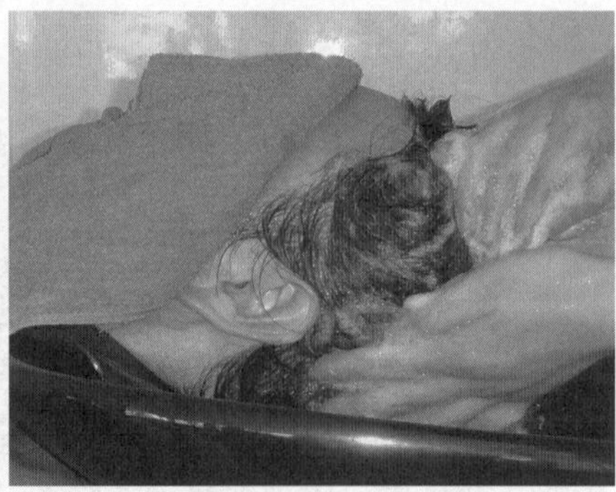

샴푸제를 두피에 바른 상태에서 적당히 거품을 형성시킨 후 샴푸를 한다. 거품이 잘 생성되지 않으면 샴푸 테크닉을 할 때 모발 손상을 일으킬 수 있기 때문이다.

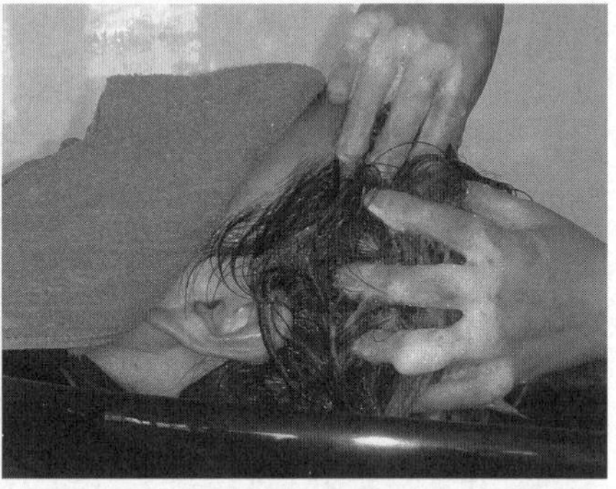

양손을 이용하여 두피 전체를 부드럽게 마사지한 후 한 손으로 이마를 고정시키고 지그재그 기법으로 측두부에서 후두부 순서로 정수리를 향하여 반대편도 샴푸한다.

모발을 가볍게 쓸어준 후 양손을 이용하여 양손 교차시키는 방법으로 3등분하여 헹군다.

 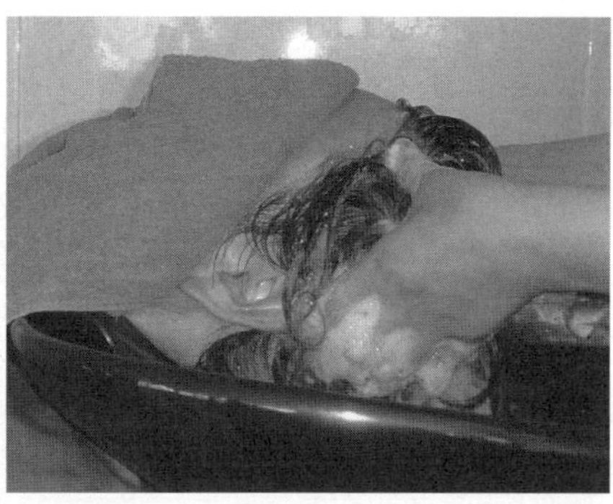

엄지를 정수리에 고정시키고 사지를 이용하여 전두부 및 측두부를 두피 가까이에 있는 모발과 두피를 샴푸한다. 다시 엄지를 측두부에 고정시키고 사지를 이용하여 후두부를 사지를 이용하여 샴푸한다.

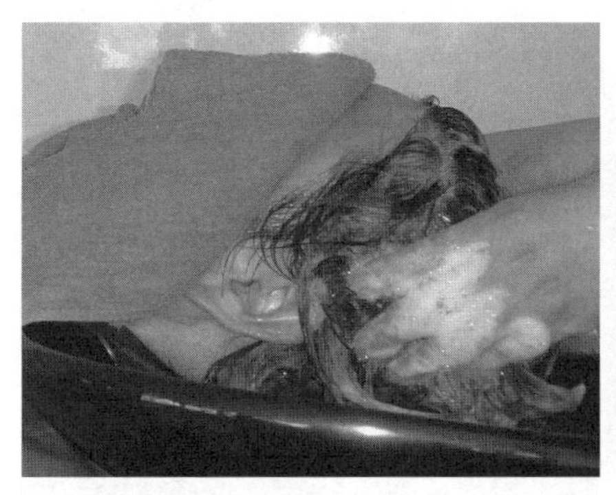 

두피에 작은 원을 그리는 방식으로 나선형을 그려가며 마사지하여 네이프 부근까지 두피를 풀어준다. 양손을 이용하여 두피를 튕겨준다.

 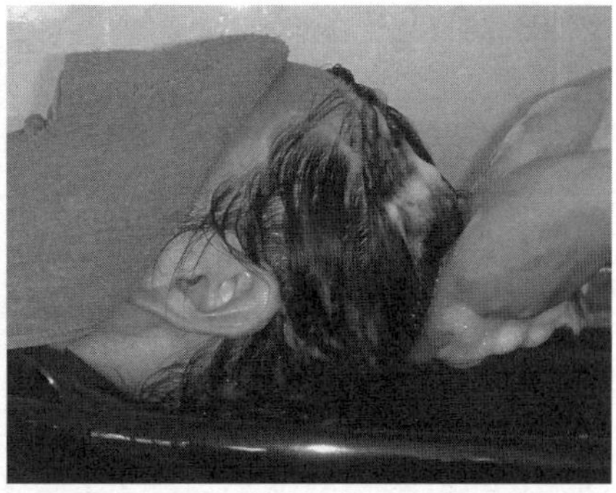

손에 힘을 뺀 상태로 양손을 붙여 손가락을 벌려 가볍게 전두부와 측두부를 마사지한다. 모발에 있는 거품을 가볍게 쓸어내린다.

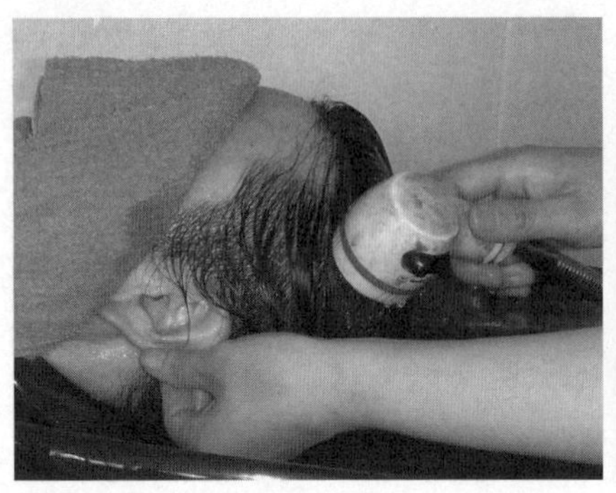
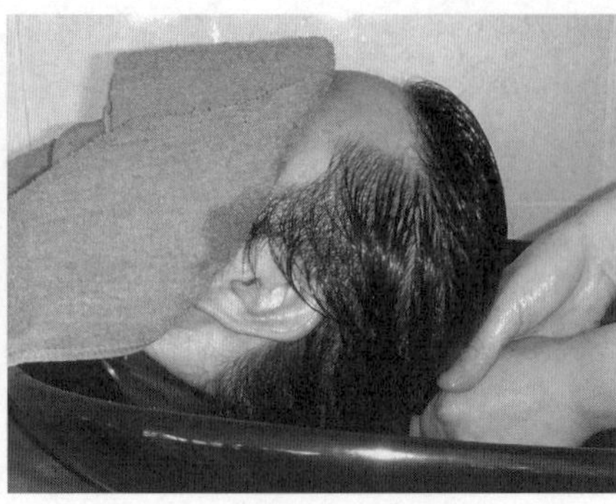

헤어라인과 목 뒤, 귀에 묻은 샴푸제를 깨끗하게 헹군다. 샴푸는 미용 시술 여부에 따라 강약을 조절하여 샴푸한다. 린스 또한 필요 여부에 따라 행한다. 린스는 두피에 직접적으로 도포하지 말고 모발 끝을 향해 골고루 도포하도록 한다. 긴 모발의 손상모일 경우 충분히 모발에 마사지 되도록 모발을 감싸 주물러주고, 한쪽 손바닥에 놓고 다른 손바닥으로 때린다.

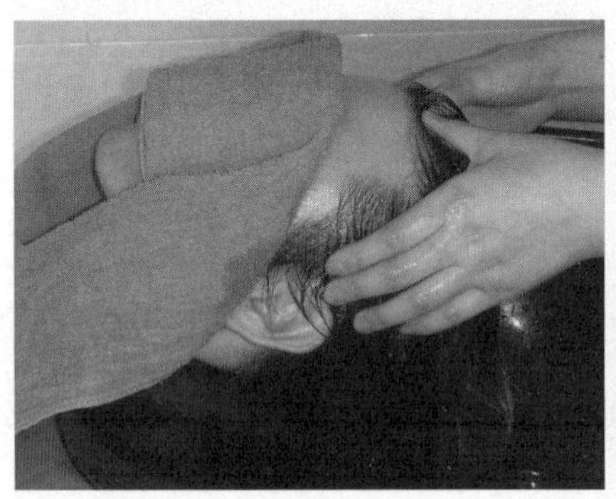
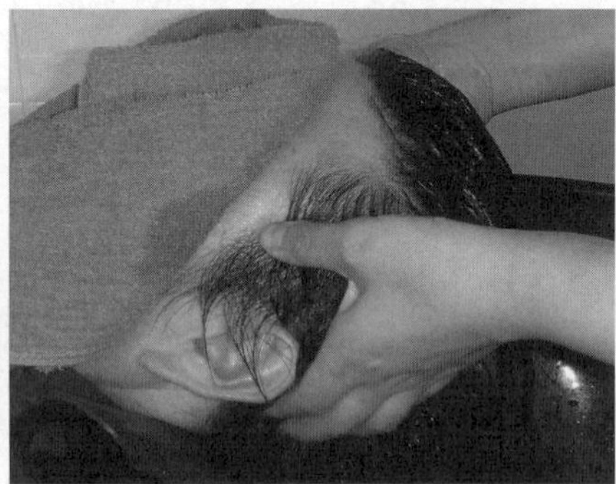

헤어라인을 따라 지압을 한다.

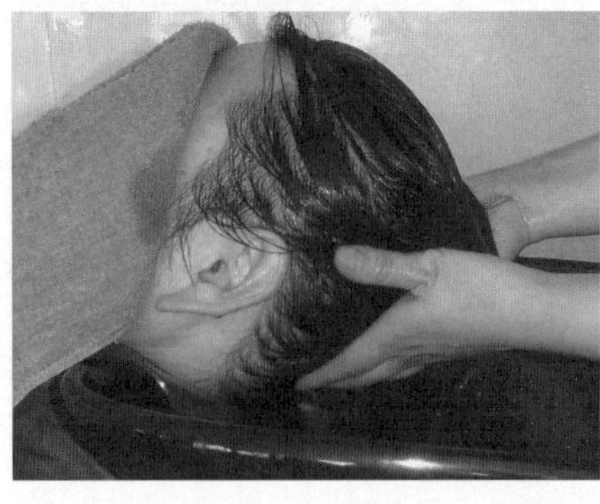
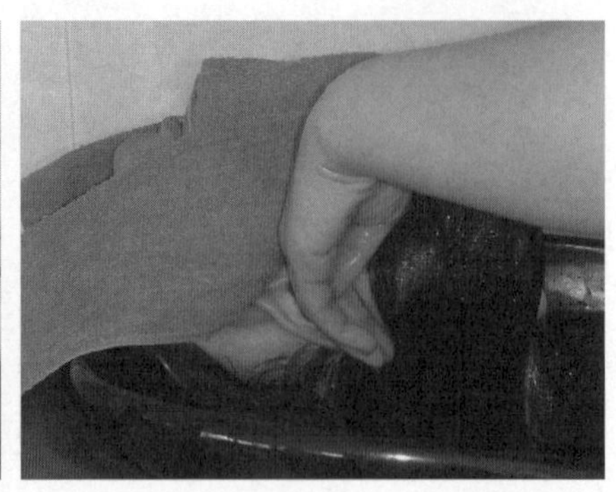

후두부 헤어라인까지 지압한 후 두피를 양손으로 잡아서 튕겨준다. 귀에 물이 들어가지 않도록 손으로 물을 잘 조정하면서 헹군다.

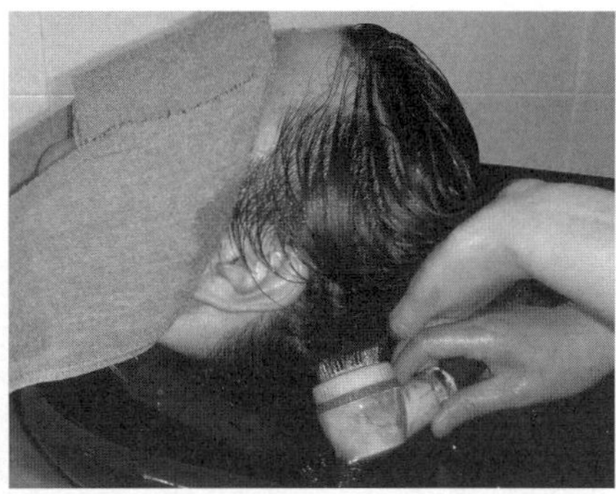

목 부분은 물이 잘 스며들지 않아 잘 헹궈지지 않는 부분인 만큼 섬세하게 헹군다.

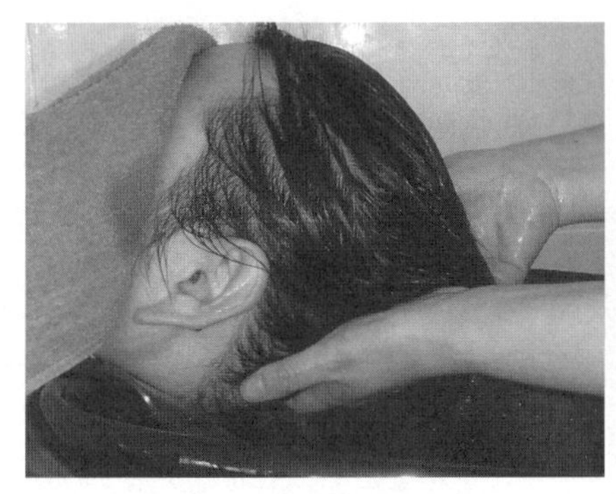
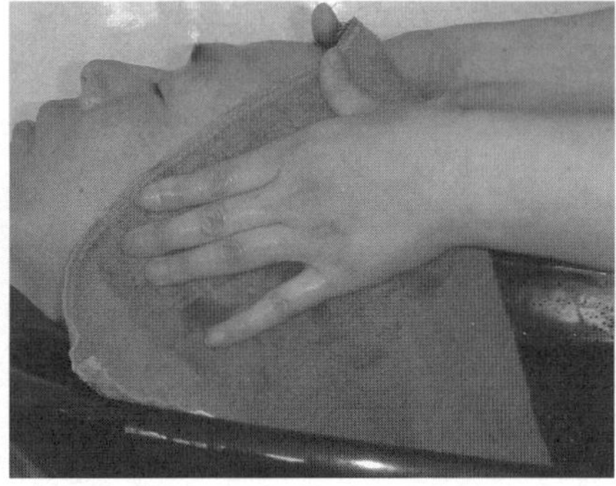

모발의 물을 손으로 가볍게 짜낸 후 타월로 얼굴 라인, 귀, 등을 섬세하게 닦아내고 두피 · 모발에 수분을 닦아준다.

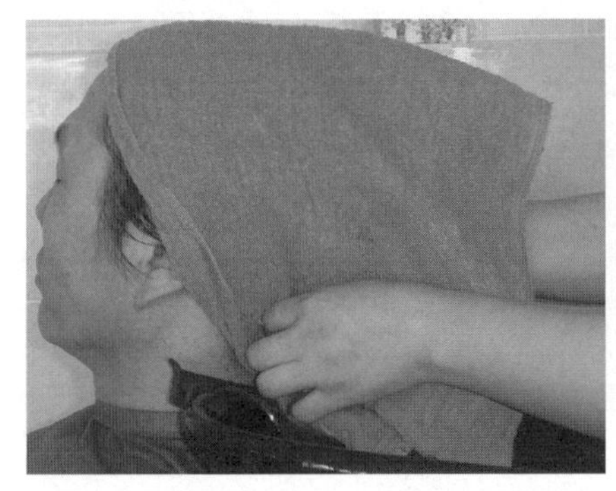
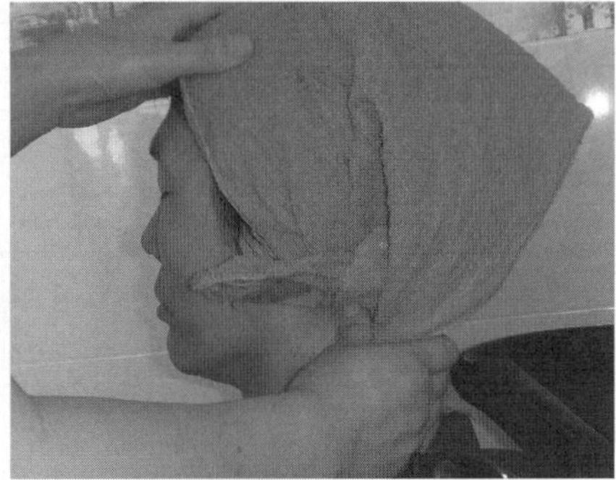

타월은 안전하게 머리에 고정시킨다. 뒷목 부분을 가볍게 주물러 마사지한 후 자리로 안내한다. 긴 머리일 경우 타월을 뒤에서 앞으로 하면 모발을 더 단단하게 고정시킬 수 있다.

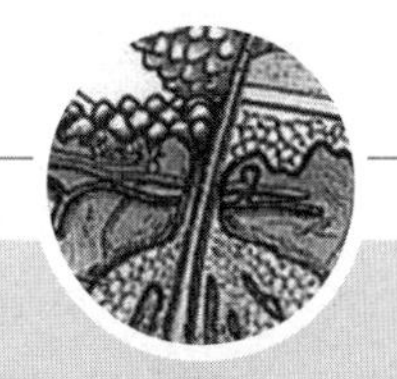

CHAPTER 09

헤어 트리트먼트(Hair Treatment)

1. 헤어 트리트먼트의 목적과 효과

1) 트리트먼트의 목적

트리트먼트는 치료, 처리, 처치, 치유라는 의미로서 두피의 노폐물을 제거하거나 혈액순환을 원할히 함과 동시에 적당한 수분과 유분, 간충물질을 제공함으로써 모발이 손상되는 것을 방지하여 두피나 모발을 튼튼하게 보호하며 건강하고 윤기 있는 머릿결과 비듬 방지의 효과도 가져오게 하는 것으로 손상된 모발을 정상적인 상태로 관리 혹은 치유하는 데 목적이 있다. 일반적으로 양이온성 고분자 등의 컨디셔닝 성분을 집중적으로 사용하여 손상 모발을 복구한다는 의미를 가지고 있다. 즉 헤어 트리트먼트는 손상된 모발에 유분과 수분을 공급하여 모발을 보호하고 정상적으로 복구하는 것을 목적으로 사용된다. 헤어 린스의 경우 모발의 표면에 양이온성 계면활성제와 유분이 흡착되어 모발의 정전기 발생을 억제하고 윤기를 부여하지만, 헤어트리트먼트의 경우는 모발 보호 성분들을 모발 내부에 침투시켜 손상된 모발을 회복시켜 주는 차이점이 있다. 모발 손상 요인으로는 화학적 요인, 물리적 요인, 환경적 요인을 들 수 있다. 이러한 요인들은 모발 표면을 손상시키고 파괴시켜 모발 내부의 단백질 용출 및 변성을 가져오며 수분 유지 기능을 상실시켜 모발 변색, 모발 갈라짐 등의 현상을 발생시킨다. 모발은 케라틴(keratin)이라고 하는 단단한 단백질로 구성되어 있고 물리적으로나 화학적으로나 강한 저항성을 나타내며 강도도 크고 탄력성도 있다. 그러나 건강한 모발일지라도 퍼머넌트 웨이브, 헤어 컬러링, 탈지력이 강한 샴푸, 잦은 드라이어 사용, 잦은 브러싱, 일광의 자외선, 대기 오염 등에 의하여 손상된다. 일반적인 헤어 트리트먼트제의 주요 성분으로 모발에 유분과 수분을 공급해 주는 헤어컨디셔닝제는 유분, 양이온성 계면활성제, 단백질과 그 가수분해물인 폴리펩티드나 아미노산, 그 외 보습제 등이 있다. 그 외 헤어 트리트먼트제에는 자외선에 의한 모발의 손상을 방지하는 자외선 차단제가 배합되기도 한다. 하지만 최근에는 고분자 실리콘을 배합한 것이 많은데, 고분자 실리콘은 갈라진 모발의 예방과 진행 방지에 효과가 있다. 모발은 피부와 달리 생세포가 아니므로 한 번 손상된 모발은 원래의 상태로 회복되기 어렵기 때문에 모발의 손상을 방지하는 것은 아름다운 모발을 갖기 위해서 가장 중요한 일이다. 손상모이건 건성모이건 두발의 건조화를 방지하기 위해서 수분과 유분을 보급하고 광택과 탄력, 유연성을 주는 것이 중요하다.

모발 손상의 과정
큐티클이 벗겨지고 떨어져 나가며 큐티클 층의 수가 감소한다.
모발 내부가 노출되며 모발 단백질이 유출, 변성된다.
모발의 간충물질이 빠져나오게 되며 세포와 세포 사이의 결합이 느슨해진다.
모발이 푸석거리고 윤기 없는 거친 모발로 변한다.
손상이 누적되면 모발이 갈라지거나 끊어진다.

2) 트리트먼트의 방법 및 효과

헤어 트리트먼트 방법에는 활성화 용액을 모근 부위에 침투시키는 방법과 모간 부위에 작용시키는 방법이 있으며, 손상된 부분의 모발에 필요한 성분을 보충하고 더는 손상되지 않도록 보호하고, 모근 부위의 두피 강화, 두피 청결, 보습이나 각질 강화 및 살균 등의 효과를 목적으로 하며, 가용성 시스틴 타입이나 D판테놀 성분을 함유한 제품 등으로 모낭의 에너지 대사를 활성화시킨다. 또 두피나 혈관 부위에는 영양 공급, 혈류 개선, 혈행 촉진, 피지분비 조절 등을 목적으로 주로 비타민 B 등이 함유된 초산 토코페놀 성분 등을 이용한다. 모발의 구조 중에서도 특히, 모발의 가장 바깥 부분인 모표피는 여러 가지 모발 손상을 일으키는 요인들로부터 제일 먼저 영향을 받는 부분이기 때문에 모발이 손상되는 것을 막기 위해서는 모표피의 보호력이 상실되지 않도록 모간 부위에 작용하는 헤어 트리트먼트제는 대전방지제와 모질개량제, 습윤제 등을 사용하여 수분과 영양 공급 및 관리해 주는 것이 무엇보다도 중요하다. 지나친 염색과 탈색을 자제하고, 건강한 모발을 가꾸기 위해 모발과 두피의 지속적인 관리가 필요하다.

2. 헤어 트리트먼트제의 종류

헤어 트리트먼트제에는 그 사용 목적, 사용 방법, 형상에 따라 몇 가지 종류가 있다. 사용 목적에 따른 분류를 보면 모발의 건강을 유지하고 손상으로부터 예방하기 위한 트리트먼트제. 손상모의 진행을 방지하고 회복시키는 트리트먼트제, 퍼머넌트 웨이브, 헤어 컬러링 등을 시술할 때 손상부에 도포하여 약제로부터 모발을 보호하기 위한 프리 트리트먼트제로서 모발 구조 보수제, 일광의 자외선에 의한 모발의 단백질이나 염색모의 퇴색을 방지하기 위한 자외선 흡수제 등을 배합한 트리트먼트제가 있다. 사용 방법에 따라서는 도포 후 헹궈내는 타입과 헹궈내지 않는 타입의 두 종류가 있다. 헹궈내는 타입의 트리트먼트제는 양이온 계면활성제나 유성 성분이 풍부하게 배합되어 있는 것으로 손상모의 회복이나 방지에 알맞다. 헹궈내지 않는 트리트먼트제는 유성 성분의 배합이 어느 정도 제한된 리퀴드 타입으로 헤어 드라이 전후에 발라 모발 손상을 방지한다. 또한, 형상에 따라 다음과 같은 타입이 있다.

1) 크림 타입(cream type)의 헤어 트리트먼트

크림 타입은 유화형 제품으로 가장 많이 사용되며, 사용법으로서는 헹궈내는 타입이 많고 일부 헹궈내지 않는 타입도 있다. 모발에 유분과 수분, 광택, 유연성을 주고 빗질이 잘되게 도와준다. 성분으로는 유성 성분에 30~70%의 수성 성분이 배합되므로 끈적임이 적고 정발 효과가 크다. 이것을 사용하면 모발에 유분이나 수분이 보급되어 건조가 느려지며, 모발에 광택을 주고 유연하게 하여 촉촉하게 하는 등 손상모뿐만 아니라 건강모의 손상을 방지하고 보호하여 아름다운 모발을 유지하는데 목적이 있다.

2) 로션 타입(Lotion type)의 헤어 트리트먼트

가는 모발에 탄력과 강도를 주고 건성모 예방을 목적으로 사용한다. 고분자 실리콘, 휘발성의 유분이 주성분이다. 고분자 실리콘에 의해 코팅 효과과 수분, 유분을 보급한다.

3) 오일 타입(Oil type)의 헤어 트리트먼트

모발에 유분을 공급하고 유연성과 광택을 공급한다. 성분은 점도가 낮은 동백류, 올리브유, 광물류(유동 파라핀류)를 주성분으로 고급 지방산에 에스테르, 스쿠알렌, 실리콘류를 배합한다. 끈적임이 있어 사용 시 불편하다.

4) 에어로졸 타입(Airsol type)의 헤어 트리트먼트

에어로졸 타입이란 액체인 내용물을 가스와 압력에 의해서 분사시키는 타입으로, 세팅된 두발 표면에 분무하는 방식으로 형태를 보존하는 데 목적이 있다. 안개 타입의 것은 유성 성분으로 실리콘, 라놀린 유도체, 폴리펩티드 등을 배합한 것이 많으며 두발 표면에 유분을 보급하여 광택을 주며 빗질이 잘되도록 하는 목적의 트리트먼트제이다. 성분으로는 피막 형성제로 고급 알코올, 라놀린 유도체가 첨가되어 있으며, 피막으로 가소성을 주고 실리콘류는 광택을 부여한다. 거품 타입의 것은 유성 성분 외에 기포제를 배합하여 분사할 때 거품이 나오도록 되어 있다. 에어로졸 타입의 제품은 폭발의 위험이 있으므로 화기 근처에서 사용하거나 고온에서 보관하지 말고 사용 후에는 용기에 구멍을 내어 분리수거 해야 한다.

5) 웨트 타입(wet type treatment)의 트리트먼트

연약한 모발에 탄력을 주기 위해 폴리펩티드를 고농도로 배합한 것이다. 건조하여 광택이 없는 모발에 유성 성분을 보급하기 위해 올리브유 같은 식물성이나 알로에 성분, 라놀린유도체, 실리콘 등을 배합한 것이 있다. 외관은 투명하거나 반투명하며, 사용 방법으로는 샴푸 후 펌, 컬러링, 시술 시 전처리용으로 사용하는 것이 많다. 1회용 캡슐이나 앰플 형태의 용기로 이루어져 있는 것이 대부분이고 전문가용으로 이용되고 있다. 고객에게는 다른 사람이 쓰고 남은 것을 사용하지 않음으로 자기 것만을 사용한다는 만족감을 줄 수 있다.

헤어 트리트먼트 크림(hair treatment cream)

모발에 영양물질을 공급하고 모발의 건강 회복을 목적으로 한 트리트먼트제로 헤어 크림과 마찬가지로 유화 상태에 따라 O/W형과 W/O형이 있으므로 목적에 알맞은 것을 선택하여 사용할 수 있다.

헤어 팩(hair pack)

모발을 손질하기 쉽게 하고 손상모를 회복시키기 위해 사용하는 유화 형태의 제품으로 대부분 씻어내는 타입으로 구성 성분은 헤어 린스와 유사하나 다량의 컨디셔닝 성분이 함유되어 집중적인 트리트먼트 효과를 나타낸다.

헤어 블로(hair blow)

드라이를 이용하는 블로 마무리 시에 열이나 브러싱에 의한 마찰로부터 모발을 보호하며, 모발에 유분과 수분을 공급할 뿐만 아니라 모발의 정전기 발생과 손상을 억제하기 위해 양이온성 계면활성제와 실리콘 오일 등이 배합되어 있다.

헤어 코트(hair coat)

갈라진 모발의 회복과 모발 갈라짐의 예방을 목적으로 한 제품으로, 주성분인 고분자 실리콘에 의한 코팅 효과, 윤활성, 밀착성, 내수성이 특징이다.

헤어 토닉(hair tonic)

살균력이 있어 두피나 모발을 청결히 하고 시원한 느낌과 쾌적함을 주며 두피에 발라 마사지할 때 혈액순환을 좋게 하고 배합 성분이 두피에 작용하여 비듬과 가려움을 제거하며 모근을 튼튼하게 해준다.

3. 트리트먼트제의 원료

헤어 트리트먼트제는 여러 가지 손상으로부터 모발을 보호하기 위한 목적으로 사용되는데 대전방지제, 유지류, 습윤제, 모질 개량제, 계면활성제 살균 소독제 등이 배합되어 두발에 수분이나 유분을 보급한다. 또한, 가수분해 단백질, 비타민, 비듬 및 가려움 방지제(징크피리디온, 멘톨), 자외선 흡수제 등 제품의 용도 에 따라 혼합하여 만들어진다.

1) 대전방지제

대전방지제의 대표적인 것으로 양이온 계면활성제나 양이온성 고분 자화합물 등이 있으며, 모발 케라틴 단백질과의 친화력이 강하여 모발이 '−'로 대전한 곳에 흡착하여 정전기를 방지하고 빗질이 잘되게 한다. 또 모발을 유연하고 부드럽게 하여 광택을 준다. 보통 모발보다는 손상모에, 또 온도가 높을수록 잘 흡착되는 특징이 있다.

2) 유지류

유지류는 모발 표면을 유성의 피막으로 덮어 수분이 증발하여 건조되는 것을 막고 광택 보급을 목적으로 한다. 고급 알콜올(alcohol), 에스테르(estere), 지방산 등이다. 라놀린(lanolin), 스쿠알렌(squalene), 밍크오일(mink oil), 올리브 오일(olive oil) 등 동식물 기름이 쓰인다. 또 실리콘(silicone)도 부드럽게 흐르는 마무리나 광택 개선 등의 목적으로 쓰이고 있다.

3) 습윤제

습윤제는 모발이 수분을 지니도록 하여 부드러운 느낌과 촉촉한 느낌을 주는 목적으로 사용되고 있다. 글리세린(glycerin), 프로필렌글리콜(propyleneglycol) 외에 최근에는 식물 추출 엑기스(진액) 등도 사용된다. 트리트먼트에 배합된 글리세린은 모발이나 피부의 수분을 보급하는 작용과 트리트먼트제 자체의 건조화를 막고 있다.

4) 모질 개량제

폴리펩타이드나 합성수지는 모발에 흡착되거나 침투하여 손상 부위를 보수하거나 보호하고, 연모에 침투하거나 흡착하여 손상 부위의 수정이나 힘을 주며, 양이온 계면활성제 등은 경모에 부드러움을 주며 손상된 곳을 보호해 주는 역할을 한다.

5) 계면활성제

계면활성제는 서로 섞이기 어려운 물과 기름 성분을 고르게 분산시켜 유화하거나 가용화시킬 목적으로 사용되고 있다. 제4급 암모늄기가 결합된 양이온성 계면활성제가 주로 사용된다. 이 밖에 비듬, 가려움 방지제나 자외선에 의한 손상을 방지하기 위한 자외선 흡수제 등을 배합하는 경우도 있다.

6) 소독살균제

양이온계면활성제, 유화셀린, 안식향산, 글리칠산, 레졸신 등이 사용된다.

4. 트리트먼트제의 사용법

헤어 트리트먼트제에는 사용 목적이나 내용 성분에 따라 많은 종류가 있는데 그 특성에 맞는 사용법을 택하는 것이 효과적이다.

1) 모발 손상 예방

모발을 손상시키는 원인에는 여러 가지가 있지만 조금만 관심을 가지면 손상을 예방할 수가 있다. 브러싱할 때는 모표피에 손상을 주기 쉽고 정전기 발생과 더불어 절모나 지모가 되기 쉽다. 그러므로 모표피에 유분을 보급하여 모발 표면을 매끄럽게 함과 동시에 양이온 계면활성제 등으로 정전기 발생을 억제하고 빗질이 부드럽게 되도록 하는 것이 필요하다. 여기에는 에어로졸 타입(aerosol type)이나 튜브 타입(tube type)의 씻어내지 않는 타입이 적당하다. 블로 드라이나 열기구는 고온에서 사용하며 모발의 단백질을 변성시키거나 단백질을 용출시켜 모발을 건조화시킨다. 그러므로 블로 드라이로 마무리할 때에는 모발에 가벼운 거품 타입의 트리트먼트제를 도포하여 브러싱 마찰을 적게 함과 동시에 건조화를 막는 것이 필요하다.

2) 손상된 모발의 회복

헤어 트리트먼트제에 배합되어 있는 유성 성분은 보통 미립자로 유화되어 있는 것으로 모표피의 틈새로부터 모피질 속으로 침투하여 모발을 부드럽게 한다. 또 모표피를 유성 피막으로 덮어 수분 증발을 억제하고 건조 방지의 역할도 한다. 손상이 심한 모발에는 폴리펩티드를 주제로 한 헤어 트리트먼트 처리를 몇 번 되풀이하게 되면, 아미노산이 다공성이 된 모발 손상부에 흡착하여 모발을 보호하여 인장력, 강도, 신장률이나 탄력이 어느 정도 회복되지만 완전히 회복되지 못하므로 더 손상되지 않도록 항상 관리해야 한다. 또한, 트리트먼트제를 도포한 후에도 스티머(steamer)를 이용하는 것도 손상된 모발로의 영양 침투가 효과적이다.

3) 약제로부터의 모발 보호

손상된 모발은 퍼머넌트 웨이브를 행할 때 오버 타임(over time)이나 퍼머넌트 웨이브제에 의하여 절모를 일으킬 위험이 있다. 손상된 모발은 퍼머넌트 함으로써 더 많은 손상과 절모를 일으킬 위험이 있다. 그러므로 퍼머넌트 웨이브를 할 때에는 헤어 트리트먼트제를 미리 도포하고 시술하되 모근보다 모간의 손상이 심하므로 모간의 손상 부위에 트리트먼트제를 바르고 펴머제를 흡수시키면 침투를 적당하게 억제하여 고른 웨이브를 얻고 손상된 모발 부위에 트리트먼트를 하여 보호를 해주면 손상을 방지할 수 있다. 크림 타입을 사용할 때는 그 속에 배합되어 있는 유성 성분 등에 의해서 과잉보호되는 수도 있고 그 때문에 퍼머넌트 웨이브제의 작용이 필요 이상 억제되어 오히려 웨이브가 나오지 않는 경우도 있으므로 주의해야 한다.

5. 일반적인 트리트먼트 시술 과정

고객에게 가운을 입힌다.
시술 의자로 안내한 후 어깨보를 어깨에 두른다.
고객의 액세서리를 제거한 후 브러싱을 한 후 샴푸를 한다.
모발의 상태에 맞는 트리트먼트제를 선택하여 모발을 슬라이스하여 모발에 도포한다.
머니플레이션을 행한다.
캡을 씌우고 스팀을 10~15분간 처리해 준다.(스티머, 열캡)
적당량 모발을 양 손가락 사이에 끼워 모근에서부터 부드럽게 마사지하면서 내려온다.
각 슬라이스마다 3~4회 반복하여 두상 전체에 시술한다.
충분히 흡수되면 미지근한 물로 모발을 헹구어내고 스타일링하여 마무리한다.

전 과정을 정리하는 단계로 고객의 피로감과 불편함을 감소시켜주는 과정으로 어깨와 목을 스트레칭 시켜준다.

6. 스캘프 트리트먼트(Scalp treatment)

두피를 청결하게 하고 유분을 보급하여 건조화를 방지하고 보호하거나 모발과 두피의 상태를 정상으로 하여 건강하게 유지할 목적으로 스캘프 트리트먼트제를 사용한다. 즉 두피는 다른 부위의 피부와 달리 모발로 덮여 있어서 습도도 높고 피지나 땀의 분비도 많다. 따라서 불결한 채로 놓아두면 세균 등의 번식이 쉽고 비듬이나 가려움 같은 불쾌감을 수반할 뿐만 아니라 탈모의 원인이 되는 수도 있다. 그러므로 두피를 정상적인 상태로 정돈함과 동시에 건강한 두피를 손상되지 않도록 하는 것이 스캘프 트리트먼트이다. 또한, 두피는 피지선의 상태에 따라 지성이나 건성이 되기도 하며 염색이나 퍼머넌트 웨이브 약제는 알칼리성인 것이 많아 처리 후에 두피도 팽윤하여 일시적으로 가려움이나 비듬이 생길 수도 있고, 피지나 땀의 분비로 세균이 번식하여 비듬이나 가려움증이 생기고 심하면 탈모가 될 수 있다. 스캘프 트리트먼트의 역할은 두피 크린싱, 비듬 방지, 가려움 방지, 탈모 방지, 육모 효과 등이 있다. 샴푸는 모발의 때를 씻어내는 것뿐 아니라 두피의 청결을 유지하고 비듬이나 가려움을 방지한다. 그러므로 두피를 청결하게 유지하는 샴푸도 스캘프 트리트먼트의 일종이라 볼 수 있다. 샴푸는 모발의 때를 씻어내는 것뿐 아니라 두피의 때나 노화 각질, 여분의 피지를 씻어냄으로써 두피의 청결을 유지하고 비듬이나 가려움을 방지한다. 또 동시에 손가락 마사지는 두피의 혈행을 촉진하는 역할도 한다.

7. 헤어 정발제

정발제는 모발을 원하는 형태로 만드는 스타일링(styling)의 기능과 모발의 형태를 고정시켜 주는 세팅(setting)의 기능을 목적으로 사용된다. 정발제는 모발에 유분과 광택을 부여하고 헤어스타일을 정돈하여 오랫동안 유지하는 것을 목적으로 한 것으로 다양한 제형의 정발제가 사용되고 있다. 정발제의 목적은 고객의 감성, 스타일 등에 따른 적절한 스타일링을 만들기 위해 사용하는 것이다. 이 정발제는 고객 모발의 장단점, 모질, 모발의 손상도, 얼굴형, 원하는 헤어 스타일 등의 요소와 미용 시술상의 요건으로부터 적절한 제품을 선정하는 것이 중요하다.

헤어 정발제의 종류는 유성 타입의 헤어 오일, 포마드와 유화 타입의 헤어 로션, 헤어 크림이 있으며 고분자 피막 타입의 세트 로션, 헤어 무스, 헤어 스프레이, 헤어 젤과 액체 타입의 헤어 리퀴드 등이 있다.

1) 헤어 오일(hair oil)

헤어 오일은 담황색이나 황녹색의 투명한 두발용 기름으로, 모발에 유분을 공급하여 광택과 유연성을 유지하고 모발을 보호함과 동시에 정돈되기 쉽게 한다. 특히 우리나라에서는 동백기름이 옛날부터 여성들의 정발에 널리 사용되었다. 헤어오일에는 점성이 낮은 유성 성분이 주로 배합되어 있으며, 성분별로 보면 동백기름이나 올리브유 등의 식물성 오일을 주성분으로 함유 하는 것, 유동 파라핀 등의 광물유를 주성분으로 함유하는 것, 혹은 두 가지를 혼합한 것 등이 있다. 그 외 헤어 오일에는 향료나 착색료, 유성 원료의 산패를 방지하기 위한 산화 방지제 등이 배합되어 있다. 또한, 소량의 스쿠알렌, 합성 에스테르유, 고급 알코올 등의 유성원료를 배합한 것도 있다.

2) 포마드(pomade)

포마드는 모발에 광택을 주며 헤어스타일을 단정하게 해주는 제품으로 남성용 정발제이다. 포마드는 성분별로 보면 식물성과 광물성으로 구분할 수 있다. 식물성은 식물성 오일을 주요 성분으로 하며, 피마자유, 올리브유 등이 배합되어 있다. 반투명하고 광택이 있으며, 특유의 점착성이 있고 퍼짐성이 좋기 때문에 굵고 딱딱한 모발을 정발하기에 적당하다. 광물성은 주요 성분으로 바셀린, 유동파라핀 등의 광물유가 배합되어 있어, 식물성에 비해 점착성이 약하고 정발력이 떨어진다. 그러나 끈적임이 없고 산뜻한 느낌의 장점이 있어 모발이 가늘고 부드러운 경우에 광물성 포마드를 사용하면 비교적 산뜻한 느낌으로 정발된다.

3) 헤어 크림(hair cream) · 헤어 로션(hair lotion)

헤어 크림은 물과 유분을 유화시킨 제품으로 모발을 단정히 정돈해 줌과 동시에 보습 효과와 광택을 주는 기능이 있다. 헤어 오일이나 포마드는 유분이 많고 사용할 때 손바닥에서 끈적이는 경향이 있는데 반하여, 헤어 크림은 유화형이므로 비교적 산뜻

한 사용감을 가지며 유분에 의한 모발 보호 효과는 물론 수분 공급 효과가 있으며 헤어오일에 비해 기름기가 적어 쉽게 머리를 감을 수 있으며, 적당한 정발력이 있어 유연하고 촉촉한 감촉과 광택이 있고, 두발에 도포하기 쉽다. 헤어 크림은 유화 형태에 따라 O/W형, W/O형으로 나누며, O/W형은 끈적임이 적고 산뜻한 사용감이 있다. W/O형은 오일감이 있고, 윤기와 정발 효과가 O/W형에 비해 크다 할 수 있다. 헤어 로션은 대부분 O/W형으로 되어 있으며 수분 함유량이 많아 촉촉하고 자연스러운 느낌을 준다. 헤어 크림의 경우 헤어 로션에 비해 유분의 양이 많기 때문에 모발에 윤기가 부족한 경우에 적합하다.

4) 세트 로션(set lotion)

세트 로션은 고분자 물질을 에탄올 용액에 녹인 것으로 주로 퍼머를 한 후 머릿결의 웨이브를 유지하기 위한 목적으로 사용하고 있다. 특히 미용실에서 핀컬(pin curl)이나 핑거 웨이브(finger wave)와 같은 세트 기술을 시술할 때 많이 쓰이며 액상 혹은 젤 상태의 정발제로서 영양 효과는 거의 없고 일정한 웨이브나 컬을 형성하고 그것을 유지하는데 사용된다. 보습제나 가소제가 부족할 경우 건조한 다음 흰 가루가 생기는 플레이킹(flaking) 현상이 일어날 수 있으므로 세팅력이 저하되지 않는 범위 내에서 적당량의 보습제나 가소제를 첨가하고 있다.

5) 헤어 무스(hair mousse)

무스(mousse)는 불어로 '거품'을 의미하며 헤어 폼(hair foam)이라고도 한다. 모발에 바른 후 원하는 헤어스타일로 손쉽게 정발이 되며 특히 헤어 드라이어를 사용하게 되면 더욱 효과적이다. 무스는 에어로졸 용기로부터 거품을 손에 적당량을 분사시켜 모발에 도포하고 블로 드라이어 같은 것으로 건조시키면서 손가락 테크닉이나 회전 브러시로 헤어스타일을 창조하는 것이 일반적인 사용법이다. 헤어 무스는 용도에 따라 크게 분류해서 세팅력을 위주로 한 타입, 트리트먼트 위주의 타입, 촉촉함 및 광택을 내는 타입이 있다. 구성 성분으로는 고분자 물질, 계면활성제, 분사제가 기본적으로 포함되며, 제품의 용도에 따라 적절히 비율이 조절된다.

6) 헤어 스프레이(hair spray)

헤어 스프레이는 스타일링 된 모발에 분사해 헤어스타일을 일정한 형태로 유지시키는 것을 목적으로 마무리용 정발제로 폭넓게 사용된다. 일반적으로 분사제를 사용하는 것을 헤어 스프레이, 분사제 없이 단순히 펌프식 스프레이 형태로 분무하는 것을 헤어 미스트(hair mist)라고 부른다. 미스트(mist)란 '안개' 라는 뜻으로 논에어로졸 타입(non-aerosol type)의 로션상으로 고정력이 강한 것이 많고 모발을 일으켜 세워 딱딱하게 고정시킬 때 사용한다. 헤어 스프레이의 주성분은 피막 형성제로 여기에 실리콘 오일, 고급 알코올 등을 배합해 피막에 적절한 유연성을 부여해 준다. 헤어 무스의 경우 용제로 정제수가 사용되나 헤어 스프레이의 경우는 에탄올이 사용되어 휘발성이 빠르고 건조 후 모발의 세팅 효과가 습도에 큰 영향을 받지 않는다.

7) 헤어 젤(hair gel)

헤어 젤은 정제수에 수용성 고분자를 용해시킨 젤 상태의 투명 정발제이다. 이외에 정발 성분으로 세팅제를 함유하고 있으며, 헤어 무스나 헤어 스프레이에 비해 촉촉하고 자연스러운 정발 효과를 부여해 주며, 젤을 적게 발라도 건조시키면 굳고 강한 세팅력을 지니며 모발에 젖은 듯한 광택과 힘을 줄 수 있는 특징이 있다. 따라서 헤어 젤은 촉촉하고 자연스러운 스타일을 원하는 경우에 사용한다.

8) 헤어 리퀴드(hair liquid)

헤어 리퀴드는 외관이 화장수와 유사한 정발제로 산뜻하고 끈적임이 없어 사용할 수 있어 젊은 남성들의 정발에 많이 사용되고 있다. 헤어 리퀴드의 주요 정발 성분은 적당한 점착성과 보습성을 주는 합성 폴리에테르유가 사용되고 있는 것이 특징이다. 즉 점착성을 지닌 보습제인 합성 폴리에테르유를 에탄올 용액에 투명하게 용해시킨 것이 헤어 리퀴드이다. 따라서 헤어 리퀴드는 헤어 오일이나 헤어 스프레이와 달리 부드러운 정발 효과가 있고, 또한 헤어 오일에 비해 깔끔한 마무리의 느낌을 주며 물에 의해 쉽게 녹는 장점이 있다.

스타일링 기법	사용법	사용 제품
롤 마무리	롤을 말아 드라이어로 건조시켜 마무리하는 방법	세트로션, 롤로션, 무스, 헤어오일, 스프레이 등
블로 마무리	핸드 드라이어와 회전 브러시로 마무리하는 방법	블로 로션, 무스, 젤, 헤어 오일, 스프레이 등
자연 건조 마무리	드라이어 등을 그다지 사용하지 않고 건조 또는 젖은 상태에서 스타일을 유지시키는 마무리 방법	젤, 워터 그레이즈, 무스, 미스트, 헤어 스프레이 등

CHAPTER 10

두피관리 기기

1. 두피관리 기기와 도구의 종류

1) 모발 진단용 기기

모발 진단기는 배율 렌즈를 이용하여 고객의 두피나 모발 상태를 체크하는 것으로 일반적으로 두피는 200~400배율, 모발은 600~800배율로 관찰하도록 한다.

진단기 사용 전 진단기 렌즈 부위를 살균, 소독하고 렌즈와 두피의 거리 조정은 정확하게 하며, 측정 부위가 화면의 중앙에 위치할 수 있도록 하는 등의 세심한 주의가 필요하다.

현미경은 보통 모낭충 진단용이나 모근 진단용으로 현미경이 사용되며, 40배율의 렌즈로 슬라이드 글라스 위에 모낭충이나 모근을 본다. 모낭충 발견 시에는 100배율의 렌즈를 이용하여 정확한 세균이나 모근의 모양을 진단하는데 사용된다.

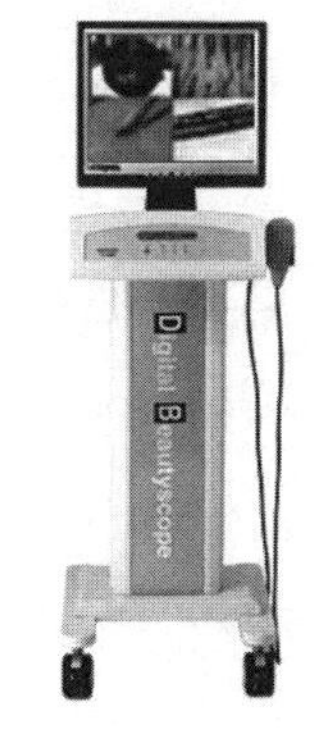

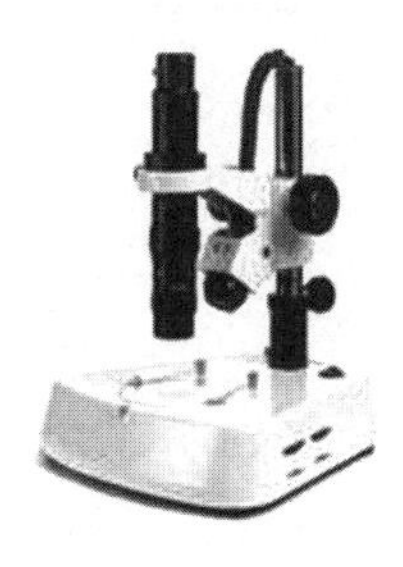

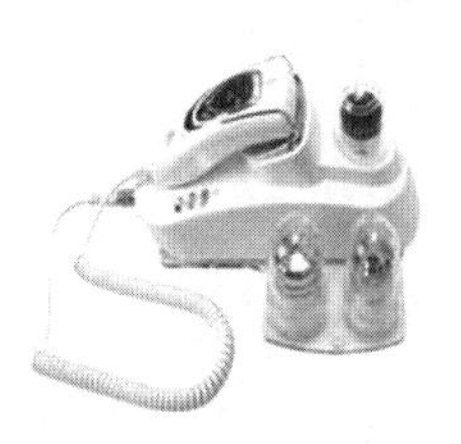

| 두피 모발 진단기

1배율 렌즈 : 두상 전체의 탈모 부위 촬영
40, 80, 60, 100배율 렌즈 : 일부분 공간의 모발, 두피 상태, 모발 밀집도 측정
200, 250, 300, 400배율 렌즈 : 모공 주위 상태, 탄력과 예민도, 모발 굵기 측정
600, 800, 1000배율 이상의 렌즈 : 모발 표면의 손상 파악 및 모발의 상태 측정
편광현미경 : 모근을 컬러로 분석 가능

2) 두피 마사지 및 샴푸 세정기

진동마사지기

진동 마사지는 1회에 1,500회 좌우로 움직이면서 두피 표면을 세정할 뿐만 아니라 두피의 진피층을 움직여 혈액순환을 촉진되면서 시원함을 느끼게 되고 이러한 긴장 완화로 인해 두피 관리의 효과가 더 상승된다. 모공이 열리게 하여 모공 속의 노폐물을 배출할 뿐만 아니라 발모 촉진제나 기타 비타민제의 모공에 흡수되는 것을 촉진해준다. 음이온과 원적외선 발생 효과가 있고 전동으로 두피를 양쪽으로 당기고 펴주는 원리이므로 두피의 혈액순환과 각종 오염물질로부터 모공이 막힌 곳을 깨끗하게 제거하고 시원하게 풀어주어 두피 건강, 모발 건강, 혈액순환, 오염물질 제거시켜 주는 효과가 있다. 헤드로 두피를 마사지하면 피부 표면의 각질이 제거되어 피부가 부드러워져 근육의 이완을 돕고 긴장을 완화하며 특히 긴장이나 스트레스에 의해 경직된 두피에 효과적이지만 두피에 상처나 염증이 있는 부위에 시술할 때는 주의하도록 한다.

3) 헤어 스티머(hair steamer)

수분은 모근과 모간에 건조함을 방지하고 두피, 모발에 부족한 수분 공급을 해주는 기기이다. 미립자 수증기를 이용하여 모발과 두피에 깊숙이 오존을 침투시켜 미립자의 수분과 영양분을 공급함으로써 노화 각질 및 노폐물 등을 부드럽게 연화시키는 한편 모공을 열어 스케일링 용액이 제대로 작용할 수 있도록 하여 두피의 오래된 각질 및 이물질을 부드럽게 연화시켜 쉽게 제거할 수 있도록 작용한다. 수증기는 표면 각질세포를 부드럽게 만들어 마사지, 브러싱을 하는 동안 각질 제거를 돕고, 따뜻한 습

기는 모공을 열어주어 적절하게 세정될 수 있도록 한다. 또한, 증기는 모낭 속으로 깊이 침투해서 유지 침전물, 먼지를 부드럽게 하여 불순물들이 쉽게 제거되도록 하며 모공에 있는 노폐물 제거를 도와주고 두피에 혈관을 확장시킴으로써 혈액순환을 도와 다음 단계의 효과를 촉진시키기도 한다. 헤어 스티머의 관리 시간은 두피 유형에 따라 10분 전후로 관리한다.

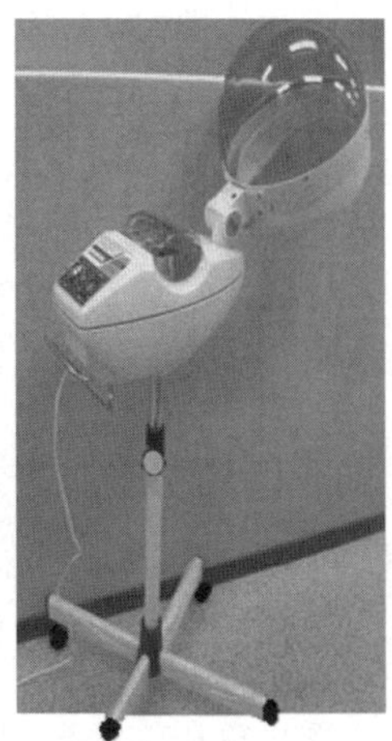

| 헤어 스티머

민감성 두피	7~10분 정도로 맞춰 수분을 공급
건성 두피	10분 정도로 맞춰 충분한 수분을 공급
비듬성 두피	10~15분으로 하여 비듬이 충분히 불어 떨어지기 쉽도록 수분을 공급

4) 워터 펀치

워터 펀치는 높은 수압을 이용하여 모공 속에 깊이 박혀 있는 이물질이나 각질을 제거해주는 작용을 하는 기기로 진동을 통한 두피 마사지로 혈액순환을 촉진시키고 모공을 열어 주어 영양분의 모공 내 흡수율을 높여준다. 1분당 1,800회의 파동을 주어 두피나 모공의 누적된 노폐물을 효과적으로 제거하여 두피를 청결하고 건강한 상태로 만들어 준다. 또한, 모공을 완전히 열어주어 모근의 호흡작용을 돕고 영양 물질이 흡수될 수 있도록 모공을 닫고 있는 각질과 오래된 노폐물을 제거하는 기기로서 두피를 스켈링하고 모공을 열어 모공의 호흡작용을 촉진하고 영양 성분 도포 시에 흡수가 잘되도록 한다. 수압을 조절할 수 있고 모발의 길이에 따라 노즐을 선택할 수 있다. 빗형 노

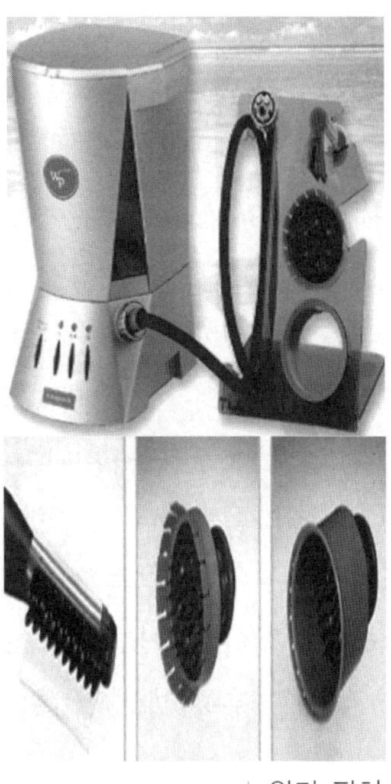

| 워터 펀치

즐은 긴머리에 사용하고, 원형 브러시형 노즐은 짧은 모발에 사용한다. 짧은 노즐은 탈모된 두피에 각각 구분하여 사용한다. 모발 수와 모발 길이에 따라 노즐을 선택적으로 바꾸어가며 사용하여 최대한의 효과를 발휘하게 한다.

두피가 예민한 고객은 관리 후 홍조를 띠므로 강도를 약하게 조절하여 관리한다. 기기 사용 시 두피 상태를 고려해 수압 및 사용량을 선택하고 평균적으로 38℃의 연수를 유지하여 사용한다.

5) 적외선(infrared ray)

태양이 방출하는 빛을 프리즘으로 분산시켜 보았을 때 적색선의 끝보다 더 바깥쪽에 있는 전자기파를 적외선이라 한다. 근적외선은 7,000~10,000Å 정도의 가장 짧은 파장을 가진 광선으로 긴 파장의 원적외선에 비해서 피부 침투력이 떨어져 주로 피부 표면을 따뜻하게 하여 팩의 체내 흡수를 도와준다. 중적외선은 10,000~30,000Å의 적외선 중에서 중간 파장을 말한다. 원적외선은 30,000~100,000Å의 적외선 중에서 가장 긴 파장으로 피부 침투 효과가 커서 비만관리 두피관리 등을 시술할 때 사용한다. 즉 적외선은 가시광선보다 긴 파장의 광선으로 적외선의 온열작용을 이용하여 피부를 따뜻하게 함으로써 혈액순환을 상승시키고 노폐물 독소 등을 배출하여 두피의 활성화를 도와주고 두피 내의 영양 침투를 돕고 혈액순환과 근육 이완에 효과가 있으며, 두피 내 노폐물의 배출에 효능이 있다. 이완을 촉진시키기 위한 일반적인 열관리와 긴장감을 풀어주기 위한 국부관리에 주로 사용한다. 피부가 제품을 잘 흡수시키기 위해 사용하며, 다른 관리들의 효과를 증가시키기 위해 두피에서 30~40cm정도 거리를 유지하고 강도 조절 스위치를 사용하여 강도를 맞추고 관리한다. 적외선은 영양 제품을 도포하기 전 두피의 물기를 제거하고 조사해 빛의 반사를 방지해야 한다.

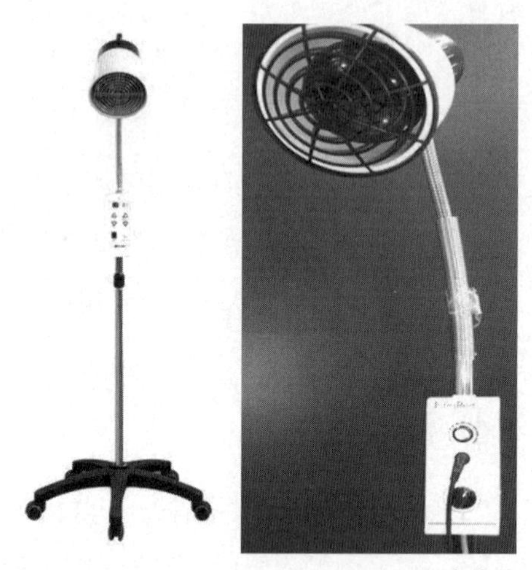

| 적외선

6) 고주파기

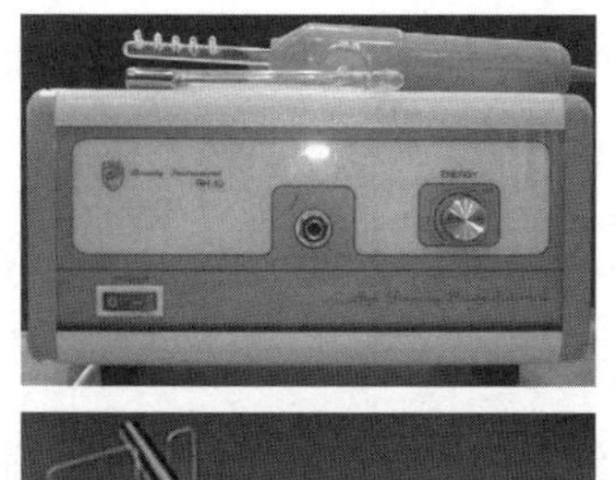

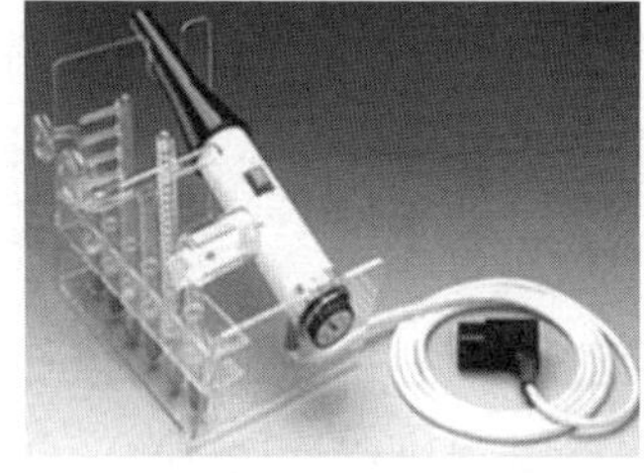

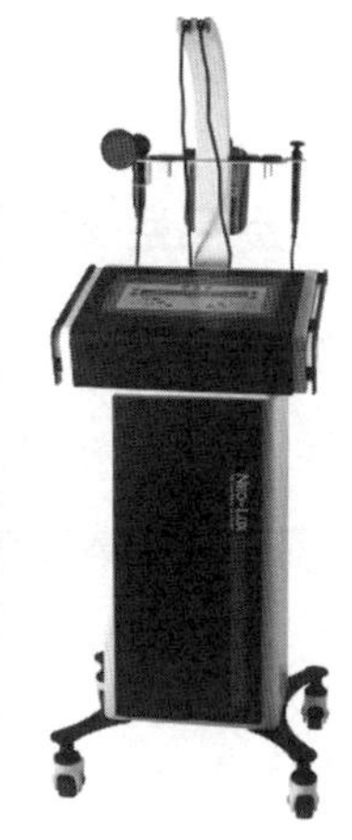

| 고주파기

고주파기는 고주파 교류전류(초당 100,000사이클 이상)를 사용하는데 인체의 기혈 순환 통로를 자극, 신체 내부의 면역 체계를 증강시키는 역할을 한다. 고주파에 의해서 신체에 적용될 경우, 정도의 차이는 있지만 열이 발생한다. 이 열의 발생은 주로 전류의 흐름에 대항하는 분자들의 저항에 의해 나타난다. 즉 전자와 전자들 간의 충돌에 의해 에너지의 교환과 흡수가 일어나고, 이 중 일부가 열의 형태로 방출되는 것이다. 고주파는 살균 및 소독을 통해 문제성 두피를 예방하며 두피 조직의 영양 흡수와 진정 효과를 촉진시켜 준다. 전극봉의 유리 튜브 내의 공기와 가스가 이온화되어 전류가 튜브를 통해 근육으로 흩어져 흐르게 된다. 이 전극봉은 공기가 들어 있으면 자색, 네온이 들어 있으면 오렌지색, 수은이 들어 있으면 푸른 자색이 되어 적외선을 발한다. 표피 밑 깊숙이 있는 세포를 자극하여 심부열(Deep Heat)이 발생하는데 이 심부열이 인체의 신진대사를 촉진하고, 세포를 활성화하여 지방세포를 분해하는 것이다. 또한, 두피의 각질, 비듬 제거 및 살균 진정작용으로 제품의 흡수를 도와준다. 각질 관리 시는 두피 건조를 막기 위해 관리 시간을 10분이 넘지 않도록 주의한다.

7) 제트 필(레이저 필링)

| 제트필

제트 필이란 제트엔진의 추진 원리를 이용하여 물과 산소가 세 구멍의 노즐을 통하여 매우 빠른 속도로 분사되면서 피부를 물로 깎아내며 동시에 산소를 주입시키는 치료이다. 제트 필은 피부와 두피의 미용적 재생을 위해 멸균 식염수와 산소를 가지고 고압분사 장치를 통해 아주 미세한 초입자 물방울로 분사해 두피 등에 피지나 각질 등의 노폐물을 제거하며, 탈모에 도움이 되는 용액

을 분사하여 노화 두피 개선 및 예방 효과가 있는 기기이다. 산소는 미백 효과와 피부의 신진대사를 활성화한다.

8) 소프트 레이저(soft laser)

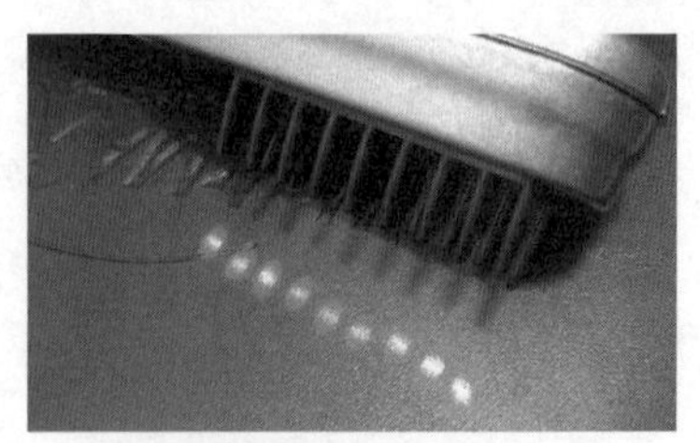

| 소프트레이져

레이저광을 이용하여 모발 재생 사이클을 회복시켜 주는 기능을 가진 기기이다. 레이저를 이용, 두피를 조사하여 모낭 내의 혈행을 개선하여 혈행 순환의 활성화를 유도하며 두피 질환을 치료한다. 악성 비듬 질환, 지루성 피부염, 모낭염 치료에 효과적이다.레이저는 앰플과 서로 상승 효과를 나타낸다. 원형 탈모의 경우 레이저 관리 시 앰플을 바르고 그 부위에 5초간 정지해 있는다. 탁월한 효과를 볼 수 있다. 적색 저출력 레이저와 미세 전류 자극의 원리를 이용하여 두피에 마사지를 하는 두피 마사지 기기이다. 모낭 및 두피 세포를 성장시켜 주며 미세 전류 저주파는 미세한 전기 자극에 의해 두피 세포가 긴장되고 이완되는 원리를 이용한 것으로 모낭세포를 자극하여 두피의 혈액순환을 개선시켜 준다.

9) 수동 샴푸 브러시

| 샴푸용 브러시

수동 샴푸 브러시는 샴푸시 가볍게 빗어주거나 두드려주면 모근 활성화로 인해 탈모 예방과 발모 촉진, 지압 마사지 효과가 있을 뿐만 아니라 모발을 가지런히 빗고자 할 때도 사용되며 대부분 두피에 이온적 자극을 주어 혈행을 원활하게 하기 위하여 사용한다.

10) 종합 관리기

스켈링, 초음파, 이온토프레시스, 에어브러시 등이 장착된 두피, 피부, 탈모관리 전문 종합 기기로 초음파기는 진동 주파수가 20KHz(1초에 20,000파동 이상) 이상으로 매우 높아 인간의 감각으로는 감지가 어려워 들을 수 없는 진동 음파이다. 초음파를

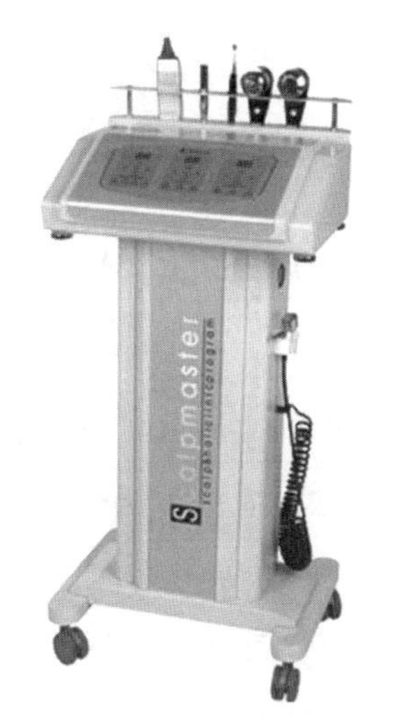

종합 관리기

두피에 활용하는 이유가 인체에 투여되었을 때 초음파의 진동은 분자 간의 마찰에 의해 열을 발생시키고 열은 피부의 온도를 약 1℃ 정도 올려줌으로써 혈액순환과 신진대사 기능을 촉진시키기 때문이다. 이런 초음파에 의한 에너지 변환이 영양의 침투를 용이하게 하는 긍정적 효과가 있어 두피 재생관리에 활용된다. 초음파는 10분이상 사용하면 도자가 과열될 수 있으므로 5~10분 사이로 시술해야 한다. 모발이 많은 부위는 작은 도자로 가볍게 굴리듯 마사지하고 모발이 없는 부위는 넓은 도자를 사용하여 마사지한다. 초음파는 두피에 탄력을 회복시키고 운동 능력을 강화하여 건강한 두피를 만들어 준다.

이온토프레시스의 (−)이온은 두피 활성화, 앰플 침투력 향상 등의 효과를 가지며 (+)이온은 두피 진정작용과 독소를 제거하는 효과가 있다. 고객에 따라 민감하게 반응하는 경우가 있으므로 적절하게 강도를 조절한다. 핸들을 이용하여 두피에 문지르듯 마사지한다. 앰플이나 토닉을 두피에 도포한 상태에서 시술하게 되면 영양 성분의 침투를 높여주어 앰플이나 토닉의 효과를 극대화할 수 있다. 이온토프레시스는 5분이상 사용하도록 하고 비듬이 많은 두피는 (−)이온, 민감한 두피는 (+)이온, 일반적인 두피는 (−)이온 3분, (+)이온 3분을 사용해 준다.

11) 이온기

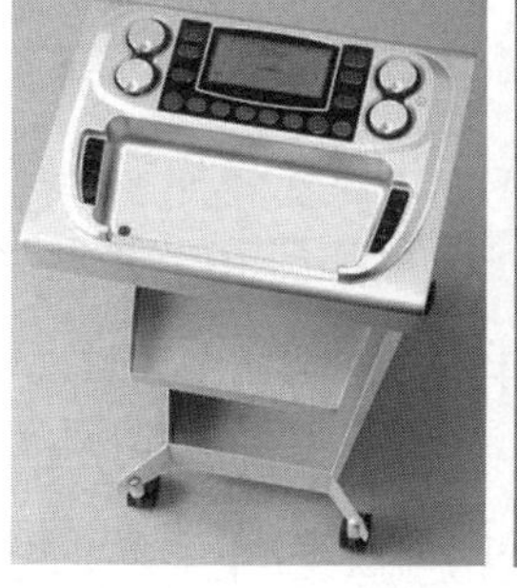
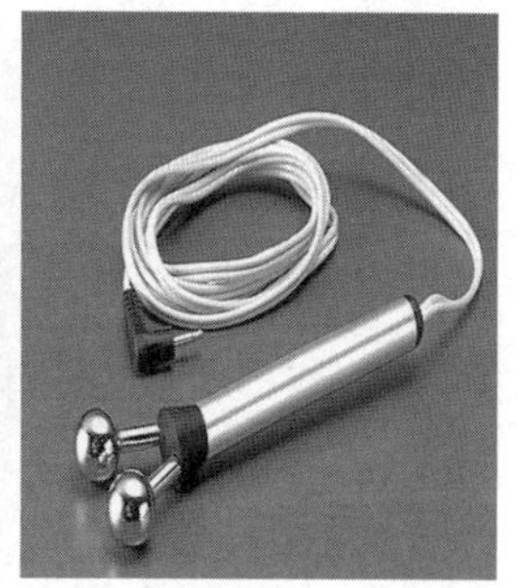
이온기

갈바닉 이온은 안전한 미세 전류를 말하며 (−)의 경우, (+)를 향해 움직이거나 (−)를 밀어낸다. 이러한 원리를 이용하여 미세 전류의 반발력으로 유효 성분을 피부 속까지 골고루 흡수되도록 해준다. 즉 음이온의 잡아당기는 성질을 이용하여 모공의 피지, 노폐물, 각질 및 비듬을 제거해 주는 효과가 있다. 또한, 음이온과 양이온을 동시에 사용하여 두피운동을 촉진하며 표피층과 진피층에 교대로 흘러 기저세포의 재생을 촉진하고 가려움증이나 염증에 살균작용을 하며 제품의 흡수를 도와준다.

12) 메조테라피

메조테라피는 의료용 기기로 주사기로 피부 밑의 중배엽에 약물을 주입하는 요법으로 초기 탈모 치료에는 두피 스케일링을 비롯한 두피관리와 메조테라피가 효과적이며 남성형 탈모, 여성형 탈모, 휴지기 탈모에 적합한 치료이며 모발 레이저 치료와 병행 시 더 좋은 효과를 볼 수 있다. 탈모에 효과적인 약물(혈액순환 촉진, 모낭에 영양분 공급, 5-리덕타제 억제, 발모 촉진제, 비타민, 미네랄, 항산화제 등)을 특수 기구인 메조건을 사용하여 두피에 직접 주입함으로써 육모 및 발모를 촉진시키는 탈모 치료에 효과적인 관리를 하기 위한 기기이다.

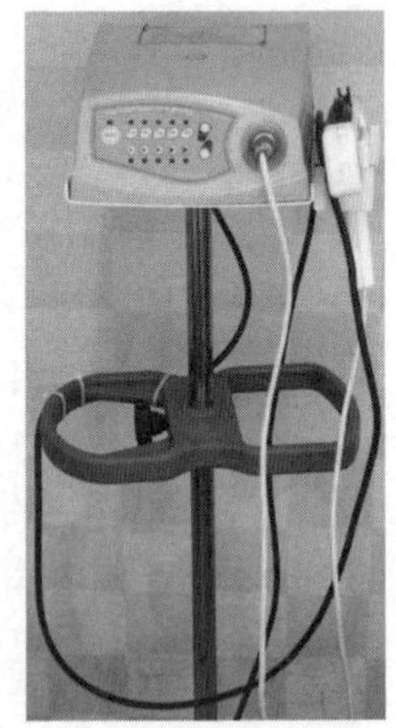

| 메조건

13) 알파브레인

알파브레인은 지압돌기가 두정(頭頂) 부위를 자극하고 측두엽을 지압해 스트레스로 굳어진 목을 마사지하는 기능성 제품으로, 의료용 저출력 레이저 광선을 두피에 조사해 모발을 촉진시키는 기능을 포함해 탈모 예방과 발모 촉진 및 두피와 머리 경혈을 자극함으로써 두뇌와 목의 피로 해소는 물론 머리를 맑게 해준다. 또한, 뇌 음파장 기능으로 평소 베타(β)파가 지배하는 뇌 상태를 알파(α)파로 유도해 긴장감과 피로감을 해소시켜 주도록 설계됐으며, 명상 유도 시스템을 탑재시켜 명상 상태의 뇌파를 유도함으로써 집중력은 높이고 스트레스는 줄여 주는 최적의 두뇌 상태를 유지할 수 있도록 고안되어 있다.

14) 괄사

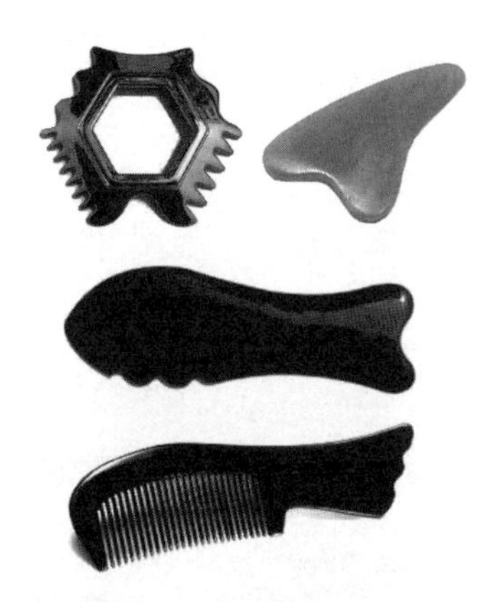

도구를 이용해 피부를 자극하는 전통적인 대체요법인 괄사요법은 한의학에서의 외치법(外治法) 가운데 한 가지다. 괄사의 도구로 서각, 청자, 옥 등 다양한 재료를 사용하여 인체의 피부 및 두피을 자극하여 기혈의 순환을 소통시키는 치료법이다. 괄사의 '괄'은 '비비거나 긁는다'는 뜻이고, '사'란 조의 낟알 같은 홍색의 반점을 말한다.

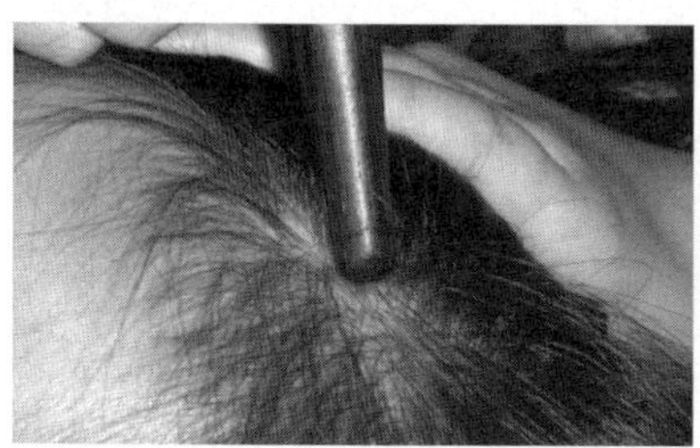

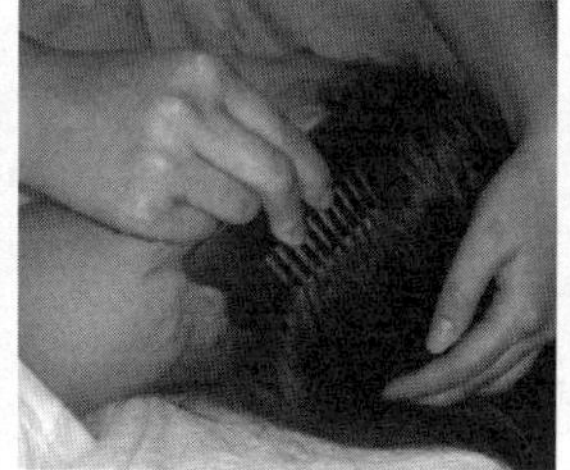

괄사의 종류

<table>
<tr><td>나무 괄사</td><td colspan="2">나무는 성질이 따뜻하여 사용 시 관리를 받는 고객에게 따뜻한 안정감을 준다. 다른 괄사들에 비해 날카롭지 않고 딱딱한 느낌이 덜하여 손으로 받는 것과 가장 비슷한 느낌을 갖는 장점을 가진다.</td></tr>
<tr><td rowspan="3">물소뿔 괄사</td><td colspan="2">코뿔소의 뿔에서 죽거나 썩은 피가 쌓여서 독이된 독으로 만들어진 뿔은 다른 독을 만나면 자석처럼 독을 끌어당기는 특징이 있다. 물소뿔 괄사는 이런 물소뿔의 특징을 이용한 어혈이 뭉치거나 몸에 순환, 배독이 잘 되지 않는 부위에 사용 시 탁월한 효과를 보이기 때문에 항상 뭉쳐 있는 어깨나 결린 부위에 사용하면 좋다.</td></tr>
<tr><td>흑각 괄사</td><td>물소뿔은 물소의 살 위로 나오는 부분에 해당하는 뿔로 단단하고 일반적으로 가장 많이 사용되는 괄사이며 부위가 많기 때문에 가격이 저렴하여 사용하기에 부담이 없다.</td></tr>
<tr><td>백각 괄사</td><td>물소뿔 중 아직 밖으로 나오지 않은 살 안쪽의 물소뿔의 부분이 많다. 생긴지 얼마 되지 않은 물소뿔은 견고해지려는 성질 때문에 죽은 피 등을 모으려는 특성이 있어 데톡스에 더 효과적이다.</td></tr>
</table>

옥 괄사	옥은 인체에 유익한 음이온과 원저외선과 발생시켜 인체의 기를 보완해 주고 몸의 열과 독을 제거하여 신체를 차분하게 만들어주는 역할을 한다. 또한, 옥은 피부를 맑게 정화시켜주는 기능을 가지기 때문에 얼굴에 옥 괄사를 사용 시 두피가 맑고 깨끗해지는 효과를 함께 얻을 수 있다.
청자 괄사	청자로 만들어진 괄사도구를 이용해서 경락선상 피부의 특정 혈위를 자극하여 기혈의 순환을 돕는 요법이다.
은 괄사	은은 혈액을 약알칼리성으로 개선시켜주는 작용을 하며 피로 등을 억제시키는 역할을 할 뿐만 아니라 체내에 침투된 독성과 중금속을 중화하며, 또한 세포를 활성화시켜 면역력을 높여준다. 은은 사법 괄사에 효과적이다.
금 괄사	인체 내의 각종 유독 물질을 흡수하여 배출하는 해독작용은 물론 종기, 창독, 화독, 화농증 등 피부에 유효하며 피부 정화작용 효과적이다. ‘금’은 약해진 기운을 보호해 주는 성질이 강하므로 보법 괄사에 탁월한 효과를 보인다.

CHAPTER 11

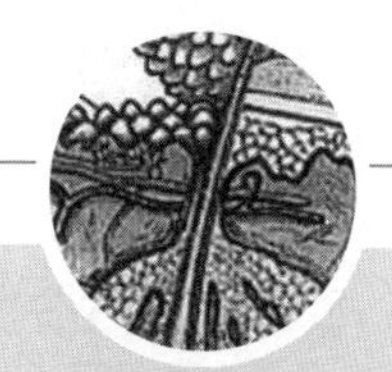

탈모에 관한 상담

1. 상담

상담은 도움이 필요한 고객과의 대화에 의해, 즉 카운슬링(counseling)이란 의학용어로 의사가 환자에게 병력 및 증상을 질문하여 진단하고 문제를 해결하고 처방하는 과정이다.

1) 고객 상담

고객과의 첫 만남으로, 짧은 시간에 고객으로부터 신뢰감을 얻어야 한다. 상담자는 전문지식을 바탕으로 고객의 문제를 파악하고 해결하기 위한 방법을 제시해 주어야 한다. 두피 · 모발관리에서의 상담이란 고객에게 두피 상태에 대한 문제점 등을 진단하여 개선시키는 과정이며 긍정적인 방향으로 해결해 나아가는 과정이다. 두피관리 시술 처음 단계에 해당하는 상담은 고객을 시술하고 관리하는데 중요한 자료가 된다. 두피관리실에 찾아오는 고객의 대부분의 병원 처방이나 다른 방법을 시도하였다가 실패한 경험으로 인하여 긴장하는 경우가 많고 고객 자신의 의지로 찾아오는 경우는 많지 않다. 고객과의 처음 상담이 앞으로의 시술 방향을 결정하기 때문에 두피 크리닉에 있어서 처음 상담은 무엇보다도 중요하다. 고객의 동의 없이는 두피 사진에 대한 비밀을 보장하는 전문적인 직업 윤리를 가져야 한다.

(1) 고객 상담의 목적

상담은 고객과의 대화에 의해 전문가다운 언어를 사용하여 문제를 해결하는 과정이라고 할 수 있으며, 상담의 목적은 3단계로 나누어진다. 상담은 고객을 바람직한 방향으로 바뀌도록 도와주고 두피, 모발 문제 해결 방안을 제시하고 자율 의지를 가지게 하는 과정이며, 상담의 최종 목표는 고객 스스로 생활 전반에 걸친 바람직한 방향으로 행동 인식을 바꾸어가는 것이다.

① 1단계 : 두피, 모발에 관한 과학적인 정보와 지식을 전달하여 고객의 인식이나 태도를 바꾸도록 도와준다.

② 2단계 : 잘못된 생활습관을 인식함으로써 좋은 생활습관으로 변화하도록 도와준다.

③ 3단계 : 변화된 생활습관을 자연스럽게 유지하도록 도와준다.

(2) 상담자의 역할

상담자는 고객에게 가이드하며 도와주고 고객은 문제 해결을 하는 고객과 상담자의 공동 작업이다. 고객이 두피와 모발에 관한 자신의 문제점을 해결하기 위해 자유롭게 이야기 할 수 있도록 용기를 주어야 하며, 문제점을 잘 파악하고 있고 정확한 지식과 정보로 신뢰를 주는 것이 필요하다. 시술 전 단계에 해당하는 상담은 고객을 시술하고 관리하는 데 중요한 자료가 되며, 고객의 사후관리에 있어서도 사용 제품의 특성 및 관리 방법을 알려줄 수 있는 중요한 자료가 된다.

상담에 있어 중요한 점은 다음과 같다.

① 두피관리는 단기간에 되는 것이 아니라 꾸준히 관리해야 한다는 것을 알려주는 것이 중요하다.

② 두피관리는 시술자의 관리도 중요하지만 고객의 노력도 필요하다는 것을 인식시킨다.

③ 긍정적인 표현은 심리적인 안정감을 주고 두피관리에 대한 믿음을 심어주는 것이 가장 좋다.

④ 관리실에서 관리를 하고 집에서는 두피의 유형대로 유형에 맞는 제품 사용으로 관리하여야 한다.

⑤ 모발 이식 수술이나 약물을 복용한 후에도 건강한 두피를 유지하기 위해서는 지속적인 관리가 병행되어야 한다는 것을 알려준다.

⑥ 시술자는 '탈모' 라는 단어는 최대한 자제하도록 하여 고객을 배려한다.

두피관리 상담에 필요한 요소	
상담자	두피 관리사, 모발 관리사, 두피 상담사
고객	방문 고객
목적	사전 예방, 관리, 치료, 가정관리(홈케어)
문제	문제성 두피, 탈모
해결 방안	문제의 해결 방안 제시, 두피관리

(3) 상담의 기본 조건

① 상담의 기본은 고객에 대한 이해이다.

② 상담자는 전문적인 지식과 경험을 갖추고 있어야 한다.

③ 고객의 말을 경청하고, 적절한 때에 답변해 주어야 한다.

④ 고객과 상담자의 의견 충돌이 있을 때는 고객이 원하는 것을 존중해 주어야 한다.

(4) 상담자가 갖추어야 할 지식

① 인체 및 두피 생리

② 두발 화장품의 종류 및 사용 목적

③ 미용에 관한 기본적인 지식

④ 고객의 문제 해결에 관련된 건강 정보 등

(5) 두피관리 상담자가 주의해야 할 사항

상담자는 고객과 상담 시 고객이 안정감을 가질 수 있도록 자연스러운 자세, 적당한 목소리와 단정한 자세로 고객의 말을 경청하며 귀 기울여야 한다. 다리를 꼬고 앉아 있거나 화려한 화장이나 액세서리는 피해야 하며 상담자의 두발과 복장은 단정하고 깔끔해야 하고 상담실의 위생과 청결관리에 만전을 기해야 한다.

2) 고객관리 과정

(1) 고객 상담

두피관리 시술 전단계에 해당하는 상담은 두피 관리하는데 중요한 자료가 된다. 고객의 사후 관리에 있어서도 사용 제품의 특성 및 홈케어 방법을 알려줄 수 있는 중요한 자료가 된다. 특히 유전을 포함한 가족력, 생활습관 등은 고객의 두피, 모발 관련 문제점을 파악하는데 좋은 근거가 된다. 상담은 지속적으로 문제를 해결하는 과정으로 한 번의 상담으로 모든 문제를 해결하기는 어렵다. 고객 스스로 문제의 행동을 조절하여 개선하는 것을 목표로 하기 때문에 지속적인 상담이 필요하다.

(2) 두피 진단

① 1차 진단 : 시진, 촉진, 문진

- 시진 : 눈으로 두피의 톤, 두피의 손상 여부, 각질과 피지의 상태와 분비량, 탈모의 진행 여부, 혈액순환 상태 등을 확인한다.
- 촉진 : 두피를 직접 만져보고 두피에 있는 땀, 피지, 각질과 두피와 모발의 탄력도와 경직 상태를 촉각으로 파악한다.
- 문진 : 고객과의 상담을 통해 답변을 통해 직업, 질병, 식습관 등을 파악하여 문제의 원인, 요인 등을 파악한다.

② 2차 진단 : 두피 진단기로 측정

두피의 톤과 예민도, 탄력도, 피지와 땀의 분비 여부와 양, 모공 상태와 모낭충의 기생 여부, 모공당 모발 수, 모발의 밀도와 굵기, 모발 손상도 등 1차 진단을 통한 진단을 구체적으로 세밀하게 확정하는 단계이다.

(3) 두피관리 프로그램 설정

두피관리 프로그램 설정이란 1차와 2차 진단을 통해 나타난 고객의 두피 문제의 원인을 어떤 식으로 관리할 것인가를 결정하는 단계이다.

(4) 두피관리 중 고객과의 상담

두피관리 중 고객 상담이란 개개인에 맞는 두피관리 중 발생하는 고객의 불편 사항이나 두피관리 중 시술자와 고객과의 의사소통을 말한다.

(5) 두피관리 프로그램

- 승모근 및 두부 이완 : 두피 내 혈액순환을 촉진시켜 건강한 두피를 유지하고 모발의 성장을 촉진한다.
- 두피 스케일링 : 두피를 진정시켜 노폐물과 피지, 산화 각질 등을 제거한다.
- 두피 세정 : 두피와 모발 타입에 따른 세정제를 선택하여 사용한다.
- 두피 영양제 : 두피 세정 후 알맞은 앰플과 트리트먼트를 도포한다.

(6) 홈케어(사후관리)

두피 · 모발관리는 전문가의 관리 이후 일상의 관리가 매우 중요하다. 아무리 효과적인 관리를 받았다 하더라도 일주일 혹은 그 이상의 시간 동안 고객 스스로의 관리가 전혀 이루어지지 않는 다면 전문가의 관리가 원상태로 돌아가게 된다. 두피관리를 받은 이후의 고객 스스로의 의지와 노력에 따라 두피관리의 성패가 달려 있기 때문에 고객 스스로의 노력이 절실히 필요하다. 고객 스스로 관리 방법을 터득하여 집에서 손쉽게 사용할 수 있는 제품 및 보조기구 등을 추천하여 다음 관리 때까지 두피 · 모발상태를 유지 또는 개선하도록 한다. 이러한 면에서 두피관리의 마지막 단계로 홈케어의 중요성이 강조되는 것이다. 두피 · 모발 관리사(Trichologist) 및 두피 · 모발 상담사는 홈케어 제품은 물론이고 고객의 라이프스타일이나 주변환경, 식생활 등도 사후 관리해야 관리가 성공적으로 이루어지는 것이다.

3) 고객 상담 카드 작성 시 중요 사항

(1) 생년월일

- 실제 나이와 현재 두피 상태를 비교할 수 있는 자료가 됨
- 고객관리 차원에서 필요

(2) 전화번호

- 관리 결과나 제품 사용 도중 생길 수 있는 부작용 등을 파악

(3) 주소

- 두피관리에 대한 정보나 자료 등을 E-메일, 우편으로 발송할 수 있음

(4) 연령

- 젊은 남성에게서 나타나는 탈모 증상은 빠르면 10대 후반에서부터 발생
- 남녀의 일반적인 경향은 나이가 들어감에 따라 머리숱이 적어지면서 탈모가 시작됨

(5) 직업

- 직업 환경에 따라 피부에 영향을 줄 수 있으며, 여성의 경우는 폐경기에 이르러 남성형 탈모증을 보이는 경우가 발생

(6) 성별

- 남성에게는 남성호르몬이 중요한 발증의 요인이 되는 남성형 탈모증이 있고 여성에게는 여성호르몬을 요인으로 하는 산후의 탈모증 발생
- 남성형 탈모증은 때로는 갱년기의 여성에게 보이지만 남성에 비해 그 탈모 상태가 가벼운 것으로 증상은 남성과 같이 전두부에서 두정부에 걸쳐 모가 가늘어지고 짧은 모가 빠지는 것이 특징

(7) 생활습관

- 식사 방법, 섭취 음식, 기호 식품 등을 파악
- 규칙적으로 운동을 하는지 파악

(8) 알레르기 파악

- 특정 화장품, 금속, 햇빛 등과 같이 알레르기 원인이 되는 항원에 대해 파악

(9) 유전적인 요인

- 두피 문제의 원인과 해결책을 찾는 데 도움이 됨
- 가족 중에 유전성이 있는 경우는 진단의 참고가 됨

(10) 발생 시기 및 원인

- 원형탈모증과 같이 아무런 증상도 없이 갑자기 빠지는 경우와 다이어트에 의한 영양 부족으로 서서히 빠지는 경우 구분

- 퍼머 시술에 의한 단모 등은 일주일 이내에 나타나기 때문에 언제 퍼머를 했는지 파악
- 염 · 탐색에 의한 심한 접촉성 피부염에 의한 탈모는 약 2주 후에 그 증상이 나타나기 시작하고 또한 가벼운 피부병에 의한 경우는 한 달 지나서부터 머리가 빠지는 것이 늘어나는 경우도 있기 때문에 증상의 시기와 원인을 파악, 피부 질환, 피부 이상에 대해 기록

(11) 발생 시작부터 현재까지의 경과

- 탈모의 증상이 시작된 후 현재까지 증세의 경과를 관찰
- 증세가 서서히 또는 갑작스럽게 악화되는지 호전되는지를 확인

(12) 현재의 상태(탈모 부위, 탈모의 진행 상태, 모발의 상태 등)

- 탈모의 부위나 진행 상태에 따라서 그 원인을 추정
- 두피질환이나 두피 이상에 대해 기록
- 남성형 탈모증은 전두부에서 시작되어 모발의 수가 점점 감소하는 경향
- 탈모의 상태가 국부적으로 일어나는지 아니면 넓게 퍼져 탈모하는지를 파악

(13) 모발의 두께와 길이

- 두껍고 긴 모발 사이에 가늘고 짧은 모발이 많이 섞여 탈모하는 경우 남성형 탈모증 의심
- 두껍고 짧은 모발이 많으면 단모의 가능성
- 갑상선기능 저하증, 비타민 A 과잉증, 다이어트 등에 의한 탈모의 경우도 단모 발생

(14) 두피의 상태

- 두피의 이상이 탈모로 연결되는 경우도 많음
- 가려움과 발적을 동반하는 두부 습진과 지루성 피부염 등에 의해서도 탈모가 유발
- 비듬이 많거나 지성 두피의 경우 남성형 탈모증을 유발

(15) 두부 외의 관찰 결과

- 남성형 탈모증의 경우 수염이나 팔다리의 체모가 증가
- 원형 탈모증의 경우 턱수염이나 눈썹이 탈모하는 경우가 발생
- 지루성 탈모의 경우 안면에 지루성 피부염 동반
- 다이어트에 의한 탈모의 경우 피부의 건조화나 손톱의 이상이 발생

(16) 출산의 유무(결혼 유무)

- 탈모는 임신이나 출산 등에 영향을 받음
- 출산 후에는 탈모가 유발되는 경우가 많기 때문에 출산의 유무를 확인
- 일반적으로 6개월을 경과하면 치유되기 때문에 그 후에도 탈모가 계속되는 경우에는 다른 탈모 원인을 파악해야 함

(17) 약제 복용 상태

- 과거나 현재의 수술 경험 파악
- 여러 가지 약제의 복용에 의해 탈모가 일어나기 때문에 약제의 복용 상태 파악

(18) 영양 섭취 상태

- 빈혈이나 저단백혈증이 장시간 계속되면 모발은 전체적으로 가늘게 되고 손상모발이 되기 때문에 영양섭취 상태를 묻는 것이 중요함

(19) 건강 상태

- 건강한 모발을 유지하기 위해서 기본적으로 정신적, 신체적인 건강 상태가 절대적으로 필요함
- 쉽게 피곤하고 땀을 많이 흘리는 경우, 피부나 두피가 건조 상태, 맥박이 빨라지는 경우, 발열하거나 피부에 발진이 생기는 등의 증상이 있고 탈모를 동반하는 경우에는 빨리 의사의 진단을 받도록 권유

(20) 정신적 스트레스

- 정신적 스트레스에 의해 식욕감퇴, 불면증, 위궤양의 증상은 원형탈모증의 원인이 되는 경우도 있음

(21) 외인성 탈모가 의심되는 경우

- 견인성 탈모증, 압박성 탈모증 등 외인성 탈모는 모발을 강하게 잡아당기는 헤어스타일을 하는지 여부 확인
- 염모제를 포함한 모발용 제품에 의한 두피의 접촉성 피부염에 의한 탈모 유무 확인

4) 고객 상담 카드 작성

상담은 고객의 개인적인 질문이 많으므로 1 : 1 상담을 할 수 있는 독립적인 전용 공간에서 이루어지는 것이 좋으며 생활습관, 식생활, 건강 상태, 심리 상태 등 여러 가지 내용 등을 고객 스스로 고객 관리 카드를 작성하게 하고 질문에 대하여 자세히 답변하도록 한다. 고객과의 상담 내용을 고객 카드에 기록한 것으로 지속적이고 효과적인 관리의 기본이 된다. 이때 주의해야 할 것은 개인 유출에 관계되는 항목이 있으므로 고객의 신뢰감 형성이 우선되어야 한다. 고객 카드 작성 시 다음과 같은 기본 인적 사항을 기입한다.

- 고객의 방문 목적이 무엇인지 구체적인 방문 동기를 파악해야 한다.
- 이름 / 주소 / 전화번호 / 이메일 등 기본 인적 사항을 기입한다.
- 연령 및 결혼 유무, 나이, 성별 등은 두피와 모발 상태 및 생리현상에 영향을 미친다.
- 직업의 유형과 근무지의 환경은 두피와 모발 변화의 중요한 원인이 된다.
- 두피 상태를 확인하고, 생활습관, 건강 상태 등을 조사하여 원인을 파악한다.
- 특이 사항 작성 : 과거 두피와 모발의 문제점(병력, 식생활 습관, 의약품, 스트레스, 운동량 · 다이어트, 생리주기, 근무환경, 알레르기, 사용 제품의 습관, 사후관리 등)은 정확히 기록하여 추후 상담에 적극 활용한다.
- 두피 문제를 해결하기 위한 해결책을 제시하고 두피관리 계획을 세운다.
- 고객과 상담한 내용을 고객 카드에 작성한다.

〈 상담 차트 〉

<table>
<tr><td>Code No.
(상담실 번호)</td><td colspan="2"></td><td>date of Exam
(상담일)</td><td></td><td>Chart by
(상담원)</td><td></td></tr>
<tr><td rowspan="2">Name
(고객의 성명)</td><td colspan="2"></td><td rowspan="2">Age
(나이)</td><td rowspan="2"></td><td rowspan="2">Marrage
(결혼 여부)</td><td rowspan="2"></td></tr>
<tr><td>남성</td><td>여성</td></tr>
<tr><td rowspan="2">Occupation
(직업)</td><td colspan="2" rowspan="2"></td><td rowspan="2">Heredity(유전)
:</td><td colspan="3">cell phone(전화번호):</td></tr>
<tr><td colspan="3">e-maill:</td></tr>
<tr><td rowspan="2">Alopecia
(탈모증)</td><td colspan="6">symptoms(증상)</td></tr>
<tr><td colspan="2">Dendruff
(비듬):</td><td>Itching
(가려움증):</td><td>Horminess
(각질):</td><td>Aversion
(염증):</td><td>Red spot
(홍반):</td></tr>
<tr><td rowspan="2">shampoo
(샴푸)</td><td colspan="3">kind of(샴푸의 종류)</td><td>Frequency
(샴푸 횟수)</td><td colspan="2">Dry(샴푸 후 건조방법)</td></tr>
<tr><td colspan="3"></td><td></td><td colspan="2"></td></tr>
<tr><td rowspan="2">Scalp
(두피의 상태)</td><td colspan="2">color
(두피의 색)</td><td colspan="2">Sensitivit
(민감성 여부)</td><td>Follicle
(모공의 상태)</td><td>Hair loss
(탈모 여부)</td></tr>
<tr><td colspan="2"></td><td colspan="2"></td><td></td><td></td></tr>
<tr><td rowspan="2">Habit
(생활 습관)</td><td colspan="2">Diet
(다이어트)</td><td>Smoke
(흡연 습관)</td><td>Drink
(음주 습관)</td><td>exercise
(운동 습관)</td><td>Health
(건강 상태)</td></tr>
<tr><td colspan="2"></td><td></td><td></td><td></td><td></td></tr>
<tr><td colspan="7">Cause of loss(탈모의 진행 원인)</td></tr>
<tr><td colspan="7"></td></tr>
<tr><td colspan="7">Consultnats(상담원의 전문적인 조언)</td></tr>
<tr><td colspan="7"></td></tr>
<tr><td colspan="7">Reference(참고사항)</td></tr>
<tr><td colspan="7"></td></tr>
<tr><td colspan="7">Hair sample(고객 모발 샘플)</td></tr>
<tr><td colspan="4"></td><td colspan="3"></td></tr>
</table>

5) 사진 촬영의 중요성

향후 치료 후 비교를 하기 위한 목적을 가지고 찍어야 한다.

여러 각도로 찍되 흔들리지 않게 잘 찍고 탈모 유형에 따라 향후 비교를 해야 하기 때문에 탈모 부위는 여러 장을 찍는 것이 좋다.

만약 각도가 좋지 않아 잘 찍히지 않은 경우 양해를 구하고 다시 찍어야 한다.

두상은 잘리지 않게 하고 얼굴이 나오지 않도록 해야 한다.

여러 장을 찍고 저장한 후 필요한 사진만 골라 저장한 후 나머지는 삭제한다.

기본 8장 정도를 잘 선별하여 저장해 두고 치료하는 과정 사진을 1개월 단위로 찍어 비교 분석해야 한다.

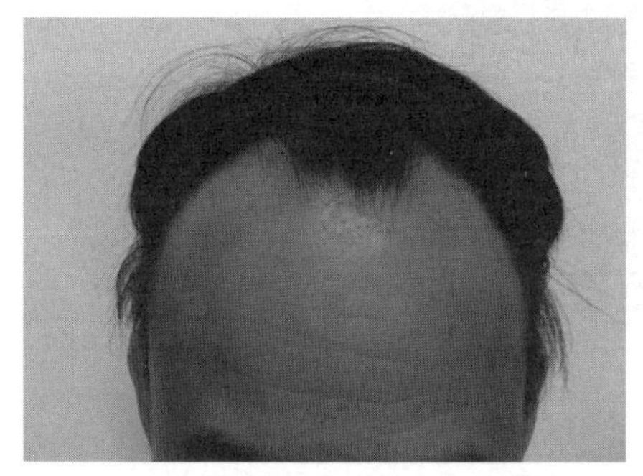

머리띠하고 앞모습 1장

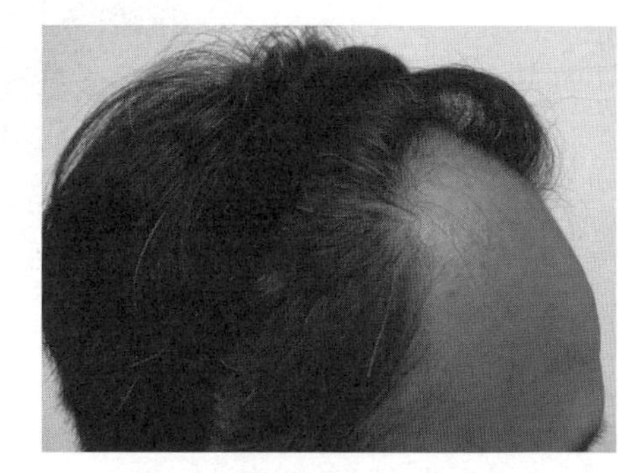

머리띠하고 좌우 각각 1장씩

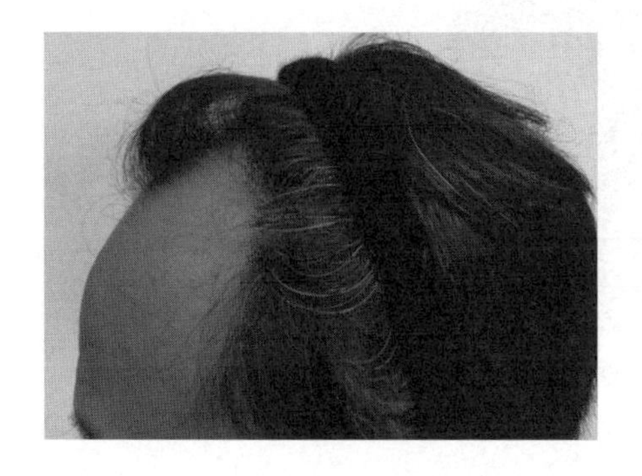

머리띠하고 좌우 각각 1장씩

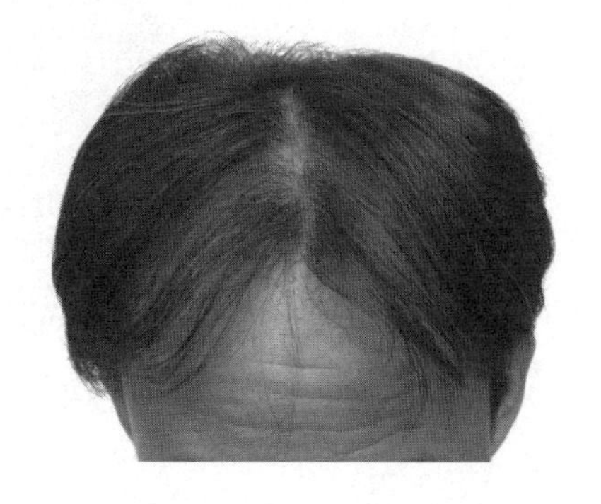

눈썹선까지 나온 자연스러운 앞모습 1장

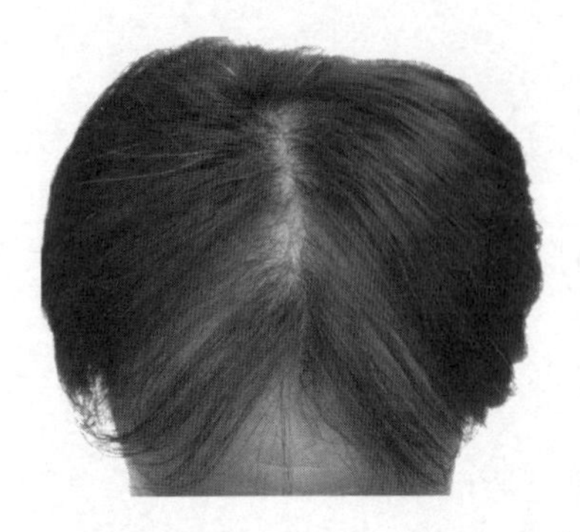

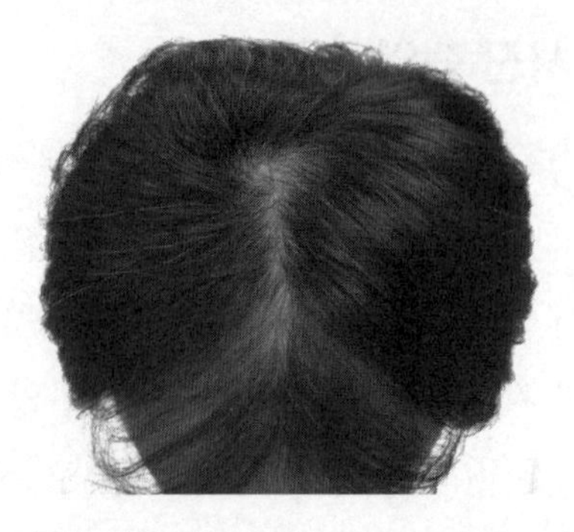

가르마를 나눈 후 15도 숙인 상태 1장 가르마를 나눈 후 45도 숙인 상태 1장

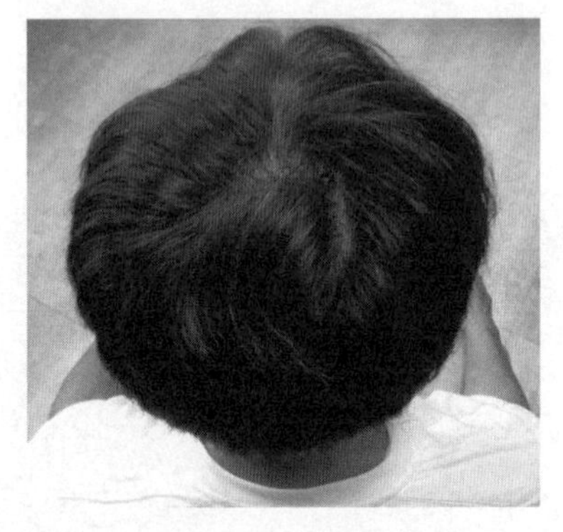

어깨선까지 나오게 정수리를 고객의 등 뒤에서 내려다본 모습 1장

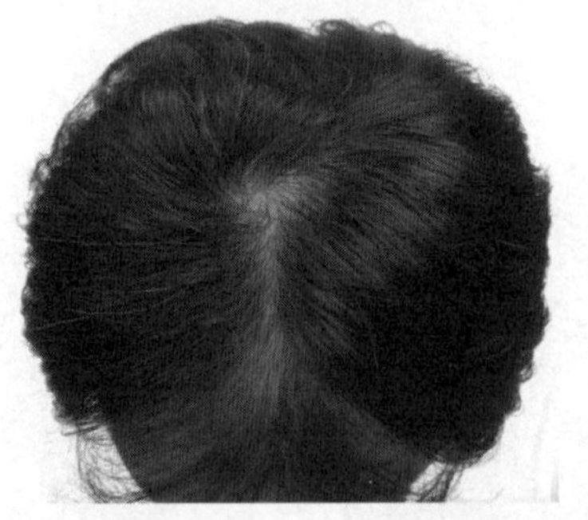

어깨선까지 나오게 정수리를 고객의 측면에서 내려다본 모습 1장

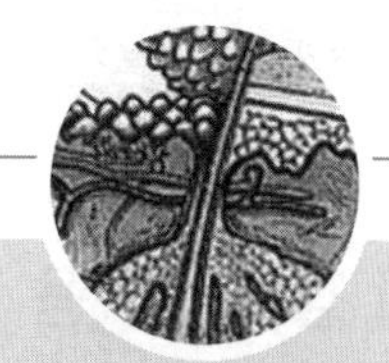

CHAPTER 12 아로마를 이용한 두피관리 방법

1. 아로마테라피

아로마테라피(aromatherpy)는 Aroma(향) Therpy(치료)의 합성어로 방향성 식물의 꽃, 잎, 줄기, 뿌리, 열매 등에서 추출한 100% 순수 식물 에센셜 오일(essential oil)을 이용하여 마음과 몸을 치유하는 방법으로 오일과 혼합하여 피부를 마사지하여 기능을 상승시키고, 일상생활에서 오는 스트레스 해소 및 내장기관의 균형을 회복시키는 자연 치유요법을 말한다. 즉 에센셜 오일(정유)을 이용하여 마사지나 마찰, 흡입을 통해 피부 노화를 억제시키고, 피부 재생을 도움으로써 피부미용에 탁월한 효과를 주는 순수 자연 향기요법으로 동양의학과 더불어 대체의학으로 각광받고 있다. 방향요법은 고대 이집트 시대부터 치료에 사용되어 왔으며, 1920년대 프랑스의 과학자 가트모세가 정유에 대한 깊은 연구를 하여 아로마요법이라는 표현을 처음으로 사용하였다. 정유의 성분은 점막을 통하여 흡수되어 뇌의 중심부에 직접 작용하여 심신을 유연하게 하거나 활성화시킨다.

1) 아로마테라피 효과

신경의 진정이나 스트레스의 완화를 목적으로 하는 것으로서 산림욕이나 해수 요법(탈라소테라피), 온열 요법(테르모테라피) 등과 함께 스트레스 해소의 자연 요법으로서 각광받고 있다. 최근 피부 미용업계에서는 수입 천연 향유, 정유, 약초(herb)를 이용하여 마사지, 비만, 질병 치료 등 다양한 용도로 활용되고 있다. 고대 시절의 허브는 치료 목적의 약초로 인간에게 기여하는 역할이 컸으나 지금의 허브는 스트레스 해소, 방부, 항균작용, 산화방지, 노화방지의 효과뿐만이 아니라 요리나 미용, 아트 등 다양한 방법으로 사용되어 허브에 대한 관심이 날이 갈수록 높아지고 있다.

2) 정유의 활용 방법

(1) 마사지

정유는 호흡기와 피부를 통한 체내 흡수가 동시에 이루어진다. 혈액, 림프 순환을 좋게 해 여러 질병과 미적인 문제가 빨리 해결될 수 있다. 마사지법은 아로마 오일의 피부 침투와 흡입, 근육의 이완, 림프의 순환 등의 또 피부세포를 건강하게 하고, 노폐물을 배출시키고, 피부 탄력 유지 등의 효과가 있으며, 고객에게 최대한 편안함을 주는 방법으로 이용된다.

(2) 입욕

물에 떨어뜨린 에센셜 오일의 유효 성분이 피부로부터 몸속으로 흡수되고, 자연의 향이 증기와 함께 코나 목으로 흡입되므로 한 번의 입욕으로 에센셜 오일을 두 배로 활용할 수 있는 방법으로 신진대사를 원할히 하고 혈액순환을 도와 심신의 긴장을 완화시켜 주는 효과가 있다. 인체의 다양한 문제에 적용 가능하며 특히 정신적인 문제, 피로회복, 불면증, 신경안정, 전신 비만, 하체 비만, 피부의 문제를 해결하기에 효과적이다.

- 전신욕 : 욕조에 물을 가득 채우고 정유 6~8방울을 희석한 후 15분 정도 다리를 쭉 펴고 편안히 향을 음미
- 반신욕 : 하체 비만 관리에 많이 사용하는 방법으로 욕조에 허리 정도까지 물을 채우고 정유 2~3방울을 떨어뜨린 후 이용
- 좌욕 : 좌욕기에 앉아서 하며 여성이 주로 사용하는 방법
- 족욕 : 발의 통증, 피로에 좋으며 또는 무좀 등에 사용하는 방법으로 발목까지 물을 담아 정유 2방울 정도를 떨어뜨려 이용

(3) 습포

뜨거운 물이나 찬물이 담긴 용기에 아로마 오일(에센셜 오일)을 4~6방울 떨어뜨린 후 수건, 거즈 등에 물을 적셔서 재빨리 꺼낸 뒤 환부에 얹어 놓는 방법이다.

- 류머티즘, 관절염, 치통에 또는 해열을 목적으로 아로마를 희석한 물에 수건을 적셔 환부에 놓는다.
- 뜨거운 습포법 : 얼굴 마사지 전 주로 사용하여 혈액순환을 돕고 긴장을 완화시키며, 모공을 열어주는 효과가 있다.

- 차가운 습포법 : 감염 및 고열, 두통, 햇볕에 의한 화농, 부종 등에 효과적이다. 해당 부위에 냉찜질을 한다.

(4) 흡입

- 증발기 : 실내 공기 정화, 방충 효과, 호흡기 질환, 수험생, 컨디션 조절 효과 등의 목적으로 이용되며 증발기에 물을 담아 정유 2~4방울 떨어뜨리고 열을 가하는 방법이다.
- 목걸이 또는 열쇠고리 : 안에 있는 캡슐에 정유를 담아 수시로 맡는 방법이며 알레르기 비염이나 호흡기 환자, 수험생들처럼 집중을 요하는 경우에 사용된다.

(5) 가글링

- 구취제거, 잇몸 질환, 목 염증 등에 이용하는 방법으로 물 반컵에 정유 1방울을 떨어 뜨려 입 안을 헹군 후 뱉어낸다.

(6) 화장품

- 화장품에 정유를 떨어뜨려 화장품의 효능을 높이기 위해서다.

3) 정유 사용 시 주의 사항

원액을 바로 사용하는 것은 금물
임신 중에는 정유 사용을 주의해야 함
정유는 쉽게 휘발되어 산화됨
빛을 차단하는 갈색 병에 넣어 그늘진 곳에 보관
사용 후 반드시 마개를 닫아 보관해야 함
보관 용기는 알루미늄, 유리로 된 것을 선택
눈에 들어가지 않게 주의
중병 환자에게 정유 사용 시 전문의와 상의
심한 화상, 높은 열이 있는 경우 사용을 피함
개봉한 지 2년 이상 된 정유는 사용하지 않음

4) 두피 타입별 블랜딩과 관리 방법

(1) 정상 두피

① 블랜딩 방법

타임 8방울 + 클라리세이지 6방울 + 라벤더 11방울
+ 호호바 오일 or 아몬드 오일 50ml

② 관리 포인트

- 건강한 두피 상태 유지 관리
- 청결 관리
- 모발의 건조화 방지

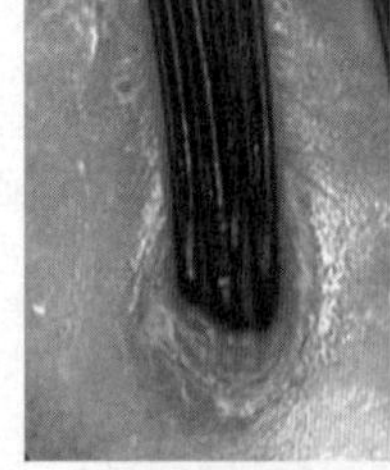
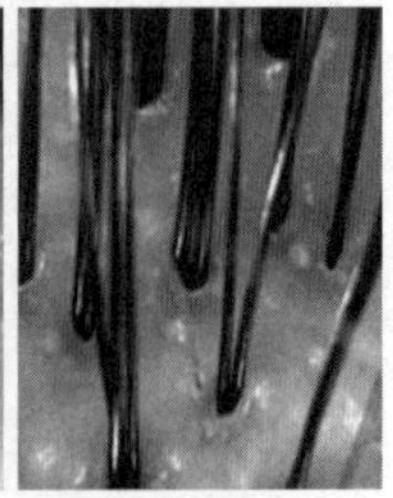

두피 톤, 각질 정도	모공 상태	예민도
연한 살색, 연한 청백색을 나타내고 노화 각질 및 피지 산화물이 거의 없는 상태이다.	모공 주변이 깨끗하고 윤곽선이 뚜렷하다.	혈액순환이 원활하고 림프순환의 정상화, 세포 각화 주기가 정상이며 피지막이 약산성으로 건강하다.
수분 상태	**피지 상태**	**Life style**
천연 보습 인자의 작용으로 수분이 평균 15~20%로 촉촉하고 매끄러움을 유지하고 있다.	모발의 표면에는 적당한 피지막이 형성되어 있다.	충분한 수면과 신진대사 기능 유지, 자연식 위주의 균형 잡힌 식생활, 체질에 맞는 운동을 꾸준히 하도록 한다.

타임

클라리세이지

라벤더

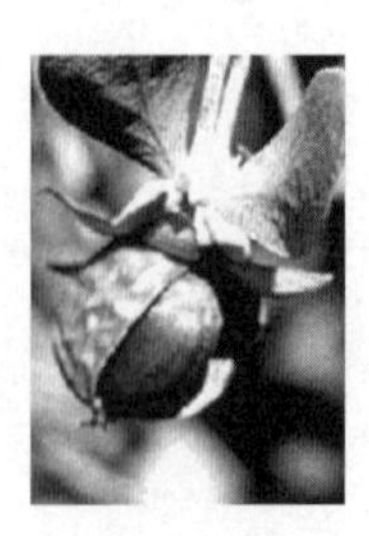
호호바 오일

아몬드 오일

(2) 지성 두피

① 블랜딩 방법

레몬 8방울 + 일랑일랑 9방울 + 로즈메리 8방울
+ 호호바 오일 or 그레이프시드 50ml

② 관리 포인트

- 두피 세정, 피지 조절 위주
- 지나친 자극 피함
- 건조될 수 있어 주의

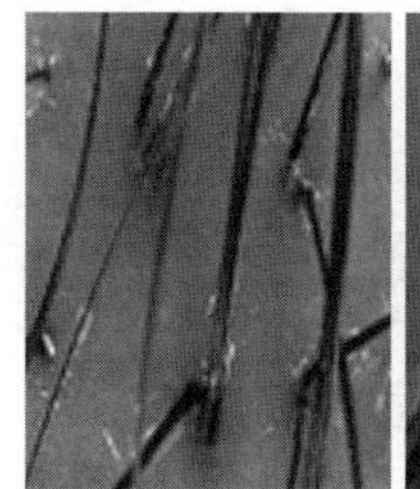
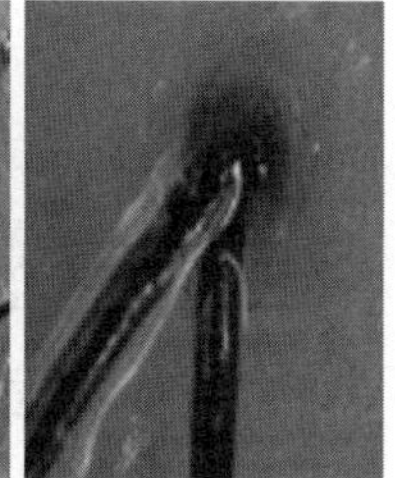

두피 톤, 각질 정도	모공 상태	예민도
피지 산화물의 과다한 누적과 노화 각질과의 결합으로 황색 톤, 얼룩 현상, 혼탁한 상태이다.	피지 과다로 모공이 막힘, 끈적임, 피지 덩어리가 모공 위로 생성되어 있는 상태이다.	부분적 피지 산화작용으로 세균 및 곰팡이, 박테리아의 번식 증가로 염증, 모세혈관 충혈 및 홍반을 일으킬 수 있다.
수분상태	**피지 상태**	**Life style**
피지선과 한선의 활발한 활동으로 피지막이 과도히 형성되어 수분 증발이 어려워져 수분이 5~10% 정도로 많다.	피지의 과다한 형성으로 모공이 막혀 있고 가려움과 염증을 동반하여 탈모로 발전할 가능성이 크다.	일상적인 스트레스, 유전적인 현상, 노화 과정, 호르몬 이상, 비타민의 부족, 신진대사의 이상, 부적절한 샴푸와 드라이, 퍼머, 염색 등의 자극으로 인해 발생 된다.

레몬

일랑일랑

로즈메리

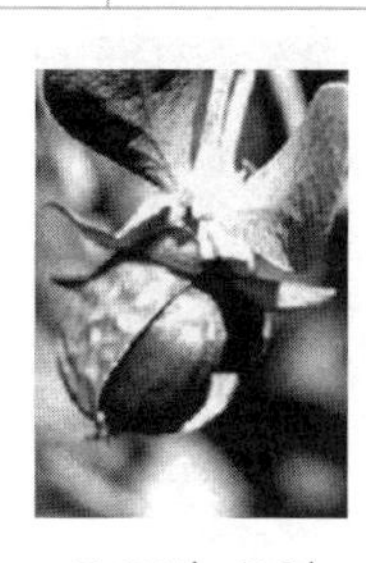
호호바 오일

그레이프시드

(3) 건성 두피

① 블랜딩 방법

샌달우드 10방울 + 로즈우드 10방울 + 팔마로사 5방울
+ 호호바 오일 or 아보카도 오일 50ml

② 관리 포인트

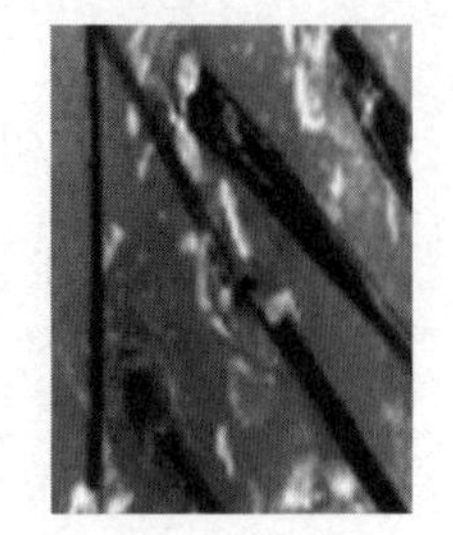

- 오래된 각질 제거와 두피 순환
- 수분, 영양 공급
- 건조 습관 주의(잦은 샴푸, 드라이)

두피 톤, 각질 정도	모공 상태	예민도
비늘 모양의 각질이 많고 두피의 표면이 얇은 깨진 얼음 같은 형태이다.	표면에 각질이 쌓여 모공이 막힌 상태이다.	쉽게 염증이 생기고 가렵고 따가움이 있다.
수분 상태	**피지 상태**	**Life style**
피지막의 불균형으로 수분 부족 상태로 두피가 말라서 갈라져 있는 상태이다.	피지 부족으로 모발도 건조하며 마른 비듬이 많다.	일상적인 스트레스, 유전적인 현상, 노화 과정, 호르몬 이상, 비타민의 부족, 신진대사의 이상, 샴푸 부적절한 드라이, 퍼머, 염색 등으로 자극으로 발생한다.

샌달우드

로즈우드

팔마로사

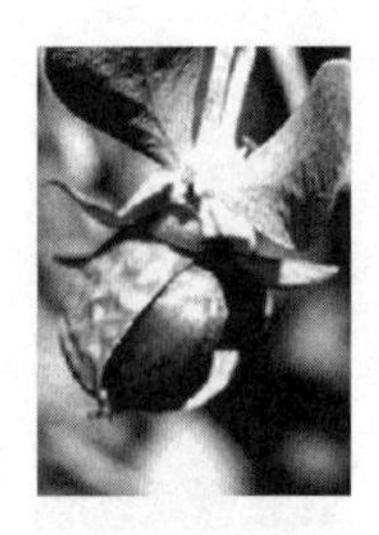
호호바 오일

아보카도 오일

(4) 민감성 두피

① 블랜딩 방법

캐모마일 5방울 + 사이프러스 2방울 + 밀배아유 or 아몬드 오일 50ml

② 관리 포인트

- 예민해진 상태 진정
- 스트레스 해소 마사지
- 자극을 피함

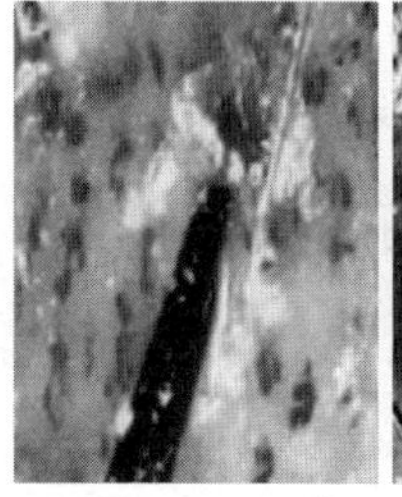
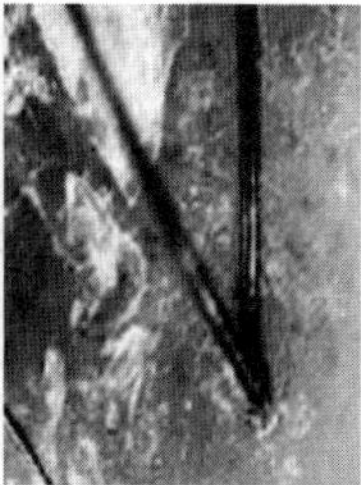

두피 톤, 각질 정도	모공 상태	예민도
혈관이 육안으로 보이고 원형이나 육각형 행태의 경화된 부분이 나타나며 각질의 불균형이 관찰된다.	여드름이나 뾰루지가 발생되며 모공이 불균형하다.	외부 자극에 따갑고 민감한 반응을 나타내며 가려움증으로 긁으면 붓거나 아프다.
수분 상태	**피지 상태**	**Life style**
세정 후 당기는 증상이 있으며 매우 건조하다.	피지 분비의 불균형으로 부분적으로 뾰루지나 여드름이 발생한다.	스트레스, 과음, 화학적 자극, 잘못된 관리로 박테리아, 곰팡이, 바이러스 등의 세균의 감염에 의해 나타난다.

캐모마일

사이프러스

밀배아유

아몬드 오일

(5) 지성 비듬 두피

① 블랜딩 방법

시더우드 8방울 + 로즈메리 5방울 + 레몬 5방울
+ 호호바 오일 or 그레이프시드 오일 50ml

② 관리 포인트

- 두피 청결과 소독
- 신진대사 활성화(노폐물 배출)
- 호르몬 균형

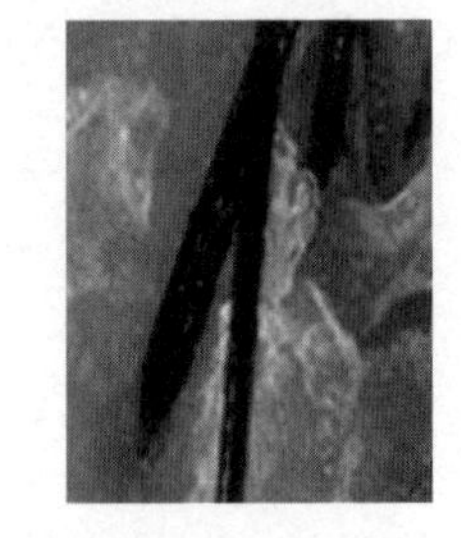

두피 톤, 각질 정도	모공 상태	예민도
두피가 붉은 상태로 기름기가 있고 각질이 엉겨 붙어 있는 형태로 관찰된다.	노화 각질과 피지 분비물이 모공을 막고 있어 피지가 모낭 안에 머물러 있는 상태이다.	과도한 피지 산화 작용으로 비듬균의 증식, 가려움증이 있다.
수분 상태	**피지 상태**	**Life style**
피지선과 한선의 활발한 활동으로 피지막의 작용으로 수분 증발이 어렵다.	비듬균이 모공을 막아 피지 생성에 이상이 생긴다.	식습관, 자극적인 음식, 변비, 정신적, 육체적 피로 생긴다.

시더우드

로즈메리

레몬

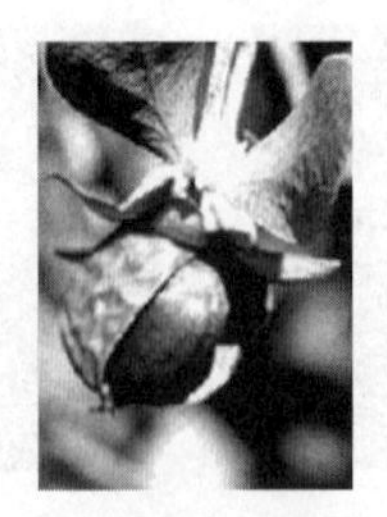
호호바 오일

그레이프시드

(6) 건성 비듬 두피

① 블랜딩 방법

라벤더 7방울 + 제라늄 7방울 + 샌달우드 4방울
+ 호호바 오일 or 아보카도 오일 50ml

② 관리 포인트

- 오래된 각질 제거와 두피 순환
- 수분, 영양 공급
- 건조 습관 주의(잦은 샴푸, 드라이)

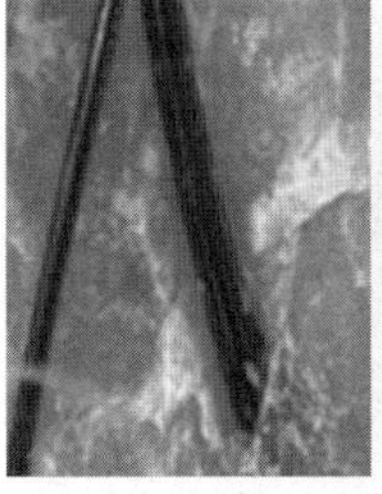
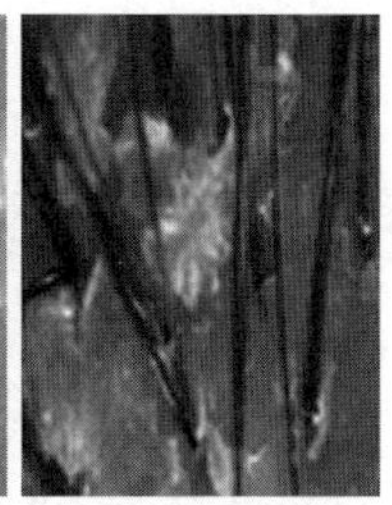

두피 톤, 각질 정도	모공 상태	예민도
노화 각질이 두텁게 쌓여 두피가 탁해 보이고 불규칙하게 갈라져 있다.	노화 각질이 모공을 막고 있어 영양 공급에 장애가 있다.	소양증을 동반하여 심해지면 자극을 받은 부위가 붉게 부풀어 오르고 습해져서 염증이 생긴다.
수분 상태	**피지 상태**	**Life style**
수분 공급이 원활하지 않아 매우 건조하여 말라 있는 상태이다.	유분 공급이 원활하지 않다.	일상적인 스트레스, 유전적인 현상, 노화 과정, 호르몬 이상, 비타민의 부족, 신진대사의 이상, 샴푸 부적절한 드라이, 퍼머, 염색 등으로 자극을 받은 상태로 비듬균과 결합하여 생긴다.

라벤더

제라늄

샌달우드

호호바 오일

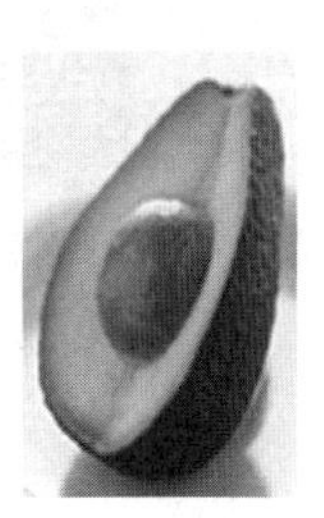
아보카도

(7) 탈모성 두피

① 블랜딩 방법

로즈메리 7방울 + 레몬 7방울 + 라벤더 11방울 + 호호바 오일 50ml

② 관리 포인트

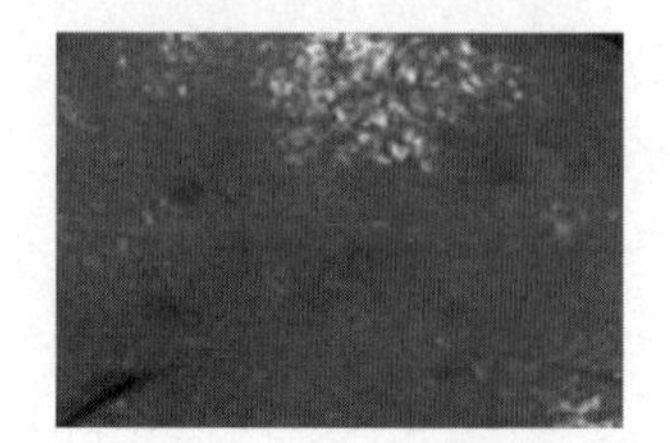

- 혈액순환 촉진 관리
- 모공을 열어줌
- 스트레스 해소

두피 톤, 각질 정도	모공 상태	예민도
두피가 경직되어 딱딱하고 각질이 과도하게 쌓여 있는 상태이다.	모공이 막혀 있고 모공에 1개의 모발만이 존재하거나 빈 모공인 상태로 함몰되어 있는 상태이다.	순환 저하로 인해 예민하다.
수분 상태	**피지 상태**	**Life style**
지루성 탈모 : 많음 노화성 탈모 : 적음 결발성 탈모 : 정상 원형 탈모 : 적음	탈모의 원인에 따라 다르게 나타나는데 대부분 과도한 상태이다.	과도한 스트레스, 다이어트로 인한 영양 부족, 임신과 출산, 폐경에 따른 호르몬의 영향으로 생긴다.

로즈메리

레몬

라벤더

호호바 오일

2. 두피관리 테크닉

1) 두피관리를 위한 지압

같은 동작을 2~3회 시술하여 긴장을 완화시킨다.

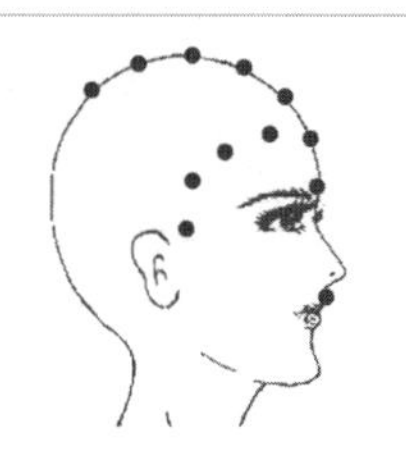	수구에서부터 정중선을 따라 위치한 경혈점을 양손의 엄지를 포개어 인당을 지나 신정에서 아문 방향으로 백회까지 지압하기 신정에서 헤어라인을 따라 객주인까지 지압하기
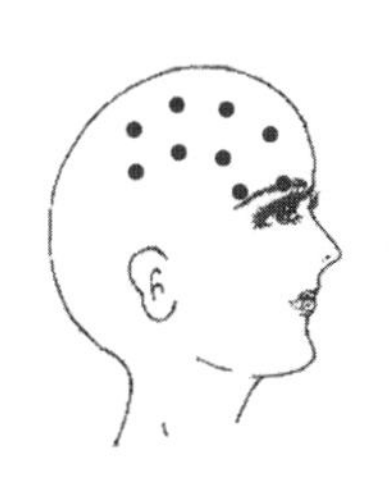	양손의 엄지를 이용하여 어요에서 양백, 곡차를 따라 같은 폭의 천주 방향으로 지압하기 (이어 투 이어라인까지) 양손의 엄지를 이용하여 사죽공에서 두유, 완골 방향으로 나누어서 동시에 지압하기 (이어 투 이어라인까지)
	두상을 옆으로 돌려 한 손은 반대편 두상을 고정시키고 양손의 사지를 이용하여 아문에서부터 정수리 방향으로 끌어올려 지압하기 ① 아문 ② 천주 ③ 풍지 ④ 완골 ⑤ 각손 반대쪽으로 두상을 돌려 아문에서부터 정수리 방향으로 끌어올려 지압하기

2) 피부관리실에서의 두피관리를 위한 마사지

- 경혈점을 찾아 손가락이나 손바닥을 이용해 압을 가한다.
- 경혈점 주변의 근육 조직이나 혈액 공급 경로를 이완시킨다.
- 마사지 기법을 이용하여 응용할 수 있다.
- 두피 유형에 맞는 오일을 사용한다.

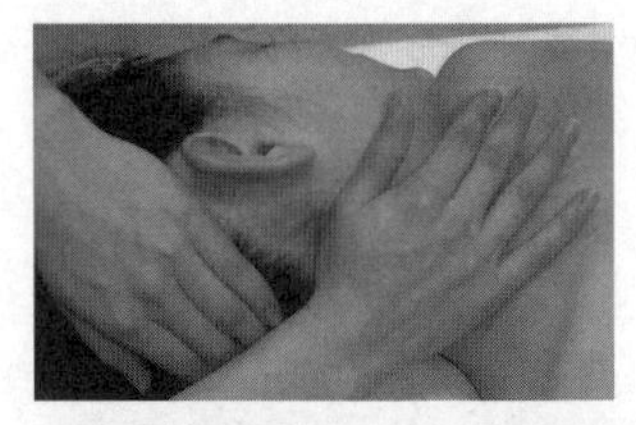
경부 쓰다듬기

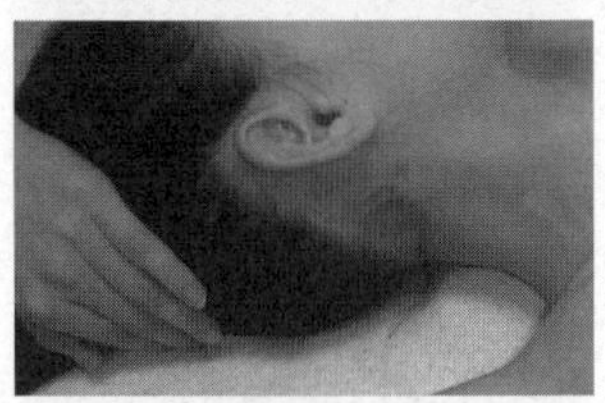
경부 스트레칭 시키기

후두부 헤어라인과 견봉과의 경부 스트레칭 시키기
(왼쪽과 오른쪽 반복)

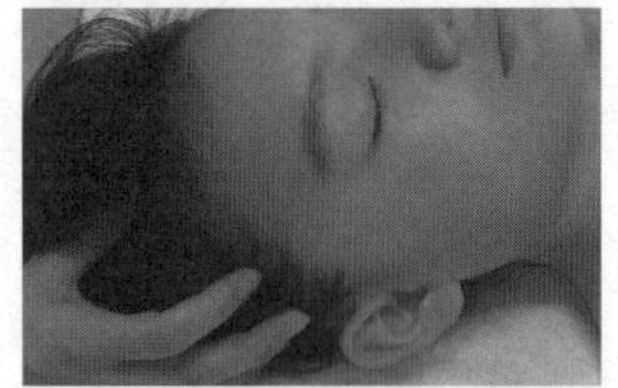
머리카락 전체를 백회 방향으로 부드럽게 쓸기

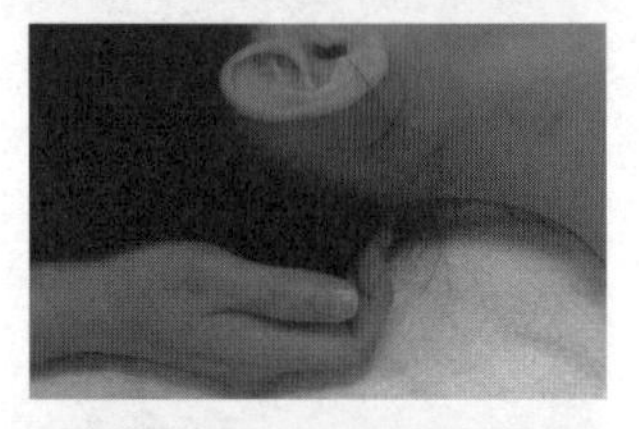
머리를 한쪽으로 돌리고 한 손으로 목을 받쳐서
아문에서부터 각손까지 경혈점 지압하기

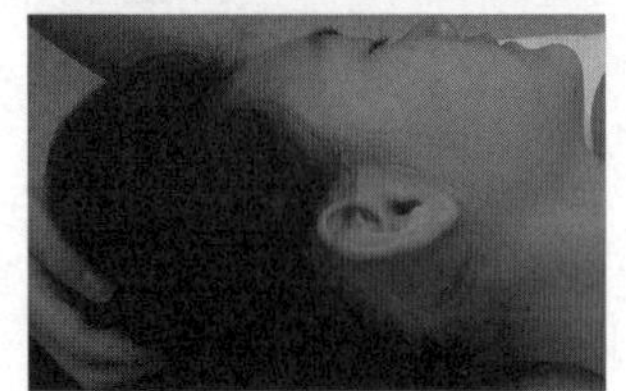
손가락 사지를 이용하여 각각 아문, 천주, 풍지, 완골,
각손부터 백회로 끌어주기
(왼쪽과 오른쪽 반복)

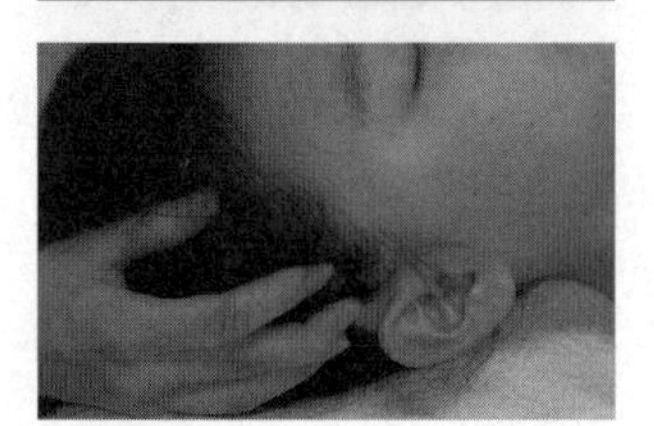
머리를 정면으로 향하게 하고 손을 두피 안으로 최대한
깊숙이 측두부에서 전두부로 이동하는데 손가락 사지를
이용하여 나선형으로 돌린 다음 크게 돌리며 문지르기
머리카락 쓸어주기(양 측면)

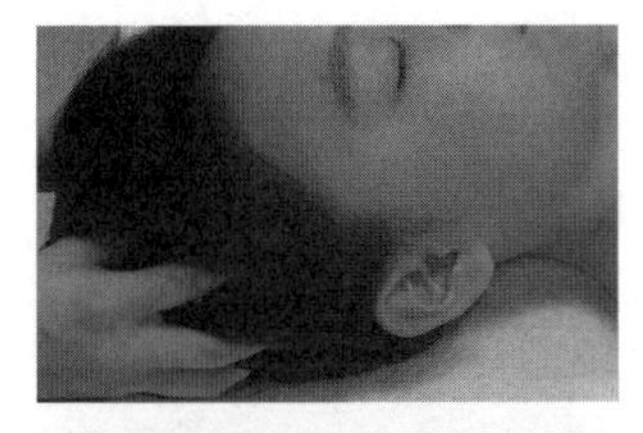

두피 쪽으로 최대한 깊숙이 손을 넣어 오지를 이용하여 2~3초 동안 지압한 후 튕겨주기(측두부, 전두부, 후두부)

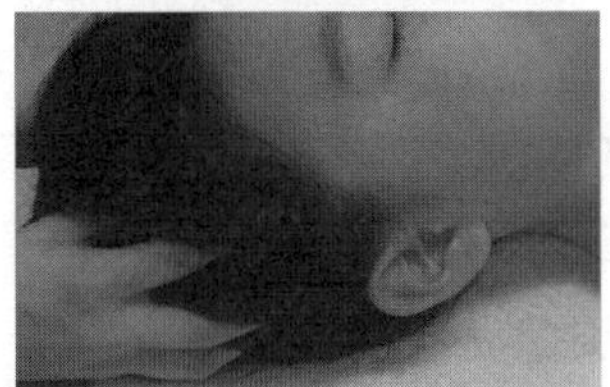

헤어라인에 양손을 깊숙이 넣어 오지를 이용하여 두상을 두드리기

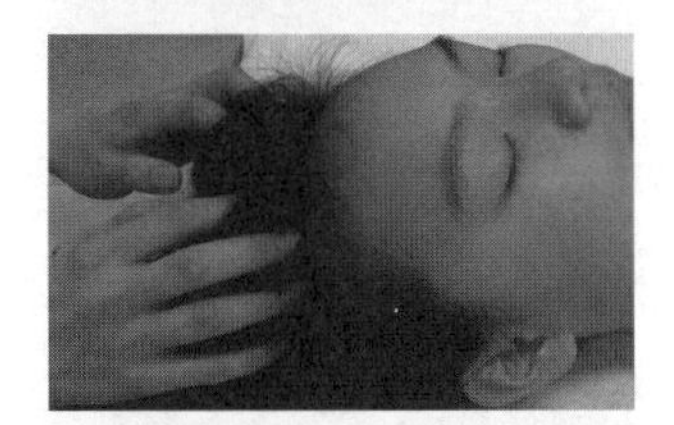

머리 아래로 손을 최대한 깊숙이 넣은 뒤 두피를 가볍게 긁어 주기

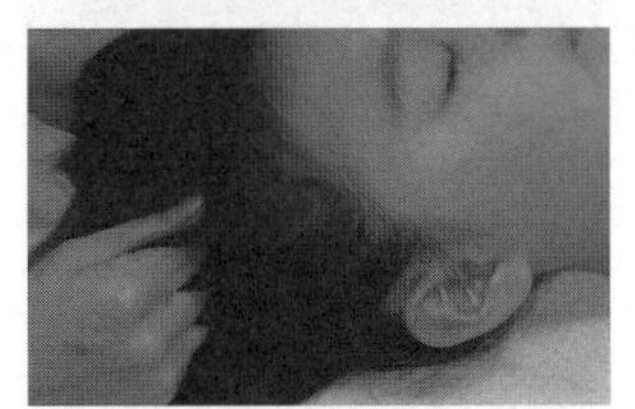

머리카락이 적당히 손에 들어오면 손가락을 좁혀서 팽팽한 느낌으로 머리카락이 손에서 빠져나가도록 서서히 당겨주기

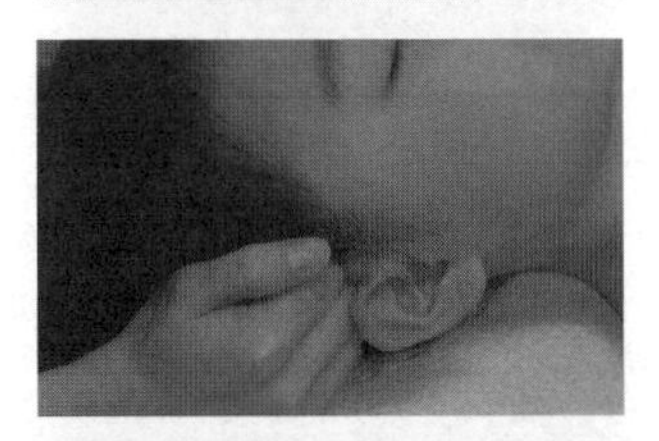

두상 가까이에 주먹을 살짝 쥔 채 측두부에서 전두부 방향, 후두부에서 백회 방향으로 굴려주며 진동하기

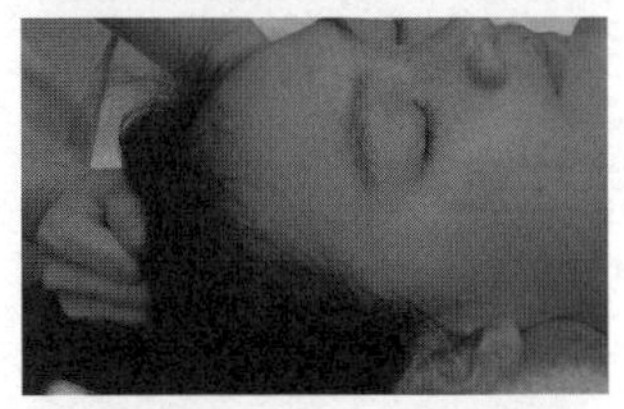

신정에서 백회까지 전체적인 힘이 고루 분산되도록 동시에 눌러주어 압력이 균형 있게 가해지도록 굴려주기 (신정, 곡차, 두유 라인을 중심으로)

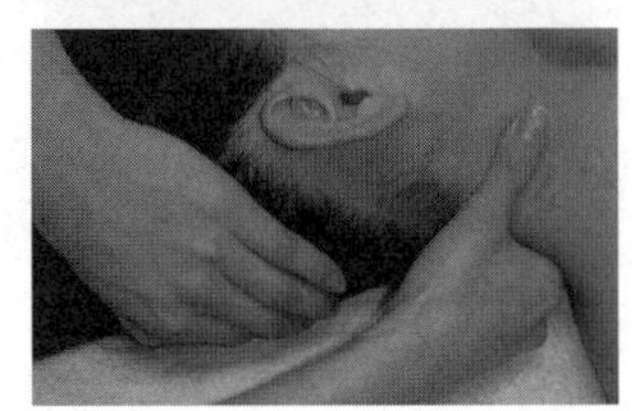

경부 엄지를 이용하여 스트레칭 시키기

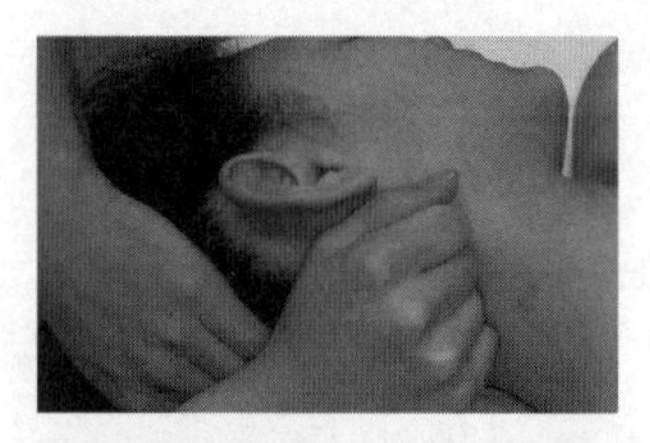

경부 주먹을 살짝 쥔 상태로 스트레칭 시키기

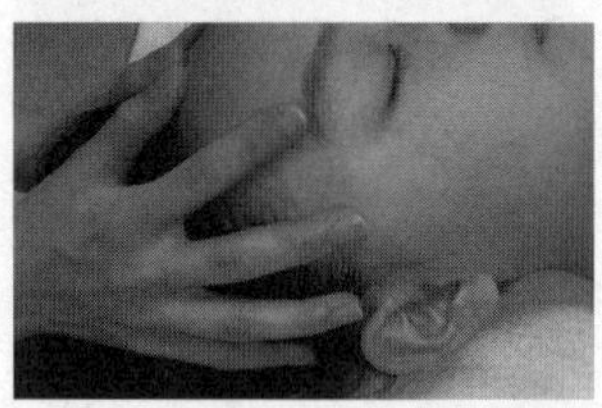

손을 펴서 손바닥의 아래부터 손끝까지 사용하여
모발 정돈하기(전두부에서 후두부까지)

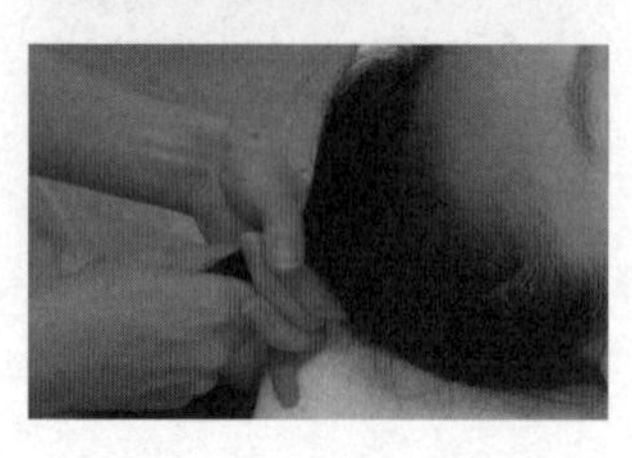

모발을 전부 잡고 견인하여 마무리하기

CHAPTER 13

사상체질

1. 사상체질

체질학의 창시자인 동무 이제마 선생이 1893년에 저술한 《동의수세보원》을 통하여 사람마다 그 기질과 성품이 다르며, 그 다른 체질로 말미암아 잘 걸리는 질병과 치료 방법이 다르다는 것을 주장한 것이 사상의학이다. 동양의학에서는 인체의 내장을 통틀어 육장육부라고 한다. 심장, 심포, 폐장, 비장, 간장, 신장이 육장이고 소장, 대장, 위장, 방광, 담, 삼초가 육부다. 이것은 장기 각각의 기능으로 분류했다기보다 서로간의 작용에 비중을 두고 나눈 것이다. 폐는 양의 요소인 기를 호흡하고 비장은 음식물을 통해 음의 요소인 정을 받아들이는데 둘 다 외부로부터 생명의 요소를 받아들이는 입장에 있어 양에 해당하는 장기다. 간과 신장은 외부로부터 받아들인 생명의 요소를 생체 에너지로 축적해 두었다가, 간은 주로 일상적 활동에, 신장은 본연적 활동에 쓰이는 에너지를 발산한다. 간은 양적 요소를 축적하고 신장은 음적 요소를 다루는데 둘 다 축적한다는 점에서 음의 장기로 분류하는 것이다. 사상체질(四象體質)이란, 사상의학(四象醫學)에 기인하여 사람의 체질을 넷으로 나누어 체질에 맞게 질병을 치료하는 것으로 나누어 사람의 체질을 태양인, 소양인, 태음인, 소음인 등 네 가지로 구분한 것이다. 양이 강한 사람과 음이 강한 사람으로 나누어 양이면서 양을 주도하는 사람을 태양인이라 하고, 덜 강한 사람을 소양인이라 했으며, 음이면서 음을 주도 하는 사람을 태음, 덜 강한 사람을 소음으로 분류했다. 심장과 폐가 들어 있는 횡격막 위의 몸통을 상초라 하고 소화작용을 맡은 위, 췌장, 담낭 등이 들어 있는 횡격막 아래부터 결장까지를 중초라 한다. 배설작용을 하는 신장, 방광, 대장 등이 들어있는 몸통 아랫부분을 하초라고 부른다. 하초가 부실하다는 말은 특히 생식 기능이 약한 것을 두고 하는 말이다.

1) 체질별 탈모

(1) 태음인-간대 폐소

태음인은 간대 폐소한 체질이다. 태음인은 간에 기운이 많이 모여 있는 반면 심폐기능이 약한 체질이다. 외관상 골격이 굵고 비대한 사람이 많고, 손발이 크고 피부가 거칠다. 이러한 특성은 허리의 기운이 강하고 머리와 목쪽의 기운이 약한 것으로 나타나는데, 이 때문에 심장이 부담을 받아 두근거리기 쉽고 뇌 쪽으로의 혈행이 원활하지 않아 고혈압, 당뇨, 동맥경화, 중풍 등의 성인병이 오기 쉽고 심장병, 기관지염, 천식이나 감기가 잘 생기며 피부질환과 대장질환이 발생하기도 한다. 체질적으로 허리부위가 발달하여 서 있는 자세가 굳건하고 목덜미의 기세가 약하다. 기력이 강하므로 여름에는 땀이 많이 나서 불쾌할 수도 있겠지만 전신의 순환을 돕는 운동을 통해 폐의 기운을 왕성하게 하는 것이 좋다. 목이나 머리 쪽의 혈행장애로 뒷목이 뻣뻣하거나 눈이 침침하고 아픈 증세, 얼굴에 열이 올라 홍조 현상으로 나타나기도 하는데 이것이 태음인 탈모의 가장 큰 원인이 된다. 그 때문에 항상 고개와 어깨를 자주 움직이고 뭉쳐진 것을 풀어서 목과 상체로의 순환을 도와야 탈모를 예방할 수 있다. 즉 어느 정도 땀을 흘려야 정상적인 건강이 유지된다.

① 간의 열로 탈모가 많이 생긴다.

② 과식을 하거나 육식을 좋아하기 때문에 음식을 과하게 먹어 칼로리가 필요 이상으로 축적되어 기 순환이 잘되지 않는다.

③ 피부에 기름기가 많고 지성이 되는 결과를 초래하고 결국은 탈모로 발전하게 된다.

※주의사항 : 술, 담배를 줄이거나 맥주나 찬 음식을 피하고, 과음 과식을 피할 것

음식	추천	마죽, 잣 콩국수, 소고기 육개장, 오미자차
	비추천	기름지고 열량이 높은 음식
운동	추천	유산소 운동
	비추천	과격한 근력운동
이로운 차	추천	율무차, 칡차
이로운 약재	비추천	녹용, 오미자, 갈근

(2) 태양인–폐대 간소

태양인은 폐대 간소한 체질이다. 머리가 크고 얼굴은 둥근 편이고 근육은 비교적 적으며 광대뼈가 나온 사람이 많다. 이는 머리와 목 부위 등 상초에 기운이 몰려 있고 허리와 척추의 기운이 약한 것으로 나타난다. 기운의 방향성으로 볼 때 인체의 상승 기운이 가장 강하여 간을 비롯한 아래쪽의 기운이 약해지기 쉽고 체질적으로 가슴 윗부분이 발달된 체형으로 목덜미가 굵고 머리가 큰 반면 허리 아랫부분이 약하다. 이것이 태양인 탈모의 원인으로 나타난다. 평소에 가슴이 답답하고 토하기를 잘한다. 하체와 허리가 약해 오래 걷거나 장기간 앉아 있기 힘들고 눕기를 좋아하며 오랫동안 걷기를 못한다. 여름을 많이 타지 않는 체질이지만 기운을 모아주는 것이 여름철 건강에 좋다. 태양인의 탈모는 기운을 내려주고 하초에 진액을 대어주어 간을 보하는 것이 근본적인 치료라 할 수 있다.

① 폐열이 상승해 머리에 열이 생겨 탈모가 일어난다.
② 두피가 건조해져서 생기는 것이다.

※주의사항 : 과식하지 말고 채식을 할 것, 화를 자제하고 양보심을 발휘 할 것, 남의 의견을 잘 경청할 것

음식	추천	채소, 과일, 어패류, 해물류, 메밀국수, 문어탕, 오가피차, 녹차
	비추천	기름진 음식, 육류, 설탕, 자극적인 향신료
운동	추천	스트레스를 풀 수 있는 가벼운 여행이나 운동
	비추천	과격한 야외 활동
이로운 차	추천	모과차, 감잎차, 오가피차
이로운 약재	비추천	오가피, 모과, 솔잎

(3) 소양인–비대 신소

소양인은 비대 신소한 체질이다. 외형적으로 대체로 머리가 작고 둥근 편이며 머리의 전두부와 후두부가 나온 사람이 많으며, 가슴이 발달되고 둔부가 빈약한 편이다.

비대하기 때문에 위에 화가 모이기 쉽고 신소하기 때문에 하초에 음기가 허하기 쉽다. 화기의 특성상 기운이 위로 상승하여 하체는 약해지고, 두면부로 상승한 화기는 두통이나 탈모의 원인이 된다. 신장염, 방광염, 요도염이 잘 발생한다. 상체에 비해 하체가 약해 요통으로 고생하는 경우가 많다. 체질적으로 가슴 부위가 잘 발달하여 어깨가 딱 벌어진 느낌을 주는 반면 엉덩이 부위가 빈약하게 보인다. 속이 덥기 때문에 여름을 나기 어려울 수도 있겠지만 속 열을 잘 조절하면 여름을 잘 이길 수 있다. 소양인의 건강의 지표는 대변 소통이 순조로울 때 잘 소통되는 것인데, 변비는 인체 내부에 독소를 쌓이게 하여 오장육부의 균형을 무너뜨리고 기혈순환을 막아 소양인들의 건강관리와 탈모 치료에 있어 가장 우선적으로 고려해야 하는 문제이다.

① 위장의 열로 인해 탈모가 발생한다.

② 위의 열이 머리와 얼굴 부위로 상승해 피부색도 좋지 않고 얼굴 등에 잡티가 생기면서 머리 피부가 건조해져 비듬과 지루성 피부염도 올 수 있다.

※주의사항 : 서두르거나 덤벙대지 말 것, 신경질이나 화를 자제할 것, 변비를 조심할 것, 굽 높은 구두를 피할 것

음식	추천	전복죽, 보리밥, 화채, 보리차, 녹차, 구기자차
	비추천	기름지고 열량이 높은 음식
운동	추천	유산소 운동
	비추천	과격한 근력운동
이로운 차	추천	구기자차, 녹즙
이로운 약재	비추천	구기자, 산수유, 생지황, 영지버섯, 숙지황

(4) 소음인-신대 비소

소음인은 신대 비소한 체질이다. 외형상으로는 상하의 균형이 잘 잡혀 있고 일반적으로 체구는 작은 편이다. 이마는 약간 나오고 이목구비가 크지 않고 다소곳한 이미지이다. 소음인은 위장이 차서 소화흡수에 문제가 발생하기 쉽고, 기운이 아래로 쳐지고 양기가 허해지기 쉽다. 이는 하복부를 냉하게 하여 과도한 이뇨와 설사를 야기

시키기 쉽고 양기가 허해지면 수분을 땀으로 과다하게 배출하여 전체적인 혈액량이 부족해지기 쉬워 기혈의 순환이 원활하지 못하게 되어 머리와 두피 쪽으로의 혈행장애 생겨 탈모의 원인이 된다. 체질적으로 엉덩이가 잘 발달하여 앉아 있는 모습이 안정감이 있으나 가슴 부위가 빈약하여 움츠리고 있는 느낌을 준다. 평소에 비장이 약하고 신장이 강한 체질로 땀이 났을 때 금방 지치고 피곤해지기 때문에 여름나기가 가장 힘들다. 남의 말이나 감정에 예민하게 대처하고, 모든 일을 완벽하고 섬세하게 처리하려고 하며, 여성적이며 진취적이지 못한 소음인의 심성은 스트레스에 쉽게 노출되어 스트레스성 탈모나 원형 탈모의 원인이 되므로 매사에 긍정적으로 행동해야 한다.

① 소화기 기능이 약해져 허증에 빠지기 쉽다.
② 허증성 탈모가 많다.
③ 스트레스가 많고 정신적인 압박감이 강한 편이어서 원형 탈모증이 쉽게 올 수 있다.

※주의사항 : 아침 녹즙을 피할 것, 소식하며 꼭꼭 씹어 먹을 것, 땀을 억지로 내지 말 것, 신경질 내지 말 것

음식	추천	삼계탕, 추어탕, 장어구이, 황기닭, 인삼차
	비추천	수박, 참외, 여름 과일, 빙과류
운동	추천	체력 소비가 많지 않은 운동
	비추천	과도하게 땀을 흘리는 운동 및 사우나
이로운 차	추천	계피차, 인삼차, 생강차, 꿀차, 쌍화차
이로운 약재	비추천	인삼, 황기, 계피, 당귀

2. 사상체질과 오행

태양인	태양인[木]은 오행의 봄에 해당되며, 푸른 색깔의 생(生)에 해당하는 체질이며, 봄과 같은 성격이다. 푸른색과 녹색이 이롭다.
소양인	소양인[火]은 여름에 해당하는 체질로서 몸이 매우 뜨거운 열성 체질이다. 색(色)은 뜨거운 열기와 같이 붉은색이고, 성격도 불과 같아서 불의를 보고 참지 못하고, 추진력이 매우 강하다. 몸의 열기를 없애는 검정이나 청색이 이롭다.
태음인	태음인[金]은 가을에 해당되는 체질로서 체질이 건조하여 변비를 조심해야 하고 비만에도 신경을 써야 한다. 태음인의 색은 백색이다. 황색이나 노란색이 이롭다.
소음인	소음인[水]은 추운 북쪽과 겨울과 밤, 그리고 오기(五氣) 중에서 추운 한(寒)에 해당되는 체질이므로 몸이 차가운 냉한 체질이며, 색(色) 또한 차가운 흑(黑)색이다. 붉은색 계열이 이롭다.

참고문헌

최근희 外 2인, 《모발관리 이론 및 실습》, 수문사, 2001년
서윤경, 《모발과학의 기초》, 도서출판 예림, 2008년
한경희 外 7인, 《모발과학》, 훈민사, 2002년
김민정 外 3인. 《모발과학 및 관리학》, 도서출판 청람, 2007년
곽형심 外 6인, 《모발.두피관리학》, 청구문화사, 2005년
이향욱, 《헤어 어드밴티지》, 도서출판 창솔, 2004년
안규성 外 4인, 《최신두피모발관리학》, 정문각, 2006년
안홍석, 《Beauty & Health Science》, 파워북, 2007년
류은주, 《모발학》, 광문각, 2002년
이순녀 外 1인, 《모발과학》, 도서출판 서우, 2010년
이태후 外 1인, 《두피마사지》, 비타북스, 2010년
오오모리 타카시, 《모발미네랄 검사》, 도서출판 대한의학서적, 2009년
대한미용교수협의회, 《TRICHOLOGY》, 청구문화사, 2007년
국제미용교육포럼학술위원회, 《모발학》, 청구문화사, 2009년
한국두피모발연구학회, 《트리콜로지스트 레벨 III》, 훈민사, 2008년
한국두피모발관리사협회, 《트리콜로지스트 레벨 I》, 크라운출판사, 2007년
Healing hair care instituye, 《HAiR Care ART》, 현문사, 2002년

두피 모발 관리학

2011년 9월 2일 1판 1쇄 발행
2013년 8월 30일 1판 2쇄 발행

지은이: 임순녀 · 송미라 · 강갑연 · 모정희
정찬이 · 정임전 · 김나연

펴낸이: 박정태

펴낸곳: **광 문 각**

413-756
경기도 파주시 문발동 파주출판문화도시
500-8번지 광문각빌딩 4층
등 록: 1991. 5. 31 제12-484호
전화(代): 031)955-8787
팩 스: 031)955-3730
E-mail: kwangmk7@hanmail.net
홈페이지: www.kwangmoonkag.co.kr

ISBN : 978-89-7093-636-9 93590

정가 : 20,000원